Th. Dracos

Hydrologie

Eine Einführung für Ingenieure

Springer-Verlag
Wien New York

Prof. Dr. Themistocles Dracos
Institut für Hydromechanik und Wasserwirtschaft
Eidgenössische Technische Hochschule Zürich, Schweiz

Softcover reprint of the hardcover 1st edition 1980

IBM-Composersatz: Springer-Verlag Wien;

Mit 137 Abbildungen

CIP-Kurztitelaufnahme der Deutschen Bibliothek

Dracos, Themistocles A.:
Hydrologie: e. Einf. für Ingenieure / Th. Dracos.
– Wien, New York: Springer, 1980.
ISBN-13:978-3-7091-8587-2

ISBN-13:978-3-7091-8587-2 e-ISBN-13:978-3-7091-8586-5
DOI: 10.1007/978-3-7091-8586-5

Vorwort

Der Mensch beeinflußt mit seiner zivilisatorischen Tätigkeit die natürlichen Kreisläufe. Dies trifft besonders für den Kreislauf des Wassers zu. Will man den für alle Lebewesen lebenswichtigen und für die Industrie unentbehrlichen Stoff *Wasser* in genügender Menge von ausreichender Qualität für uns und die nachfolgenden Generationen erhalten, so hat die Nutzung dieses Stoffes einer geordneten Bewirtschaftung zu weichen. Damit verbunden ist eine Zunahme der Bedeutung der Hydrologie. Dies hat in den Ausbildungsplänen der Hochschulen einen Niederschlag gefunden. Nach langen Jahren eines Schattendaseins ist heute die Hydrologie eines der Grundlagenfächer der Ingenieurausbildung. Im Gegensatz zum angelsächsischen Sprachgebiet fehlen aber im deutschsprachigen Raum Fachbücher, die als Hilfsmittel für die Studierenden benutzt werden können. Aus diesem Grunde bin ich der Aufforderung des Verlages, eine Einführung in die Hydrologie zu schreiben, gefolgt.

Dieses Buch ist aus der Vorlesung hervorgegangen, die ich seit mehreren Jahren an der Eidgenössischen Technischen Hochschule in Zürich für Studierende der Abteilungen für Bauingenieurwesen und Kulturtechnik halte. Es erhebt nicht den Anspruch, das Wissensgebiet der Hydrologie in seinem vollen Umfange zu behandeln. Dies wäre bei der Breite des Gebietes, das man unter Hydrologie versteht, kaum zu bewältigen.

Wann immer aus der großen Fülle des Stoffes eines bestehenden Wissensgebietes eine Auswahl getroffen werden muß, besteht die Gefahr, daß einige wichtig erscheinende Teilgebiete ganz oder teilweise ausgelassen werden. Dieses Risiko muß man eingehen, wenn man den gesteckten Rahmen nicht sprengen will.

Das vorliegende Buch ist in erster Linie als Textbuch für Hochschulstudenten gedacht. Die Auswahl des Stoffes hat dementsprechend zum Ziel, dem Leser einen Überblick über die wichtigsten hydrologischen Vorgänge zu geben und ihn mit den hydrologischen Berechnungsmethoden vertraut zu machen. Dadurch soll der Leser befähigt werden, einfachere, aber häufig auftretende hydrologische Fragen zu behandeln und zu beantworten. Er soll ferner die notwendigen Grundlagen erhalten, die er zur Weiterbildung auf diesem Gebiet benötigt.

Für manche fruchtbare Diskussion und manche nützliche Hinweise, die mir die Erfüllung dieser Aufgabe erleichterten, danke ich meinen Kollegen Prof. Dr. F. Richard, Dr. J. Martinec und Dr. F. Laufer. Meinen Mitarbeitern Dr. F. Stauffer und Ing. J. Werder verdanke ich die Ausarbeitung verschiedener Beispiele und die kritische Durchsicht des Manuskripts. Das Manuskript wurde mit großem Einsatz von Frau N. Ötiker, Frau R. Hager und Frau A. Niederer ins reine geschrieben. Die Zeichnungen wurden von Frau K. Gallasz angefertigt. Ich möchte ferner allen Personen und öffentlichen Stellen, die mir Unterlagen und Datenmaterial zur Verfügung stellten, herzlich danken. Die gute Zusammenarbeit mit dem Verlag hat mir die Arbeit sehr erleichtert.

Zumikon, Mai 1980 Th. Dracos

Inhaltsverzeichnis

Einleitung

Etymologisch bedeutet Hydrologie die Lehre vom Wasser. Nach der Definition des „ad hoc Panel on Hydrology of the Federal Council of Science and Technology" (USA, 1959), die von der UNESCO weitgehend übernommen wurde, versteht man darunter die Wissenschaft, die sich mit dem Wasser auf der Erde, seinem Vorkommen, seiner Zirkulation und Verteilung, seinen chemischen und physikalischen Eigenschaften und seiner Wechselwirkung mit seiner Umwelt inklusive der Lebewesen, befaßt. Um diese vielseitige Aufgabe zu bewältigen, stützt sich die Hydrologie auf eine Anzahl anderer Wissenschaften wie die Atmosphärenphysik, die Meteorologie, die physikalische Geographie, die Geologie, die Bodenphysik, die Hydraulik, u.a.

In einer Einführung für Ingenieure kann man die Hydrologie nicht in dieser umfassenden Art behandeln. Man ist gezwungen, sie in einem wesentlich engeren Rahmen zu betrachten. In diesem Buch wird man dementsprechend unter Hydrologie die Prozesse verstehen, die zum Verbrauch und zur Neubildung der Wasserreserven des Festlandes führen. Der Schwerpunkt wird auf die Behandlung des Abflusses und die Beschreibung der wichtigsten Methoden, die zu seiner Bestimmung und der Vorhersage seiner Größe oder seines Ablaufes führen, gelegt. Andere hydrologische Vorgänge, wie der Niederschlag, die Evaporation, die Infiltration, werden insofern behandelt, als sie den Abfluß beeinflussen. Es muß aber mit Nachdruck darauf hingewiesen werden, daß die Anwendung hydrologischer Berechnungsverfahren nur dann eine Aussicht auf Erfolg haben kann, wenn sie mit einem allgemeinen Verstehen der hydrologischen Vorgänge im Untersuchungsgebiet verbunden wird.

I. Der Kreislauf des Wassers

I.1 Globale Betrachtung

Die gesamte auf der Erde vorkommende Wassermenge beträgt nach neuesten Schätzungen [1], [2], [3] ca. 1,384 x 10^6 km^3. Tab. I.1 gibt die Verteilung dieser Menge auf die verschiedenen Wasservorkommen an. Man entnimmt daraus, daß nur 2,6% der Gesamtmenge aus Süßwasser bestehen und davon sind rund 77% in den Eiskappen, den Gletschern und dem Meereis in fester Form gespeichert. Die in flüssiger Form vorhandenen Süßwasser-Reserven betragen ca. 0,6% der auf der Erde vorkommenden Wassermenge. Der weitaus größte Teil kommt als Grundwasser vor. Die Süßwasser-Reserven wären sehr bald erschöpft, wenn nicht ein Mechanismus für ihre Neubildung vorhanden wäre. Dieser Mechanismus ist der Kreislauf des Wassers auf der Erde. Sein Motor ist die Sonnenstrahlung. Die Sonnenstrahlung ist zwei periodischen Schwankungen unterworfen. Die eine ist auf den Umlauf der Erde um die Sonne zurückzuführen und hat eine Periode von einem Jahr, die andere auf die Umdrehung der Erde um ihre Achse, mit der Periode von einem Tag. Diese zwei Zeiteinheiten spielen deshalb in hydrologischen Betrachtungen eine besondere Rolle [4], [5]. Säkulare Schwankungen, die auf die Sonnenaktivität zurückgeführt werden, sind nicht eindeutig nachweisbar und für die Betrachtungen, die im Rahmen dieses Buches durchgeführt werden, von untergeordneter Bedeutung.

Wasser verdunstet unter der Einwirkung der Sonnenstrahlung und durch die Transpiration der Lebewesen. Die Sonnenenergie, zusammen mit der Rotation der Erde innerhalb ihrer Lufthülle, führen zu atmosphärischen Strömungen, die diesen Dampf über große Distanzen transportieren, bevor er durch Abkühlung kondensiert und als Niederschlag wieder auf die Erdoberfläche fällt. Der Teil des Niederschlages, der auf das Festland fällt, versickert, verdunstet, oder sammelt sich in den Gerinnen und fließt gegen die Meere. Diese Vorgänge sind in Abb. I.1 schematisch dargestellt.

Der Globus ist ein geschlossenes System, in dem die *Evapo-Transpiration* ET und der Niederschlag N im Gleichgewicht sind.

$$ET = N \tag{I.1}$$

Sie betragen jährlich je 496,1 x 10^3 km^3 Wasser. Diese Menge macht ca. 6% der in flüssiger Form vorkommenden Süßwassermengen der Erde aus und ist 2,2 mal größer als die in allen Seen und Flüssen enthaltene Wassermenge.

Bei einem Wassergehalt der Atmosphäre von 13 000 km^3 folgt, daß letzterer ca. 38 mal pro Jahr total erneuert wird.

Betrachtet man die Bilanz über dem Festland allein (Tab. I.1), so stellt man einen Überschuß an Niederschlag fest, der durch ein entsprechendes Defizit über den Meeren gedeckt wird. Dieser Überschuß beträgt 39 700 km³. Er reicht aus, um alle Flüsse der Erde zu speisen und entspricht dem gesamten Zufluß Z in alle Meere der Welt.

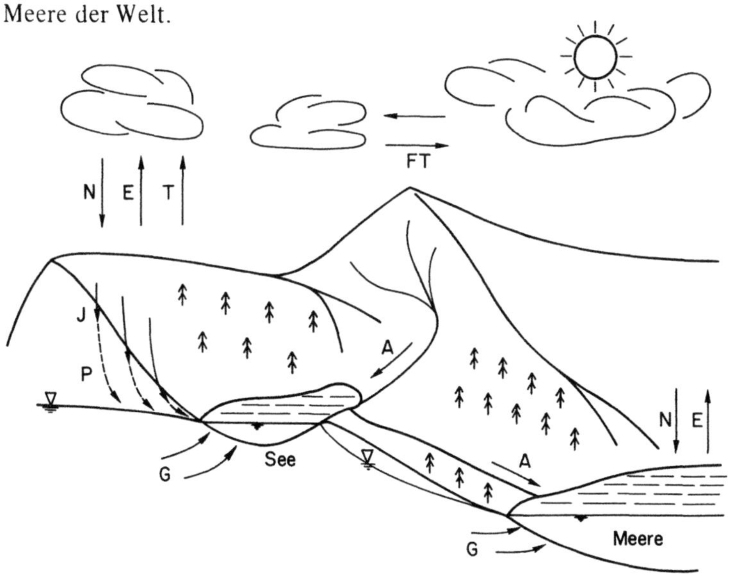

Abb. I.1. Schematische Darstellung des Wasserkreislaufes. *N* Niederschlag, *E* Evaporation, *T* Transpiration, *A* Abfluß, *I* Infiltration, *P* Perkolation, *G* Grundwasserabfluß, *FT* Feuchtetransport

Tabelle I.1. *Wassermengen der Erde und Weltwasserbilanz* [*1*]

	Menge (km³)		%
Weltmeer	1 348 000 000		97,39
Polareis, Meereis, Gletscher	27 820 000		2,01
Grundwasser, Bodenfeuchte	8 062 000		0,58
Seen und Flüsse	225 000		0,02
Atmosphäre	13 000		0,001
Summe	1 384 120 000		100,00
davon Süßwasser	36 120 000	=	2,60%
Süßwasser			
Polareis, Meereis, Gletscher			77,23
Grundwasser bis 800 m Tiefe			9,86
Grundwasser von 800 bis 4000 m Tiefe			12,35
Bodenfeuchte			0,17
Seen (süß)			0,35
Flüsse			0,003
hydrierte Erdmineralien			0,001
Pflanzen, Tiere, Mensch			0,003
Atmosphäre			0,04
Summe			100,00

Weltwasserbilanz

	Festland (148,9 x 10^6 km^2)			Weltmeer (361,1 x 10^6 km^2)			
	N_F	E_F	A_F	N_M	E_M	Z_M	
Wassermengen	111,1	71,4	39,7	385,0	424,7	39,7	10^3km^3/J
Wasserhöhen	746	480	266	1066	1176	110	mm/J

Globus (510 x 10^6 km^2): $N = E = 496{,}1 \times 10^3$ km^3/J = 973 mm/J

N = Niederschlag
E = Evaporation
A = Abfluß
Z = Zufluß

Für das Festland gilt die Bilanzgleichung:

$$N = ET + A \qquad (I.2)$$

Für die Weltmeere hingegen:

$$E = N + Z \qquad (I.3)$$

Darin bedeuten: A Abfluß, E Evaporation, Z Zufluß.

I.2 Regionale Betrachtung

Ein Teilgebiet des Festlandes, eine Region, ist für den Kreislauf des Wassers ein offenes System. In der Bilanzgleichung müssen deshalb alle im Schema der Abb. I.1 aufgeführten Vorgänge zusätzlich der Zuflüsse Z aus benachbarten Gebieten und einer Speicherung S, die während einer beschränkten Zeitperiode innerhalb des Teilgebietes auf- oder abgebaut werden kann, berücksichtigt werden.

Diese Vorgänge sind im allgemeinen sehr komplex und stark miteinander gekoppelt. Eine vereinfachte Modellvorstellung, die die wichtigsten Zusammenhänge zeigt und eine möglichst allgemeine Bilanzgleichung aufzustellen gestattet, ist in Abb. I.2 angegeben.

Man beschränkt sich dabei auf das Geschehen nach Ankunft des Niederschlages auf der Oberfläche. Dem Modell liegt folgende Vorstellung zugrunde: Nach dem Schema der Abb. I.1 spielen sich die wichtigsten Vorgänge an der *Bodenoberfläche* im *Perkolations-* oder *belüfteten Bodenbereich,* im *Grundwasserbereich* und im *Tiefenspeicherbereich* ab. Jeder dieser Bereiche kann als ein Speicher dargestellt werden. Zuflüsse zu diesen Speichern erfolgen aus den darüber und eventuell den darunter liegenden Speichern, sowie aus Speichern benachbarter Gebiete. Abflüsse andererseits finden in Richtung darunter und eventuell darüber liegender Speicher statt, oder in Richtung von Speichern benachbarter Gebiete. Oberflächen-Zu- oder Abflüsse werden als Überfälle dargestellt, unterirdische Zu- und Abflüsse als Grund- oder Seiten-Auslässe. Die Anordnung der

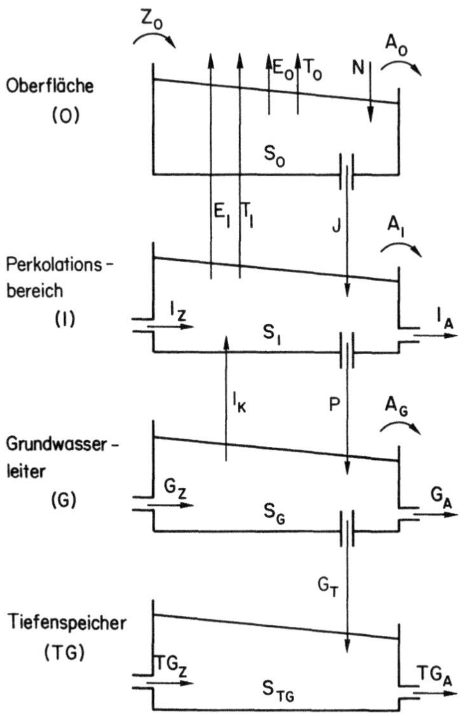

Abb. I.2. Regionales Modell des hydrologischen Kreislaufes

Überfälle und Auslässe ist ein Hinweis auf die Tatsache, daß in der Regel ein Abfluß erst nach Überschreiten eines Schwellwertes der Speicherung stattfinden und ein Speicher nicht total entleert werden kann.

Zu beachten ist ferner, daß Speicher einerseits eine Dämpfung der Amplituden der Zuflüsse und andererseits eine Phasenverschiebung zwischen Zu- und Abflüssen bewirken.

Für jeden dieser Speicher kann man mit den Bezeichnungen der Abb. I.2 je eine Bilanzgleichung schreiben:

Oberfläche $N - E_0 - T_0 + Z_0 - A_0 - J = \pm \Delta S_0$

Perkolationsbereich $J - E_I - T_I + I_Z - I_A - A_I + I_K - P = \pm \Delta S_I$

Grundwasserleiter $P - I_K + G_Z - G_A - A_G - G_T = \pm \Delta S_G$ (I.4)

Tiefenspeicher $G_T + TG_Z - TG_A = \pm \Delta S_{TG}$

Diese Gleichungen können in einer einzigen Gleichung zusammengefaßt werden:

$$N - (E_0 + T_0 + E_I + T_I) + Z_0 + (I_Z + G_Z + TG_Z) - (I_A + G_A + TG_A) - (A_0 + A_I + A_G) = \pm (\Delta S_0 + \Delta S_I + \Delta S_G + \Delta S_{TG}) \quad (I.5)$$

Mit den Abkürzungen

$$ET = (E_0 + T_0 + E_I + T_I), \quad G = [(I_Z + G_Z + TG_Z) - (I_A + G_A + TG_A)],$$
$$A = (A_0 + A_I + A_G) \quad , \Delta S = (\Delta S_0 + \Delta S_I + \Delta S_G + \Delta S_{TG}) \quad (I.6)$$

erhält man

$$N - ET + Z_0 + G - A = \pm \Delta S \quad (I.7)$$

Die Gl. (I.7) wird meistens auf ein *Einzugsgebiet* angewandt. Dieses bezieht sich immer auf einen bestimmten Querschnitt eines Flusses. Das Wasser, das durch den oberhalb dieses Querschnittes liegenden Flußabschnitt und seine Nebenflüsse drainiert wird, muß durch diesen Querschnitt fließen. Das gesamte durch das Fluß-System drainierte Gebiet ist das Einzugsgebiet des Querschnittes und der Querschnitt selbst das *Tor des Einzugsgebietes.* Die Grenze des Einzugsgebietes ist die topographische Wasserscheide. Daher verschwindet Z_0. Wenn die Grenze des Einzugsgebietes mit den Wasserscheiden der übrigen Speicher zusammenfällt, verschwindet auch der erste Klammerausdruck im Term G, der in diesem Fall nur negativ oder null sein kann. Für ein Einzugsgebiet erhält man somit

$$N - ET + G - A = \pm \Delta S \quad (I.8)$$

Die Gl. (I.8) ist die grundlegende Gleichung der Hydrologie. Sie sieht sehr einfach aus. Die Bestimmung der einzelnen Glieder dieser Gleichung ist aber sehr schwierig und meist mit einem erheblichen Maß an Unsicherheit verbunden.

Je nach Fragestellung werden die einzelnen Glieder dieser Gleichung in mehr oder weniger detaillierter Form entsprechend den Gln. (I.4) bis (I.6) berücksichtigt. Bilanzen können auch über einen einzigen Speicher oder eine Gruppe von Speichern gebildet werden, sofern alle Zu- und Abflüsse, inklusive derjenigen in Richtung der darüber und darunter liegenden Speicher, erfaßt und berücksichtigt werden.

Bei der Berechnung von Bilanzen über ein Einzugsgebiet sind alle Glieder der Gl. (I.8) zu berücksichtigen. Als Beispiel einer hydrologischen Bilanz ist in der Abb. I.3 die Bilanz des Stromgebietes des Rheins für das hydrologische Jahr 1969–1970 dargestellt [6]. Man erkennt darin die Füllung und Entleerung der einzelnen Speicher.

Bei der Durchführung kurzfristiger Bilanzen ist an die Phasenverschiebung zwischen Zu- und Abflüssen zu denken.

Vereinfachungen dieser Gleichung sind nur unter gewissen Voraussetzungen gestattet.

Wird die Bilanz in Einzugsgebieten über mehrere Jahreszyklen durchgeführt, so geht meistens ΔS gegen Null und die Gleichung nimmt die Form

$$N + G - ET = A \quad (I.9)$$

an. Ist zusätzlich das Einzugsgebiet groß, so wird meistens auch G gleich Null und man erhält schließlich

$$N - ET = A \quad (I.10)$$

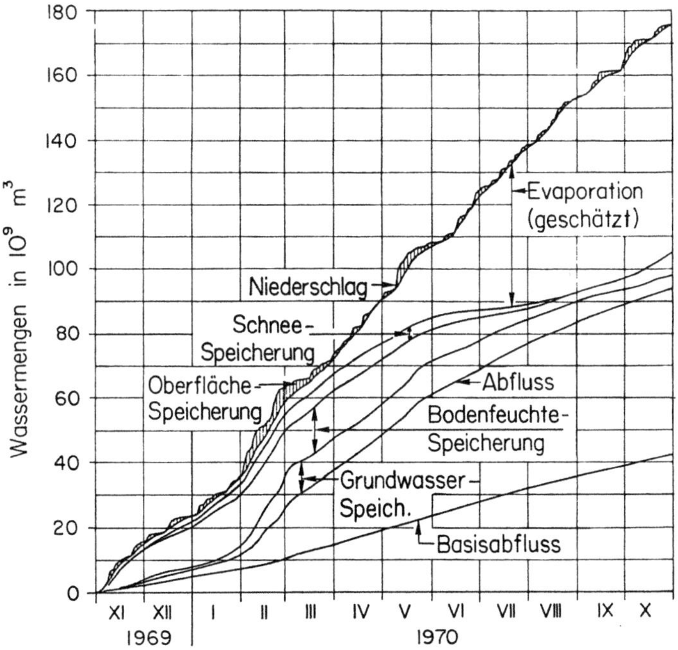

Abb. I.3. Wasserbilanz des Rheinstromgebietes nach [6]

Diese Vereinfachungen dürfen vor allem bei kleinen Einzugsgebieten nicht ohne einen Nachweis ihrer Gültigkeit eingeführt werden.

Die Bilanzgleichung kann mit Nutzungskomponenten erweitert und entsprechend dargestellt werden. Als Beispiel einer solchen Darstellung wird in Abb. I.4 die hydrologische Jahresbilanz der Bundesrepublik Deutschland im langjährigen Mittel angegeben [7].

I.3 Komponenten der hydrologischen Bilanzgleichung

Die Bedeutung der einzelnen Glieder der Bilanzgleichung (I.8) geht aus den Beziehungen (I.6) hervor.

N ist der Niederschlag, der die Oberfläche erreicht.

Die Evapotranspiration ET erfolgt sowohl an der Oberfläche als auch aus den oberflächennahen Bodenschichten.

G ist der Grundwasser-Zu- und Abfluß. Er findet in allen drei Bodenbereichen statt.

Der Oberflächenabfluß A wird sowohl direkt von der Oberfläche als auch vom Perkolations- und Grundwasserbereich gespeist.

Die Speicherung oder Zehrung $\pm \Delta S$ entsteht an der Oberfläche in Mulden, Seen, Flüssen, Schneedecken und Gletschern. Sie tritt aber auch als Speicherung oder Zehrung in den drei unterirdischen Bereichen auf.

Alle diese Größen hängen mehr oder weniger von den meteorologischen, klimatologischen, geomorphologischen und geologischen Bedingungen des Ein-

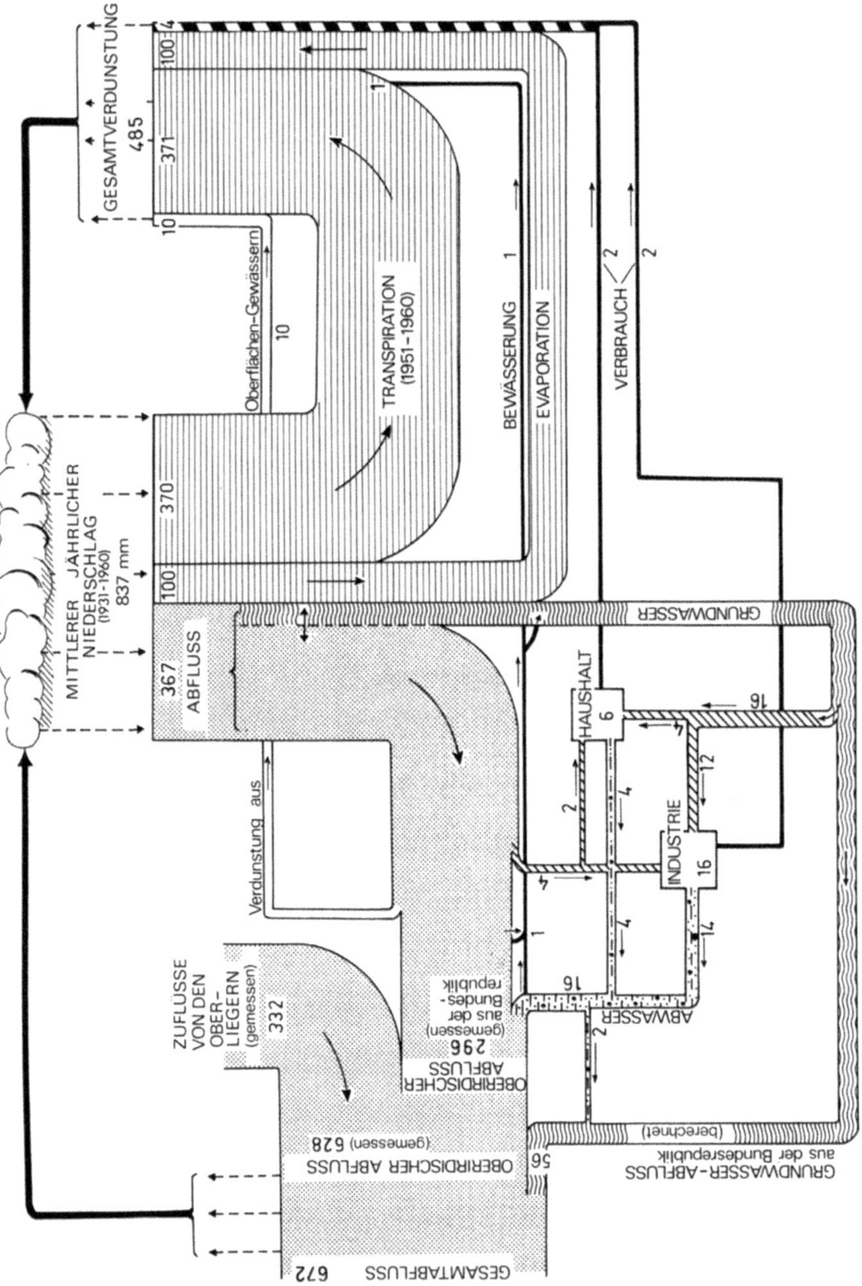

Abb. I.4. Hydrologische Jahresbilanz der Bundesrepublik Deutschland nach R. Keller

zugsgebietes ab. Die Temperatur, die Feuchtigkeit, der Druck und lokale Winde weisen eine 24stündige Variation auf, die auf die Rotation der Erde um ihre Achse zurückzuführen ist.

Das Klima eines Ortes wird hauptsächlich von der Strahlungsbilanz am Ort und der atmosphärischen Zirkulation bestimmt. Beide Größen hängen voneinander ab und beeinflussen sich gegenseitig. Die klimatischen Verhältnisse sind deshalb von Jahr zu Jahr verschieden. Sie weisen aber eine jahreszeitliche Variation auf, die auf die Rotation der Erde um die Sonne auf die Neigung der Erdachse gegenüber der Ekliptik zurückzuführen ist. Der Niederschlag und die Evapotranspiration sind stark von den jeweils herrschenden meteorologischen und klimatologischen Verhältnissen abhängig. Letztere haben, von den saisonalen Schwankungen abgesehen, einen zufälligen Charakter. Das gleiche gilt dementsprechend auch für den Niederschlag, die Evapotranspiration, und aus verständlichen Gründen auch für alle anderen Glieder der Bilanzgleichung. Man hat es also im allgemeinen mit stochastischen Variablen zu tun, die periodische Komponenten aufweisen. Die Periode ist aus den oben erwähnten Gründen das Jahr und eventuell der Tag. Messungen dieser Größen müssen deshalb langjährig durchgeführt werden.

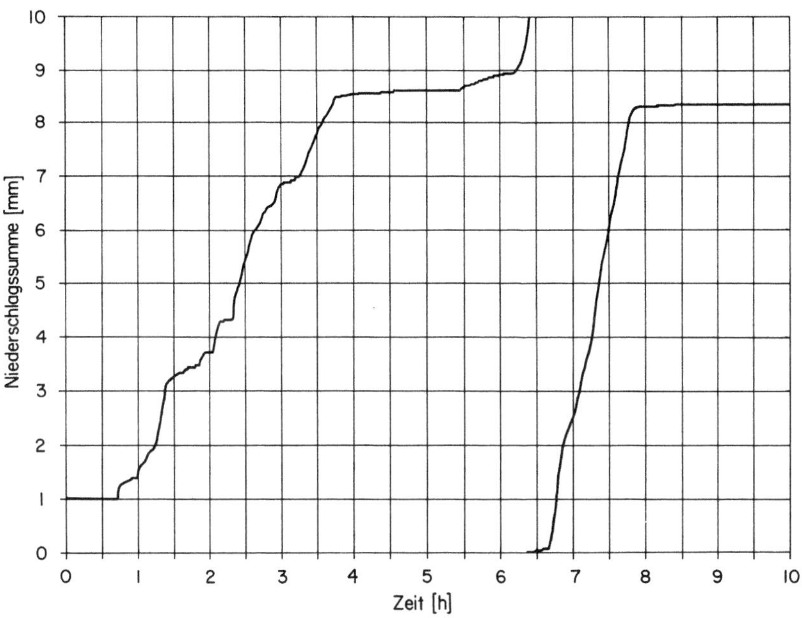

Abb. I.5. Aufzeichnung eines selbstschreibenden Niederschlagsmessers

Bei schwankenden Größen ist eine kontinuierliche Messung immer erwünscht, nicht aber immer durchführbar. Falls die kontinuierliche Messung einer Größe nicht realisiert werden kann, sollte die Häufigkeit der Einzelmessungen der Rate der Änderung dieser Größe angepaßt werden. Der Niederschlag z.B., dessen Intensität sehr schnell ändert (Abb. I.5), sollte kontinuierlich oder in Abständen von einigen Minuten gemessen werden, auf keinen Fall aber weniger als zweimal pro Tag. Der Grundwasserabfluß hingegen schwankt ganz langsam (Abb. I.6), sodaß eine Meßfrequenz von einer Messung in einigen Tagen, bis sogar einigen Wochen, ausreichend sein kann.

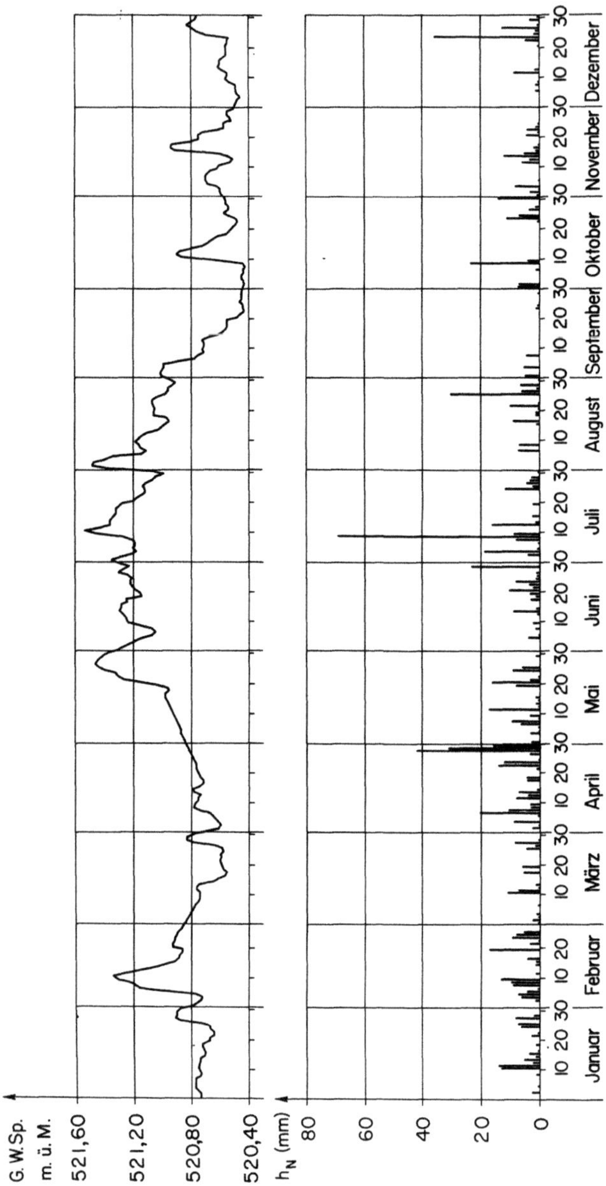

Abb. I.6. Pegelschwankungen in einem Grundwasserleiter im Vergleich zu den Schwankungen des Tagesmittels des Niederschlages [8]

In gewissen Fällen ist es von Vorteil, die Häufigkeit der Messung der gewünschten Größe der Änderung dieser Größe anzupassen, z.B. während eines Regenereignisses die Ablesung sehr häufig und in Trockenperioden nur selten durchzuführen.

Ein weiterer wichtiger Gesichtspunkt ist die Wahl des Zeitabschnittes, über den die Bilanzgleichung und ihre Komponenten untersucht werden. Aufgrund der gemachten Feststellungen ist es naheliegend, das Jahr, oder Teile davon, als eine solche Einheit zu wählen. Als solche werden der Monat oder Tag genommen.

Es können aber, wenn der Zweck der Untersuchung dies verlangt, ebensogut die Woche, die Fünftage- oder irgendeine andere Zeiteinheit gewählt werden.

Der Beginn des Jahres wird in der Hydrologie nicht nach dem Kalender gewählt. Er wird aufgrund hydrologischer Gesichtspunkte, z.B. der Verteilung der Niederschläge über das Jahr, bestimmt und kann von einer Gegend zur anderen variieren. In Mitteleuropa beginnt das hydrologische Jahr entweder am 1. Oktober oder am 1. November.

Eine der wichtigsten Komponenten der Bilanzgleichung, der Niederschlag, hat intermittierenden Charakter und tritt in Einzelereignissen von verschiedener Dauer auf. Es ist für gewisse Zwecke notwendig, Analysen solcher Einzelereignisse unter Berücksichtigung weiterer Komponenten der Bilanzgleichung durchzuführen. Der Zeitabschnitt, über den die Analyse gemacht wird, wird durch die Dauer des Ereignisses bestimmt und ist einer der Parameter, die das Ereignis charakterisieren. Dasselbe gilt auch für den Abfluß.

Literatur

1. Baumgartner, A., Reichel, E., Die Weltwasserbilanz. München: Oldenbourg. 1975.
2. Van der Leeden, F., Water Resources of the World. Port Washington, N.Y.: Water Information Center Publ. 1975.
3. Todd, K. D., The Water Encyclopaedia. Port Washington, N.Y.: Water Information Center Publ. 1970.
4. Weischet, E., Einführung in die allgemeine Klimatologie. Stuttgart: Teubner. 1977.
5. Wiesner, C. J., Hydrometeorology. London: Chapman and Hall. 1970.
6. Das Rheingebiet, Hydrologische Monographie, Internationale Kommission für die Hydrologie des Rheingebietes.
7. Keller, R., Wasserbilanz der Bundesrepublik Deutschland. Umschau in Wissenschaft und Technik, H.3, 73–78 (1971).
8. Hydrographisches Jahrbuch des Kantons Bern. Bern: Wasser- und Energiewirtschaftsamt des Kt. 1977.

II. Allgemeines über die Behandlung hydrologischer Meßdaten

Die zentrale Aufgabe der Hydrologie ist das Studium des hydrologischen Zyklus. Sie stützt sich dabei auf Messungen der Größen, die in den Bilanzgleichungen vorkommen. Die Ergebnisse dieser Messungen fallen meistens als diskrete oder kontinuierliche Zeitreihen an. Diese Reihen haben, wie gezeigt, einen stochastischen Charakter. Sie enthalten aber auch periodische Komponenten und können Trends aufweisen (Abb. II.1).

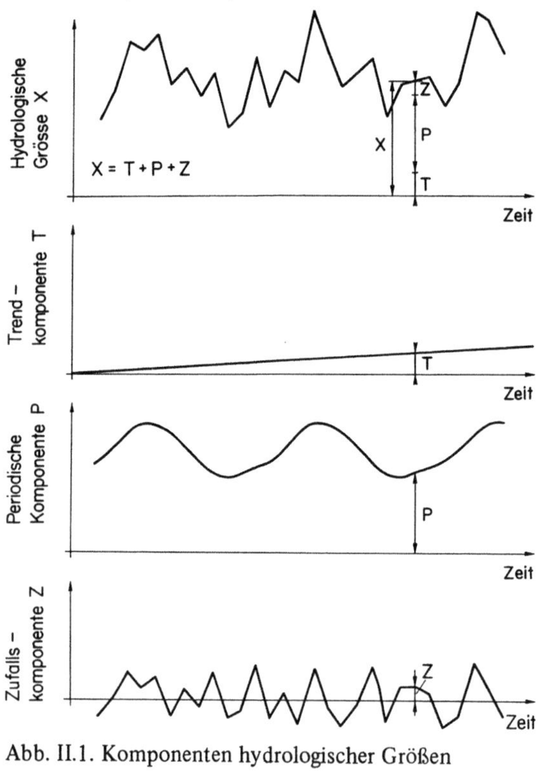

Abb. II.1. Komponenten hydrologischer Größen

Störungen an den Meßeinrichtungen und natürliche oder anthropogene Änderungen der Verhältnisse im Einzugsgebiet können die Ergebnisse solcher Messungen beeinflussen. Aus dem Grund sollten hydrologische Meßreihen auf Homogenität geprüft werden, bevor sie für weitere Analysen verwendet werden. Ebenso sollten vor einer weiteren Behandlung hydrologischer Meßdaten eventuell vorhandene Trends ermittelt und periodische Komponenten, sofern solche vorkommen, von den stochastischen Komponenten getrennt werden.

II.1 Prüfung hydrologischer Meßdaten auf Homogenität und Ermittlung von Trends

Die Homogenität einer Meßreihe kann nach der Methode der doppelten Summenlinie [1] geprüft werden. Man trägt die aufsummierten Jahresmittelwerte der betreffenden Meßstationen für die gesamte Meßperiode gegen die aufsummierten Jahresmittelwerte einer möglichst großen Anzahl von Meßstationen der Region auf. Diese Aufzeichnung ergibt im Normalfall eine Gerade. Tritt von einem bestimmten Jahr an eine Abweichung von dieser Geraden auf, so ist anzunehmen, daß die Bedingungen der Messung sich geändert haben. Eine Prüfung der Abflußmengen der Vispa bei Visp im Kanton Wallis in der Schweiz auf Homogenität zeigt den Einfluß der Ableitungen aus dem Einzugsgebiet der Matter-Vispa nach dem Stausee Grande Dixence (Abb. II.2).

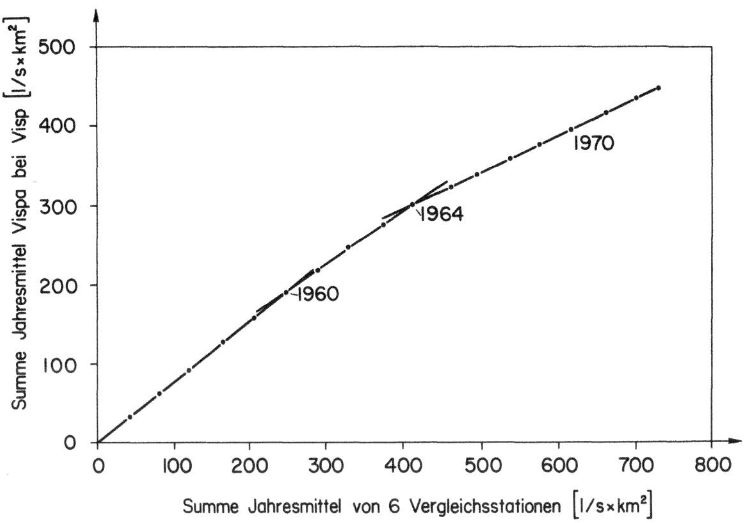

Abb. II.2. Prüfung auf Homogenität mit der Methode der doppelten Summenlinie am Beispiel der Abflußmengen der Vispa bei Visp

Zur Prüfung auf Homogenität können auch verschiedene statistische Tests angewandt werden. Da die Verteilungsfunktion der gemessenen Größe meistens nicht bekannt ist, empfiehlt es sich, nicht-parametrische Tests, z.B. den U-Test nach Wilcoxon, Mann und Whitney [2], [3], [4] anzuwenden.

Die üblichste Trendanalyse stützt sich auf eine Glättung der Meßreihe durch die Bildung gleitender Mittel über m-Werte:

$$\bar{x}\left(k + \frac{m-1}{2}\right) = \frac{1}{m} \sum_{i=k}^{k+m-1} x_i \quad , \; k = 1, 2, \ldots, n-m+1 \qquad \text{(II.1)}$$

wobei n die Anzahl der Meßwerte der Reihe ist. Jeder dieser Mittelwerte wird dem Mittelpunkt $k + \frac{m-1}{2}$ des Intervalls der Länge m zugeordnet. Die Intervallänge *m* wird bei Trendanalysen hydrologischer Größen meistens gleich fünf Jahre gewählt.

Ein Beispiel einer solchen Analyse ist in Abb. II.3 dargestellt. Es zeigt Trends der Monatsabflüsse der Rhone bei Port du Scex an der Mündung in den Genfersee, hervorgerufen durch die Nutzung der Wasserkräfte im Einzugsgebiet der Rhone.

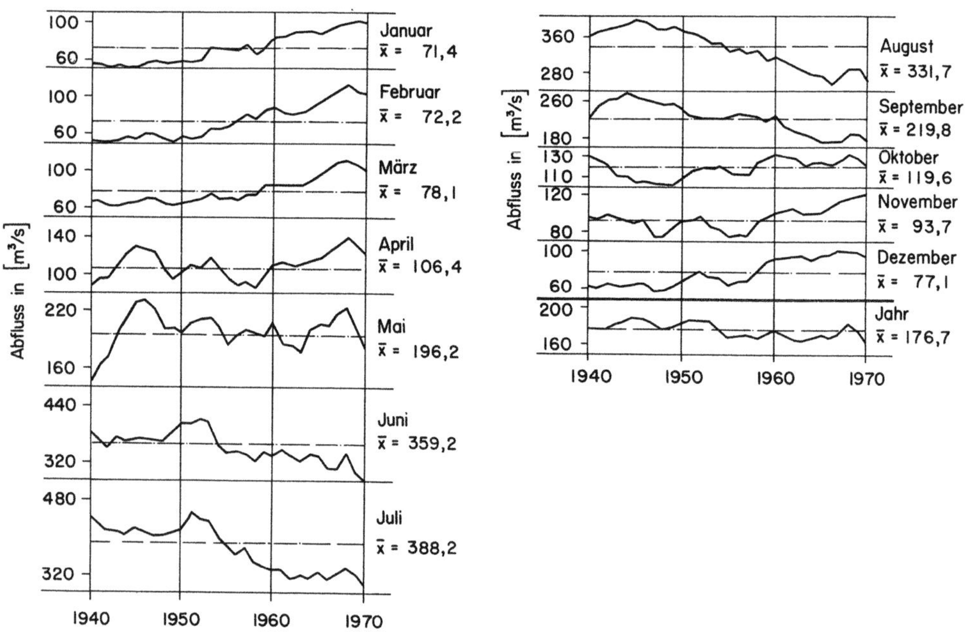

Abb. II.3. Untersuchung auf Trend mit Hilfe von gleitenden Mitteln am Beispiel der Rhone bei Port du Scex/VD ($m = 5$ J)

Zur Prüfung einer hydrologischen Meßreihe auf Trend, kann der Vorzeichen-Trendtest von Cox und Stuart [2], [5] angewandt werden. Die Ermittlung der Trendkomponente kann mit Hilfe der Regressionsanalyse erfolgen [2].

Inhomogenitäten und Trends hydrologischer Meßreihen können anthropogene oder natürliche Ursachen haben, wie z.B. Waldrodungen, Aufforstungen, Wasserumleitungen, langfristige klimatische Veränderungen, Erdrutsche, Lawinenniedergänge, usw.

II.2 Ermittlung periodischer Komponenten hydrologischer Meßdaten

Die Ermittlung der periodischen Komponente hydrologischer Größen wird erleichtert durch die Tatsache, daß die Periode der wichtigsten Parameter aus den früher angegebenen Gründen ein Jahr beträgt und somit bekannt ist. Zur Untersuchung der Jahresperiodizität, bzw. der saisonalen Abhängigkeit einer hydrologischen Größe, wird die Zeitreihe in Jahresabschnitte geteilt. Da der zufällige Charakter des hydrologischen Geschehens hauptsächlich durch das stochastische Auftreten der Einzelereignisse geprägt wird, ist es sinnvoll, eine Glättung der Meßdaten vorzunehmen, die den Einfluß dieser Einzelereignisse dämpft. Zu diesem

Zweck werden anstelle der einzelnen Meßdaten Mittelwerte dieser Daten betrachtet, die über Zeitabschnitte gebildet werden, die länger als die Länge der Ereignisse sind. Je nach der Größe, die betrachtet wird, und dem Zweck der Untersuchung, werden als Integrationszeiten für diese Mittelwertbildung der Tag, die Woche, die Zehntage oder der Monat genommen. Über die Sukzession der Jahre betrachtet, bilden diese Mittelwerte ihrerseits Zeitreihen, die, von Trends abgesehen, meist stochastischen Charakter haben.

Die Periodizität kann nicht aus den Meßergebnissen eines einzelnen Jahres ermittelt werden, obschon sie oft darin erkennbar ist. Man benötigt dazu langjährige Beobachtungen, mit deren Hilfe stabile Mittelwerte der Tages-, Wochen-, Zehntages- oder Monatsmittel gebildet werden können. Das in Abb. II.4 dargestellte Beispiel zeigt, wie das arithmetische Mittel

$$\bar{x} = \frac{1}{n} \sum_{i=1}^{n} x_i \tag{II.2}$$

einer hydrologischen Größe x, am Beispiel des Abflusses, mit zunehmender Anzahl der Werte n stabiler wird. Aus solchen Untersuchungen ist bekannt, daß zur

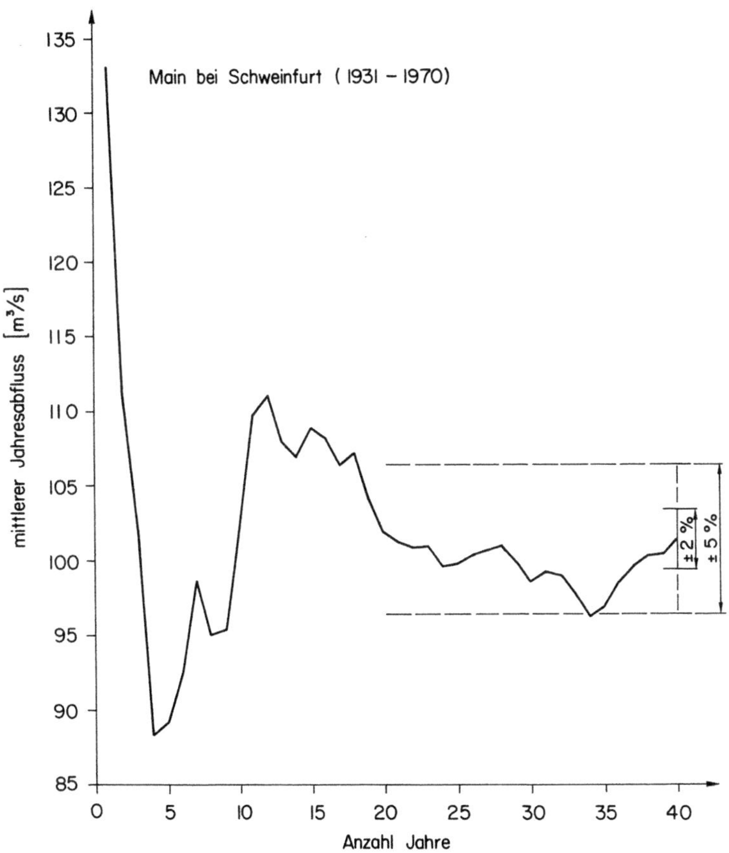

Abb. II.4. Einfluß der Meßreihenlänge auf die Stabilität des Mittelwertes der Abflüsse des Mains bei Schweinfurt, 1931 bis 1970

Bildung stabiler Mittelwerte Messungen über mindestens 20 bis 30 Jahre vorliegen müssen.

Um höhere Momente

$$a_r = \frac{1}{n} \sum_{i=1}^{n} (x_i - \bar{x})^r \quad , \quad r = \text{Ordnung des Momentes} \qquad \text{(II.3)}$$

mit genügender Genauigkeit zu bestimmen, sind noch längere Meßreihen notwendig. Aus dem Grund beschränkt man sich meistens auf die Bestimmung der Momente zweiter und dritter Ordnung.

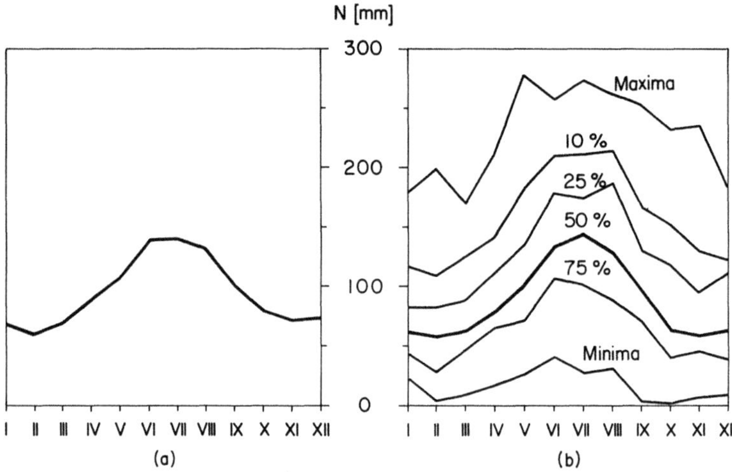

Abb. II.5. Periodisches Verhalten des Niederschlages in Zürich, Monatsmittel der Periode 1901–1960. a) Mittelwert des Niederschlages, b) Niederschlagswerte verschiedener Wahrscheinlichkeit (50% Kurve: Median)

Durch Auftragen des langjährigen Mittelwertes der Tages- , Wochen- , Zehntage- , bzw. Monats-Mittel über die Periode eines Jahres, erhält man das periodische Verhalten des Mittelwertes der betreffenden hydrologischen Größe (Abb. II. 5 a). Man kann anstelle des langjährigen Mittels auch das periodische Verhalten von Werten mit bestimmter Wahrscheinlichkeit des Auftretens ermitteln (Abb. II. 5 b).

II.3 Statistische Analyse hydrologischer Meßdaten

Liegen eine große Anzahl Meßwerte oder abgeleitete Werte einer hydrologischen Größe x, wie z.B. die Tagesmittel des Niederschlages oder des Abflusses, vor, so kann daraus die Erwartung ermittelt werden, mit der ein bestimmter Wert der betreffenden hydrologischen Größe auftritt. Man nennt solche Analysen *Frequenzanalysen* und bezeichnet mit *Frequenz* des Auftretens einer Größe das Inverse der Zeit, während der ein bestimmter Wert einer hydrologischen Größe erreicht oder überschritten wird. Als Zeiteinheit tritt bei solchen Analysen meistens der Tag oder das Jahr auf.

Zur Bestimmung der Erwartung, mit der ein Wert auftritt, werden Histogramme oder *Häufigkeitskurven* und daraus Summenhäufigkeitsverteilungen oder *Dauerkurven* konstruiert. Man geht dabei wie folgt vor:

Der *Variationsbereich* $x_{max} - x_{min}$ der betreffenden Größe wird in gleich große Klassen Δx unterteilt, deren Anzahl nach einer Faustregel ca. $\sqrt{n}$ sein sollte, wobei n die Anzahl der Meßwerte ist. Die Anzahl der Meßwerte die innerhalb einer Klasse liegen, gibt die Häufigkeit bzw. Frequenz an, mit der die gemessene Größe innerhalb eines Intervalls, das durch die Grenzen x und $x + \Delta x$ einer Klasse definiert wird, vorkommt. Mit Hilfe dieser Klasseneinteilung und der zugehörigen Häufigkeiten wird ein Histogramm konstruiert. In der Hydrologie wird dieses Histogramm Häufigkeitskurve genannt und die Achst, die die Häufigkeit angibt, horizontal gezeichnet (Abb. II.6).

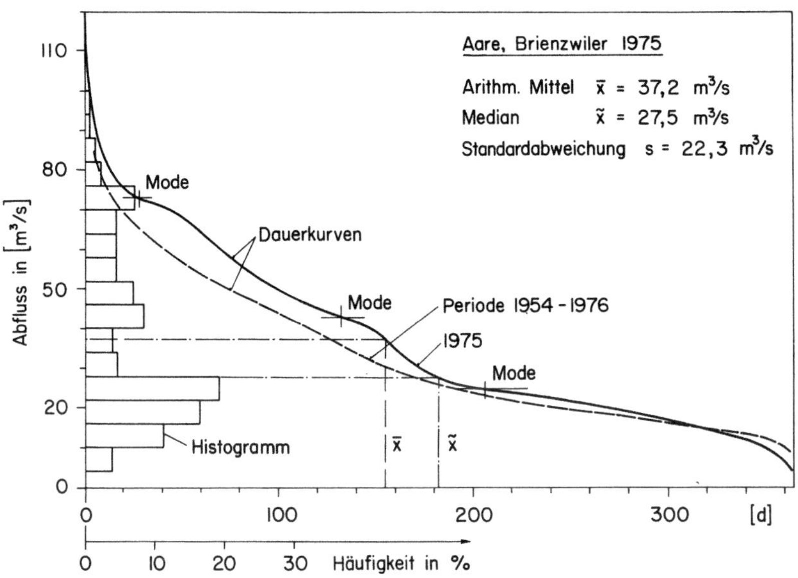

Abb. II.6. Histogramm und Dauerkurven der Abflüsse der Aare bei Brienzwiler

Aus der Häufigkeitskurve kann durch Aufsummieren die Dauerkurve konstruiert werden (Abb. II.6). Die Dauerkurve gibt an, mit welcher Wahrscheinlichkeit, bzw. an wieviel Tagen eines Jahres oder eines anderen Zeitabschnittes, die betreffende Größe erreicht oder überschritten wird. Aus der Häufigkeitskurve und der Dauerkurve können leicht folgende statistische Maßzahlen ermittelt werden:

– das arithmetische Mittel: $\bar{x} = \frac{1}{n} \sum_{i=1}^{n} x_i$

– der Median $\tilde{x}$: Wert bei 50%

– die Mode: Extremwerte der Häufigkeitskurve, bzw. Wendepunkte der Dauerkurve

– der Variationsbereich: $x_{max} - x_{min}$

– die Standarddeviation: $$s = \sqrt{\frac{\sum_{i=1}^{n} (x_i - \bar{x})^2}{n-1}}$$

– der Variationskoeffizient: $$C_v = s/\bar{x}$$

– die Schiefe: $$a_3 = \frac{n}{(n-1)(n-2)} \sum_{i=1}^{n} (x_i - \bar{x})^3$$

– der Schiefekoeffizient: $$C_s = \frac{a_3}{s^3}$$

Mit diesen Werten ist eine erste einfache statistische Beschreibung der betreffenden hydrologischen Größe möglich. Weiteres über die statistische Analyse hydrologischer Meßreihen findet man in [6], [7], [8].

Literatur

1. Kohler, M. A., Double-mass Analysis for Testing the Consistency of Records and for Making Required Adjustments. Amer. Met. Soc. Bull. *30*, 188–189 (1949).
2. Sachs, L., Angewandte Statistik. Berlin – Heidelberg – New York: Springer. 1974.
3. Van der Waerden, B. L., Mathematische Statistik. Berlin – Heidelberg – New York: Springer. 1965.
4. Weiss, L. L., Wilson, W. T., Evaluation of Significance of Slope Changes in Doublemass Curves. Trans. Amer. geophys. Un. *34*, 893–896 (1953).
5. Eggers, H., Parameterfreie statistische Methoden zur Analyse von Datenreihen. Mitteilungen Theodor-Rehbock-Flußbaulaboratorium, H. 158, 1970.
6. Statistical and Probability Analysis of Hydrologic Data. In: V. T. Chow, Handbook of Applied Hydrology. New York: McGraw-Hill. 1964.
7. Yevjevich, V., Probability and Statistics in Hydrology. Fort Collins: Water Resources Publications. 1972.
8. Roche, M., Hydrologie de surface. Paris: Gauthier-Villars. 1963.

III. Der Niederschlag

III.1 Die Entstehung des Niederschlages

Mit der Entstehung des Niederschlages befassen sich die Atmosphärenphysik und die Meteorologie. Hier wird ein kurzer Überblick gegeben. Der Niederschlag entsteht innerhalb der Erdatmosphäre. Eine obere Grenze der Atmosphäre kann nicht genau angegeben werden. Bei ca. 600 km Höhe ist allerdings ihre Dichte nicht mehr zu unterscheiden von derjenigen des interstellaren Gases. Für das Wettergeschehen sind die untersten 10–15 km der Lufthülle der Erde, die Troposphäre, maßgebend. Die Troposphäre enthält ca. 80% der gesamten Luftmasse. Ihre obere Begrenzung wird durch die 200 mb Fläche gegeben. Charakteristisch für die Troposphäre ist ein negativer Temperaturgradient von 5–6°C pro km mit zunehmender Höhe. Das bedeutet, daß an der oberen Grenze der Troposphäre, der sogenannten Tropopause, die Temperatur bei ca. –40°C ÷ –50°C liegt. In der Schicht, die der Tropopause folgt, bleibt die Temperatur praktisch konstant (–56,4°C).

Der Wassergehalt w einer Luftschicht der Mächtigkeit z läßt sich wie folgt berechnen

$$w = \int_0^z \rho_w \, dz \;, \; dz = -\frac{dp_a}{\rho_a g} \quad ; \; w = \frac{1}{g} \int_p^{p_0} \frac{\rho_w}{\rho_a} \, dp_a \qquad \text{(III.1)}$$

darin bedeuten

ρ_w die absolute Feuchte in kg/m³

ρ_a die Dichte der feuchten Luft in kg/m³

p_a den dazugehörenden Druck in N/m² bzw. in mb = 10^2 N/m²

Die absolute Feuchte läßt sich aus der Beziehung

$$\rho_w = \frac{\mathrm{mol}_w}{\mathrm{mol}_d} \cdot \frac{e_e}{R_g \cdot T} = 0{,}622 \, \frac{e_e}{R_g \cdot T} \qquad \text{(III.2)}$$

berechnen, mit

mol_w : 1 mol Dampf = 18 g
mol_d : 1 mol trockener Luft = 28,94 g
e_e : effektiver Dampfdruck in N/m²
R_g : Gaskonstante, für trockene Luft 287 J/kg °K
T : Temperatur in °K

Die Dichte der feuchten Luft ihrerseits beträgt

$$\rho_a = \frac{p_a - e_e}{R_g \cdot T} + 0{,}622 \frac{e_e}{R_g \cdot T} = \frac{p_a}{R_g \cdot T} \left(1 - 0{,}378 \frac{e_e}{p_a} \right) \qquad \text{(III.3)}$$

Bei gleichem atmosphärischen Druck und gleicher Temperatur ist demnach die Dichte der feuchten Luft kleiner als diejenige der trockenen Luft.

Aus (III.2) und (III.3) erhält man für die spezifische Dichte q_w.

$$q_w = \frac{\rho_w}{\rho_a} = 0{,}622 \frac{e_e}{p_a - 0{,}378\, e_e} \approx 0{,}622 \frac{e_e}{p_a} \qquad \text{(III.4)}$$

Einsetzen in (III.1) ergibt

$$w = \frac{0{,}622}{g} \int_{p}^{p_0} \frac{e_e}{p_a}\, dp_a \qquad \text{(III.5)}$$

wird der Druck in mb gemessen, so ist in Gl. (III.5) auf der rechten Seite ein Faktor 100 einzuführen.

Die maximale Dampfmenge, die ein Volumen enthalten kann, ist somit nur vom effektiven Dampfdruck e_e abhängig. Abb. III.1 und Tab. III.1 geben die absolute Feuchte ρ_w, bzw. den dazugehörenden Dampfdruck e_{sw} eines gesättigten Luftvolumens in Funktion der Temperatur an.

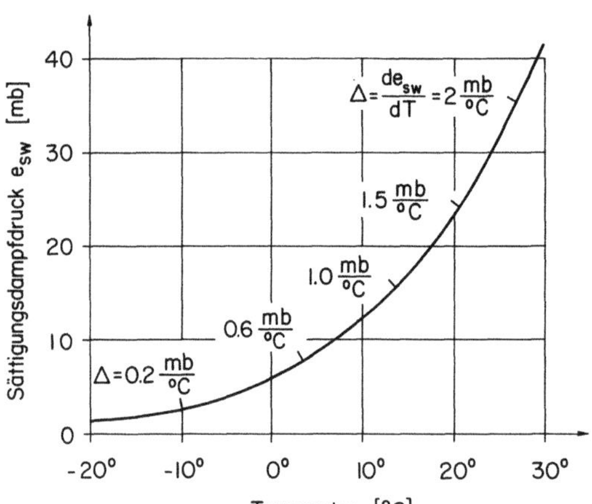

Abb. III.1. Kurve des Sättigungsdampfdruckes in Funktion der Temperatur

Tabelle III.1. *Zusammenhang zwischen Temperatur, Sättigungsdampfdruck und absoluter Feuchte*

T (°C)	−20	−15	−10	−5	0	5	10	15	20	25
e_{sw} (mb)	1.1	1.9	2.9	4.2	6.1	8.7	12.2	17.0	23.3	31.6
ρ_w (g/m³)	0.9	1.6	2.4	3.4	4.8	6.8	9.4	12.8	17.3	23.1

Da innerhalb der Troposphäre die Temperatur mit zunehmender Höhe abnimmt, muß dementsprechend auch der Feuchtigkeitsgehalt abnehmen. Oberhalb 10 000 m ist er praktisch vernachlässigbar.

Die Bildung von Wolken und Niederschlag setzt voraus, daß relativ warme,, feuchte Luftmassen abgekühlt werden, sodaß es zur Kondensation des Wassers kommt. Der wichtigste Vorgang, der zu einer solchen Abkühlung führt, ist das Aufsteigen von Luftmassen.

Aus Messungen ist bekannt, daß Wolken nie mehr als 2–3 gr/m³ kondensiertes Wasser enthalten. Würde demnach der gesamte Wasserinhalt einer 4000 m mächtigen Wolke als Niederschlag niedergehen, so würde die Niederschlagshöhe maximal 12 mm betragen. Auch in einem so extremen Fall genügt der Wasserinhalt einer Wolke nicht, um die Niederschlagshöhen eines langen ausgiebigen Regens, der z.B. in 24 Stunden 50 mm und mehr Niederschlagshöhe ergeben kann, zu decken. Nur die ständige Neubildung der Wolken durch Zufuhr feuchter Luft durch die Steigströmung kann zu einer größeren Niederschlagsmenge führen. Es ist dabei aufgrund der angegebenen Werte der absoluten Luftfeuchtigkeit zu bemerken, daß Niederschläge in warmen Perioden oder tropischen Ländern ergiebiger sind, als solche in kalten Perioden oder arktischen Gebieten.

Aufgrund der Ursachen, die die Steigströmungen erzeugen, kann man die Niederschläge in drei Gruppen einteilen.

a) Konvektionsniederschläge

Oberflächennahe, ruhende Luftmassen werden durch die Sonnenbestrahlung erwärmt, expandieren und steigen. Dabei kühlen sie sich ab und von einem bestimmten Moment an beginnt das Wasser zu kondensieren. Wenn diese Konvektionsströmung stark genug ist und lang genug andauert, können mächtige Wolkenbildungen entstehen. Die damit verbundenen Niederschläge sind meistens sehr intensiv, aber von relativ kurzer Dauer. Sie fallen meistens am Nachmittag und dauern einige Stunden. Solche Niederschläge sind typisch für die äquatorialen Gebiete; sie verursachen aber auch einen großen Teil der Gewitterregen in den Gebieten mit gemäßigtem Klima.

b) Orographische Niederschläge

Die Winde führen meistens warme, feuchte Luft vom Meer gegen das Festland. Steht dem Wind eine Gebirgskette im Wege (Abb. III.2), so werden die Luftmassen durch die Landerhebungen in die Höhe getrieben und abgekühlt. Auf der Luvseite des Gebirges und im Vorgebirge entstehen Niederschläge, deren Intensität und Dauer von den Wetterverhältnissen abhängt und daher sehr unterschiedlich ist. Auf der Leeseite des Gebirges ist die Luft trocken. Die abfallende Strömung führt zu einer starken Erwärmung der Luft. Diese Fallwinde, die oft sehr stark sein können, werden „Föhn“ genannt. Die Leeseite von Gebirgen ist meistens trocken.

In den Alpenländern sind die orographischen Niederschläge von großer Bedeutung. Die Süd- und Westwinde bringen feuchte Luftmassen vom Atlantik und vom Mittelmeer. Die Alpen mit Höhen bis zu 4500 m über Meer bilden eine mächtige Barriere. Dementsprechend stellt man auch eine Zunahme der Nieder-

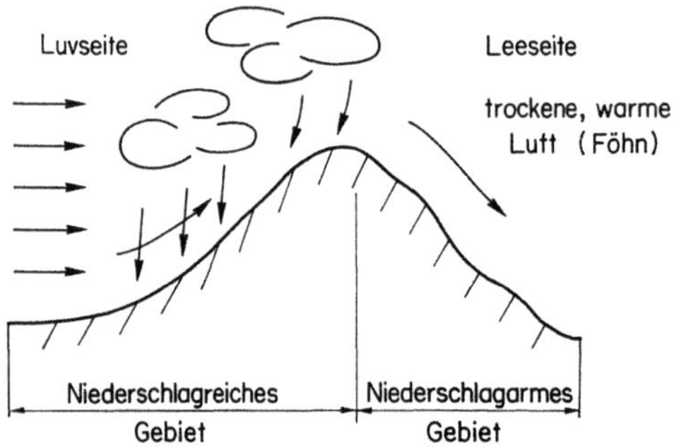

Abb. III.2. Entstehung orographischer Niederschläge

schlagshöhen gegen den Alpenkamm hin fest. Typische Beispiele des Einflusses der Orographie sind die niederschlagsarmen Täler der Wallis und des Engadin in der Schweiz. Diese Täler werden durch die Bergketten geschützt, sodaß trotz der relativ hohen Lage die Niederschlagshöhen weit unter den Schweizer Durchschnittswerten liegen.

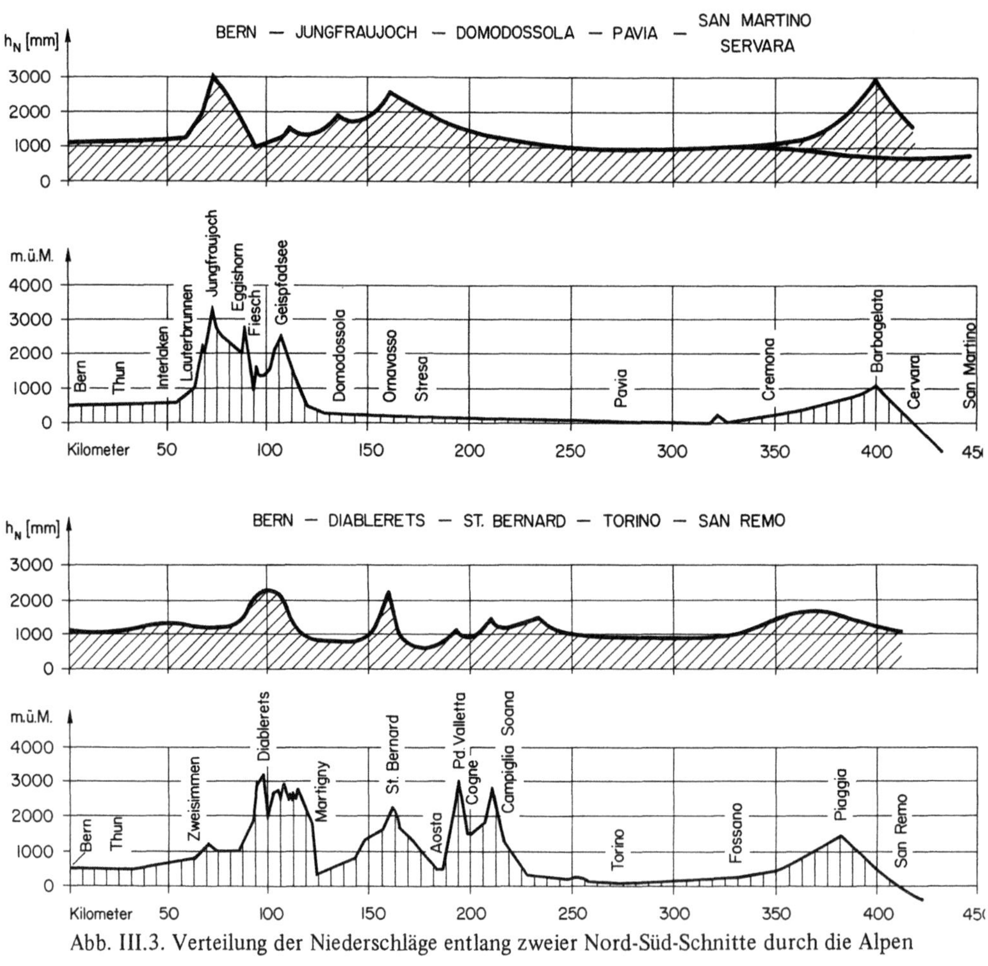

Abb. III.3. Verteilung der Niederschläge entlang zweier Nord-Süd-Schnitte durch die Alpen

Wallis: 500–1700 m ü. M. und 500–900 mm/Jahr Niederschlagshöhe
(Sierre 580 mm/Jahr, Brig 730 mm/Jahr).
Engadin: 1000–1800 m ü. M. und 600–800 mm/Jahr Niederschlagshöhe
(Schuls 710 mm/Jahr, St. Moritz 940 mm/Jahr).
Schweiz: 1300 m ü. M. im Mittel und 1472 mm/Jahr Niederschlagshöhe

Der Einfluß der Orographie auf die Niederschlagshöhe im Alpengebiet geht aus der Darstellung Abb. III.3 klar hervor.

c) Zyklonische Niederschläge

Druckunterschiede, die in der Atmosphäre durch den Einfluß verschiedener Faktoren auftreten (einer der wichtigsten ist die Sonnenbestrahlung), führen zur Bildung großräumiger Luftbewegungen. Dabei entstehen Kontaktzonen zwischen warmen, feuchten Luftmassen und kalten Luftmassen. Die warme, leichtere Luft wird in die Höhe getrieben und führt meistens zur Bildung ausgedehnter Niederschlagszonen. Grundsätzlich unterscheidet man zwei Arten von Frontenbildungen:

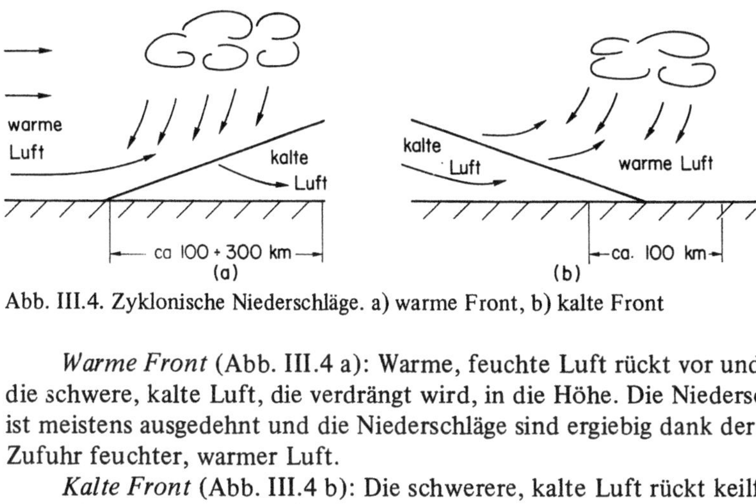

Abb. III.4. Zyklonische Niederschläge. a) warme Front, b) kalte Front

Warme Front (Abb. III.4 a): Warme, feuchte Luft rückt vor und gleitet über die schwere, kalte Luft, die verdrängt wird, in die Höhe. Die Niederschlagszone ist meistens ausgedehnt und die Niederschläge sind ergiebig dank der ständigen Zufuhr feuchter, warmer Luft.

Kalte Front (Abb. III.4 b): Die schwerere, kalte Luft rückt keilförmig vor und schiebt die warme Luft in die Höhe; dadurch entsteht vor der kalten Front eine Niederschlagszone.

Der größte Teil der Niederschläge in Gegenden mit gemäßigtem Klima ist auf zyklonische Niederschläge zurückzuführen.

In der Tat kommen die verschiedenen Niederschlagstypen überall vor und sehr oft sind die Ursachen der Niederschlagsentstehung Kombinationen der oben angegebenen Mechanismen.

Tabelle III.2. *Regentypen*

Regentypus	Intensität in mm/h	Mittlere ∅ der Tropfen in mm	Fallgeschwindigkeit in m/s
Nieseln	0,25	0,20	–
leichter Regen	1–5	0,45	2,0
starker Regen	15–20	1,50	5,5
Sturm	100	3,00	8,0

Der Niederschlag fällt je nach Temperatur und ihrer Verteilung in der Atmosphäre in Form von Regen, Schnee oder Hagel. Die Größe der Regentropfen liegt zwischen 0,5 mm und 5,5 mm. Größere Tropfen werden durch den Luftwiderstand aufgespalten. Die Fallgeschwindigkeit in ruhender Luft liegt zwischen 2,0 und 8,0 m/sec. Die Fallgeschwindigkeit der Schneekristalle liegt dagegen zwischen 0,4 und 1,0 m/sec. Hagelkörner können Fallgeschwindigkeiten von 12 bis 52 m/sec aufweisen (Tab. III.2).

III.2 Messung des Niederschlages

Die älteste historisch belegte Messung des Niederschlages erfolgte in Indien gegen Ende des 4. Jhr. v. Chr. [1]. Das Prinzip der Messung hat sich bis in unsere Zeit nicht geändert. Ein Gefäß mit einer Öffnung bestimmter Größe wird an einem geeigneten Ort aufgestellt und der darin aufgefangene Niederschlag periodisch gemessen. Es existieren verschiedene Typen solcher Niederschlagsmesser. In den Abb. III.5, III.6, III.7 und III.8 sind vier davon dargestellt.

Der erste ist der einfachste Typ eines Regenmessers. Die Ablesung erfolgt mit einem Meßzylinder, meistens zweimal pro Tag. Solche Geräte werden auch als Wochen- oder Monatssammler benutzt.

In Abb. III.6 ist ein Ombrograph, d.h. ein registrierendes Gerät mit Schwimmer, dargestellt. Die Messung kann auch gravimetrisch oder mittels einer Wippe (Abb. III.7) erfolgen.

Das vierte der dargestellten Geräte ist ein Totalisator (Abb. III.8). Solche Geräte werden an unzugänglichen Orten aufgestellt und erlauben die Messung des gesamten Niederschlages einer Periode.

Die beschriebenen Meßgeräte werden auch für Messungen des Niederschlages in Form von Schnee und Hagel benutzt. Bei Schneemessungen müssen die Geräte

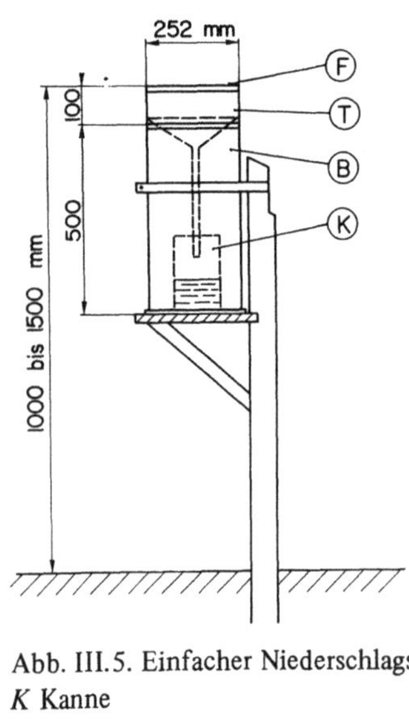

Abb. III.5. Einfacher Niederschlagsmesser. *F* Auffangfläche, *T* Auffanggerät, *B* Behälter, *K* Kanne

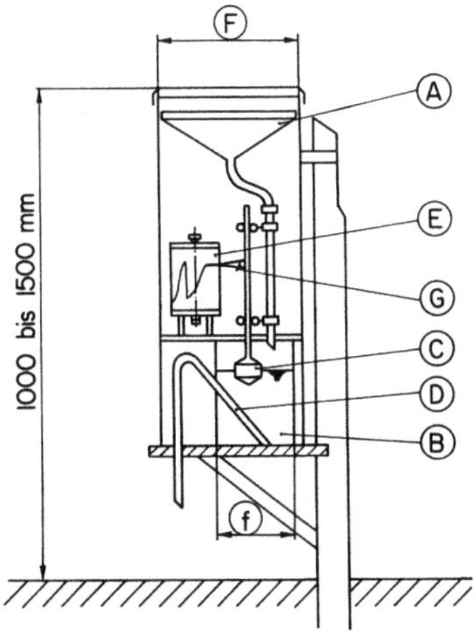

Abb. III.6. Selbstschreibender Niederschlagsmesser – Ombrograph. *A* Auffangtrichter, *B* Meßgerät, *C* Schwimmer, *D* Saugheber, *E* Schreibtrommel mit innenliegendem Uhrwerk, *F* Auffangfläche, *G* Schreibfelder

entweder geheizt, oder mit einem Frostmittel versehen werden, das für ein schnelles Schmelzen des aufgefangenen Niederschlages sorgt.

Obschon das Prinzip der Messung sehr einfach ist und die Bestimmung des in den Geräten aufgefangenen Niederschlages mit guter Genauigkeit durchgeführt werden kann, ist die Messung des Niederschlages mit großen Unsicherheiten verbunden [3]. Einige der wichtigsten Gründe dafür sind:

– Alle Typen von Niederschlagsmessern erzeugen in ihrer Umgebung eine Störung des Windfeldes, die bei Regen-, vor allem aber bei Schneefall, die Messung stark beeinflussen kann.

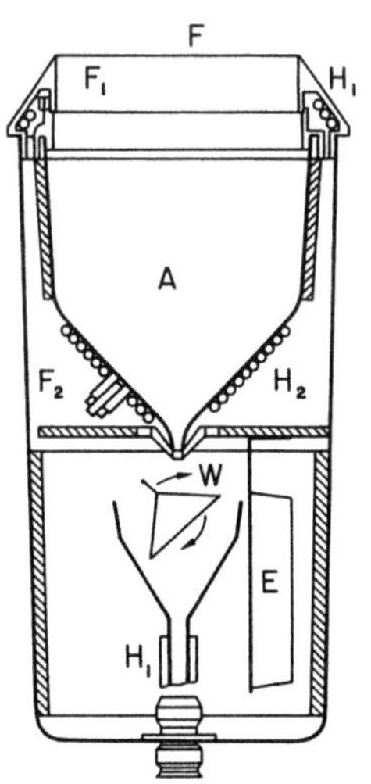

Abb. III.7. Automatischer Niederschlagsmesser. *F* Auffangfläche, *A* Auffangtrichter, *W* Niederschlagswippe, *E* Elektronik, F_1, F_2 Temperaturfühler, H_1, H_2 Heizungen

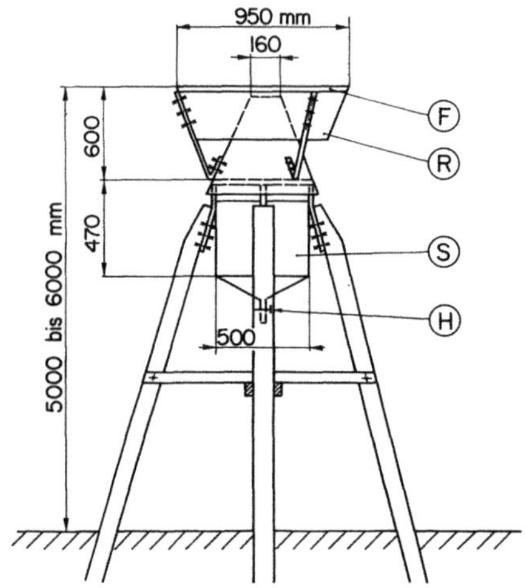

Abb. III.8. Niederschlagssammler – Totalisator. *F* Auffangfläche, *R* Windschutzring, *S* Sammelgefäß, *H* Ablaßhahn

– Die Auffangfläche eines Niederschlagsmessers ist sehr klein (200–500 cm²) im Vergleich zum Gebiet (einige km² bis einige 100 km²), für das sie die Niederschlagsmessung liefern soll. Die Messung ist umso weniger repräsentativ, je inhomogener die Niederschlagsverteilung über dem Gebiet ist.

– Es gibt wenige Orte, an welchen Niederschlagsmesser aufgestellt werden können, die keine Störung durch die Umgebung aufweisen, oder die nicht zu stark exponiert sind.

– Die Niederschlagsmessung kann nicht wiederholt und nur äußerst selten doppelt geführt werden.

Um die durch den Wind bedingten Fehler zu reduzieren, werden Niederschlagsmesser mit Windschutzringen ausgerüstet (Abb. III.8). Sehr oft werden aus demselben Grund Niederschlagsmesser im Boden versenkt angebracht (Abb. III.9).

Die Dichte eines Netzes von Niederschlag-Meßstationen hängt vom Ziel der Untersuchung ab. Für die Bestimmung der Niederschlagsverteilung in einem Gebiet während einzelner Regenereignisse ist ein dichtes Meßnetz erforderlich. Interessiert man sich hingegen für die Niederschlagsmenge, die während einer längeren Periode auf ein Gebiet fällt, so genügt ein relativ lockeres Netz von Meß-

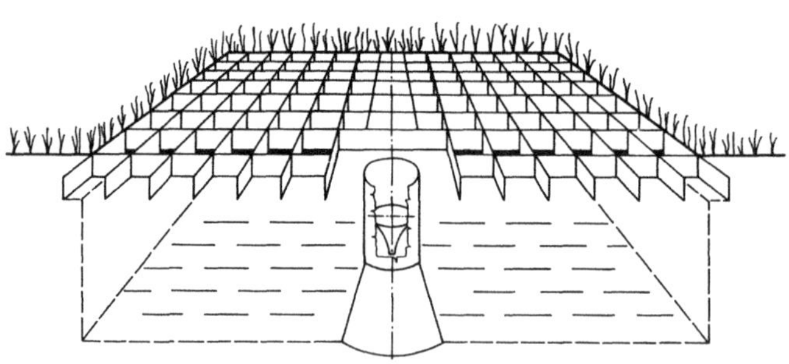

Abb. III.9. Ebenerdiger Regenmesser [3]

stationen. Den Einfluß der Dichte des Meßnetzes auf die Auswertung eines Niederschlagsereignisses zeigt Abb. III.10. Benutzt man für die Auswertung nur wenige ausgewählte Meßstellen, so werden die Zentren des Niederschlagereignisses nicht erfaßt und das Bild der Verteilung des Regens über das Gebiet in wesentlichen Bereichen verfälscht.

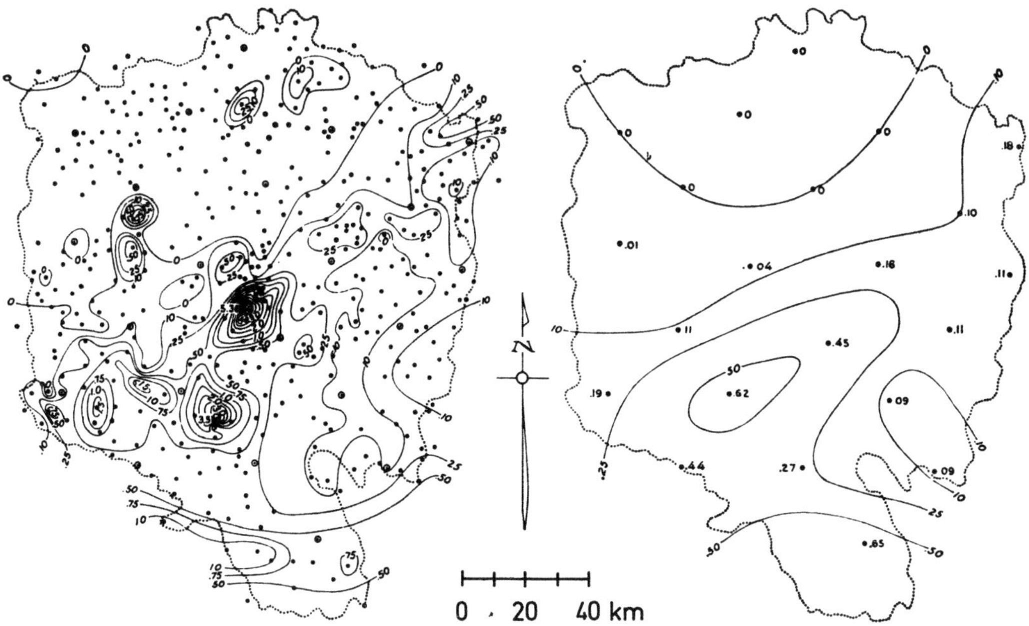

449 Meßstationen 22 Meßstationen

Abb. III.10. Einfluß der Dichte des Meßnetzes auf die Regenkarte. Einzugsgebiet des Muskingum River, Ohio (U.S. Weather Bureau)

Meistens können dichte Netze aus finanziellen Gründen nur temporär betrieben werden und dienen einer spezifischen Aufgabe.

Auf nationaler Ebene werden an permanent installierten Beobachtungsstationen die wichtigsten klimatologischen Größen gemessen. Die nationalen klimatologischen Netze der Bundesrepublik Deutschland, der Schweiz und Österreichs haben eine Dichte von ca. 1 Station pro 100 km^2. Diese Dichte wird nur noch vom klimatologischen Netz Großbritanniens mit 1 Station pro 40 km^2 übertroffen [4].

III.3 Radarbeobachtung des Niederschlages

Die Wassertropfen eines Regens reflektieren einen Teil der Radarstrahlen. Durch Messung der reflektierten Strahlen ist es möglich, Ort, Bewegung und Verteilung der Intensität des Regens im Laufe eines Gewitters zu erfassen.

Die Frequenzbereiche, die sich für Wetterbeobachtungsradar am besten eignen, sind [5]

Band	Frequenz (MHz)	Wellenlänge (m)
s	1550 – 5200	0,193 – 0,0577
c	3900 – 6200	0,0769 – 0,0484
x	5200 – 10900	0,0577 – 0,0275

Die Wahl der geeigneten Wellenlänge hängt von den klimatischen Verhältnissen und dem Ziel der Untersuchung ab. Kurzwellige Strahlen werden im allgemeinen stärker geschwächt. Langwellige Strahlen haben im allgemeinen größere Reichweite. Die Reichweite solcher Beobachtungen liegt zwischen 40 km und 200 km. Unter der Annahme voller Sättigung des Radarstrahles lautet die Radar-Niederschlaggleichung:

$$\bar{L}_r = \frac{L_t\, \pi^4\, A_r\, h\, K^2\, Z}{8\, R^2\, \lambda^4} \tag{III.6}$$

Mit
- $\bar{L}_r$ mittlere empfangene Leistung aus einer Reihe reflektierter Radarimpulse in W
- L_t Leistung der emittierten Pulsspitze in W
- A_r wirksame Fläche der Antenne in m^2
- h Pulslänge in m
- R Reichweite in m
- λ Wellenlänge in m
- K^2 Refraktionsindex des Wassers, hängt von der Wellenlänge λ und der Temperatur ab
- Z Die Reflektivität ausgedrückt in ΣD^6 pro m^3
- D Der Durchmesser des Regentropfens

Zwischen der am Boden gemessenen Regenintensität i_N in mm/h und der Reflektivität $Z = \Sigma D^6$ besteht die Beziehung

$$Z = \Sigma D^6 = a\, i_N{}^b \tag{III.7}$$

Die Konstanten a und b müssen empirisch bestimmt werden. Die häufigsten Werte sind $a = 200$ und $b = 1{,}6$.
Mit dieser Formel kann die Reichweite oder die Intensität geschätzt werden.

Die Radarbeobachtung des Regens erlaubt die örtliche und zeitliche Verteilung der Regenintensität während eines Gewitters zu erfassen. Die Bestimmung der Regenintensität hingegen ist weniger zuverlässig. Aus diesem Grund sollten Messungen mittels Radar durch Messungen mit Regenmesser ergänzt werden.

III.4 Die Auswertung von Niederschlagsmessungen

III.4.1 Kontrolle und Ergänzung von Niederschlags-Meßreihen

Der Niederschlag wird meistens als die Höhe einer Wasserschicht angegeben, die eine ebene horizontale Fläche gleichmäßig bedeckt. Als Einheit der *Niederschlagshöhe* wird der mm, und seltener auch der m benutzt.

Vor Beginn einer Auswertung müssen die Meßergebnisse jeder Meßstation kontrolliert werden, um grobe Fehler, die durch Störung oder Ausfall des Meßgerätes entstehen, zu eliminieren. Falls einzelne Werte einer Meßstation ausgeschieden werden müssen oder nicht vorhanden sind, kann eine Ergänzung dieser Werte mit Hilfe der Messungen an mindestens drei benachbarten Meßstationen, die möglichst äquidistant und gleichmäßig um diese Station verteilt sind, vorgenommen werden. Unterscheidet sich das langjährige Mittel des Jahresniederschlages dieser Stationen um weniger als 10% von demjenigen der zu korrigierenden Station, so wird der fehlende Wert als das arithmetische Mittel der entsprechenden Meßwerte an den ausgewählten Stationen gerechnet. Ist dagegen der Unterschied zwischen diesen Mitteln größer als 10%, so wird ein gewichtetes Mittel gebildet [6]

$$h_{N,X} = \frac{1}{n}\left(\frac{N_X}{N_1}\ h_{N_1} + \frac{N_X}{N_2}\ h_{N_2} + \ldots + \frac{N_X}{N_n} \cdot\ h_{Nn}\right) \qquad \text{(III.8)}$$

wobei h_{NX} die geschätzte Niederschlagshöhe in x, $h_{N_1}, h_{N_2}, \ldots, h_{Nn}$ die gemessenen Niederschlagshöhen an den Meßstationen 1, 2 bis n und $N_X, N_1, N_2, \ldots, N_n$ die langjährigen Jahresmittel des Niederschlages der $n + 1$ Meßstationen sind.

Nachdem die Meßreihen ergänzt worden sind, müssen ihre Homogenität nach den angegebenen Methoden überprüft werden.

III.4.2 Bestimmung der mittleren Niederschlagshöhe eines Gebietes (Gebietsniederschlag)

Für gewisse wasserwirtschaftliche Aufgaben werden Angaben über die *Niederschlagsspende,* d.h. das Niederschlagsvolumen pro Zeiteinheit und Flächeneinheit ($V_N t^{-1} F^{-1}$) und über die *Niederschlagsfracht,* d.h. das gesamte Niederschlagsvolumen V_N innerhalb eines Zeitabschnittes benötigt. Man muß in dem Fall die Niederschlagshöhe über einem bestimmten Gebiet ermitteln, in welchem mehrere Meßstationen vorhanden sind. Die einfachste Methode zur Bestimmung der *„Niederschlagshöhe des Gebietes"* ist die Bildung des arithmetischen Mittels der einzelnen Meßstationen.

$$h_{NG} = \frac{1}{n} \sum_{i=1}^{n} h_{Ni} \qquad \text{(III.9)}$$

Man stellt dabei fest, daß die Zuverlässigkeit des bestimmten Wertes um so schlechter wird, je kupierter das Gelände ist und je größer die Streuung der h_{Ni}-Werte um den Mittelwert h_{NG} wird.

Eine Verbesserung der Ergebnisse wird erreicht, wenn die einzelnen Messungen mit einem Gewicht versehen werden. Nach der Methode von Thiessen [7] wird jeder Meßstation eine Fläche F_i zugeordnet und die Messung mit dem Verhältnis $\frac{F_i}{F_G}$ gewichtet. Die Höhe h_{NG} wird somit wie folgt berechnet:

$$h_{NG} = \sum_{i=1}^{n} h_{Ni}\ \frac{F_i}{F_G} = \frac{1}{F_G} \sum_{i=1}^{n} h_{Ni}\ F_i \qquad \text{(III.10)}$$

mit F_G: Fläche des Gebietes

Zur Bestimmung der Flächen F_i wird folgende Konstruktion durchgeführt:

Jede Meßstation wird mit den Nachbar-Meßstationen durch eine Gerade verbunden. In den so entstehenden Dreiecken werden die Senkrechten auf die Mitte jeder Seite gezeichnet, womit um jeden Meßpunkt ein Polygon entsteht. Die ge-

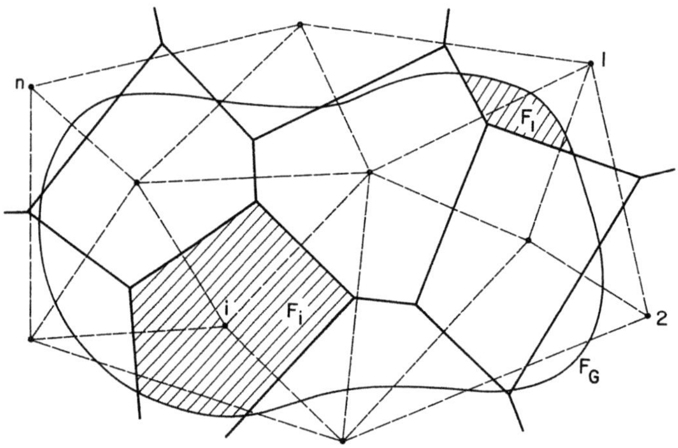

Abb. III.11. Flächenzuordnung zur Ermittlung des Gebietsniederschlages nach der Methode von Thiessen

suchte Fläche F_i ist gleich dem Inhalt des Teils des Polygons, in dem sich die i-te Meßstation befindet die innerhalb des Gebietes liegt (Abb. III.11). Nach der Methode von Thiessen werden Meßstationen, die außerhalb des Einzugsgebietes aber

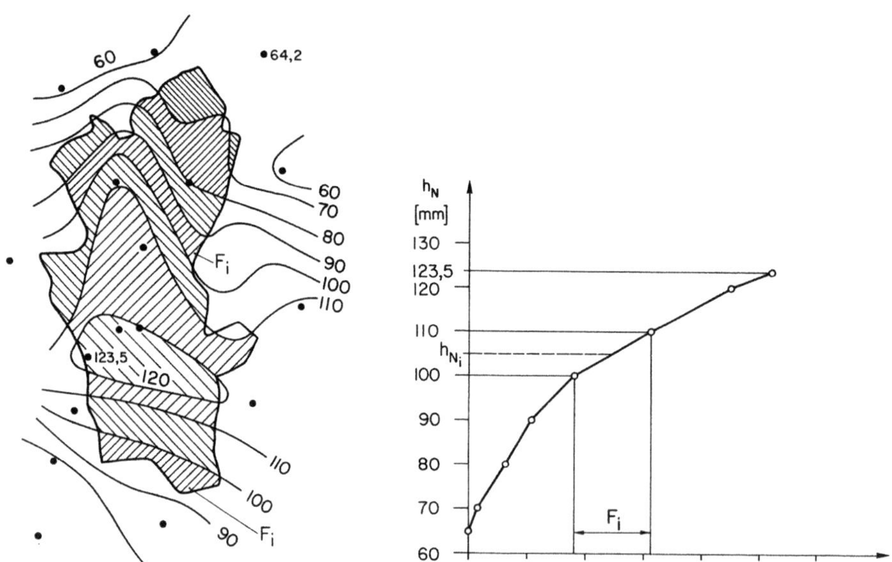

Abb. III.12. Bestimmung des Gebietsniederschlages mit Hilfe der Isohyetenkarte

in dessen Nähe liegen, mit entsprechend geringerem Gewicht in die Mittelwertbildung einbezogen.

Diese rein geometrische Bestimmung des Gewichtes berücksichtigt nicht die topographischen Verhältnisse des Gebietes. In Gegenden, in welchen die orographischen Einflüsse bedeutend sind, sind die Ergebnisse dieser Methode unbefriedigend.

Die genaueste, aber gleichzeitig die arbeitsaufwendigste Methode ist das Aufzeichnen von *Isohyeten* und die Auswertung der so gewonnen Niederschlagskarte (Abb. III.12). Die mittlere Niederschlagshöhe h_{N_G} wird mit der Formel (III.10) berechnet, wobei die einzelnen Flächen F_i die Flächenanteile des Gebietes, die zwischen zwei Isohyeten liegen und h_{N_i} die mittlere Niederschlagshöhe zwischen zwei Isohyeten sind.

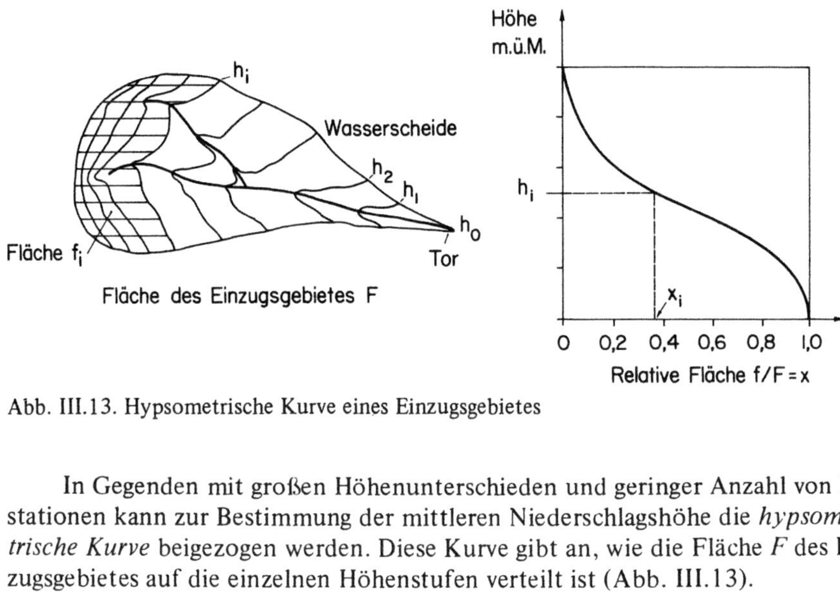

Abb. III.13. Hypsometrische Kurve eines Einzugsgebietes

In Gegenden mit großen Höhenunterschieden und geringer Anzahl von Meßstationen kann zur Bestimmung der mittleren Niederschlagshöhe die *hypsometrische Kurve* beigezogen werden. Diese Kurve gibt an, wie die Fläche F des Einzugsgebietes auf die einzelnen Höhenstufen verteilt ist (Abb. III.13).

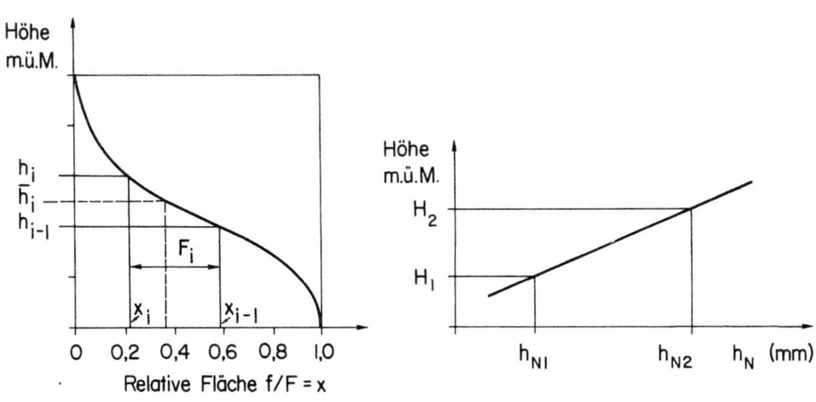

Abb. III.14. Bezeichnungen zur Bestimmung des mittleren Gebietsniederschlages mit Hilfe der hypsometrischen Kurve bei Vorhandensein von zwei Meßstationen des Niederschlages

Sind nur zwei Niederschlag-Meßstationen vorhanden, an welchen die Niederschlaghöhen h_{N1} und h_{N2} gemessen wurden und deren Höhenlage H_1 resp. H_2 bekannt ist (Abb. III.14), so läßt sich daraus der Zunahmemodul des Niederschlages

$$M_N = \frac{h_{N_2} - h_{N_1}}{H_2 - H_1} \tag{III.11}$$

berechnen. Aus der hypsometrischen Kurve werden die Flächenanteile F_i des Einzugsgebietes, die zwischen den Höhen h_i und h_{i+1} liegen, sowie ihre mittlere Höhe $\bar{h}_i$ bestimmt.

$$F_i = (x_{i-1} - x_i) \cdot F, \ \bar{h}_i = \frac{1}{2} (h_{i-1} + h_i) \tag{III.12}$$

Der Niederschlag N_i auf die Fläche F_i ist dann gleich:

$$N_i = (h_{N1} + M_N (\bar{h}_i - H_1)) F_i \tag{III.13}$$

und die mittlere Niederschlagshöhe beträgt

$$h_{NG} = \frac{1}{F} \sum_{i=1}^{n} N_i = \sum_{i=1}^{n} (h_{N1} + M_N (\bar{h}_i - H_1)(X_{i-1} - X_i)) \tag{III.14}$$

Bei der Anwendung dieser Methode ist nicht zu vergessen, daß der Niederschlag nicht nur von der Höhenlage abhängig ist. Eine ganze Anzahl weiterer Faktoren üben ihren Einfluß auf den Niederschlag aus, wie z.B. die Exposition, die Topographie, usw.

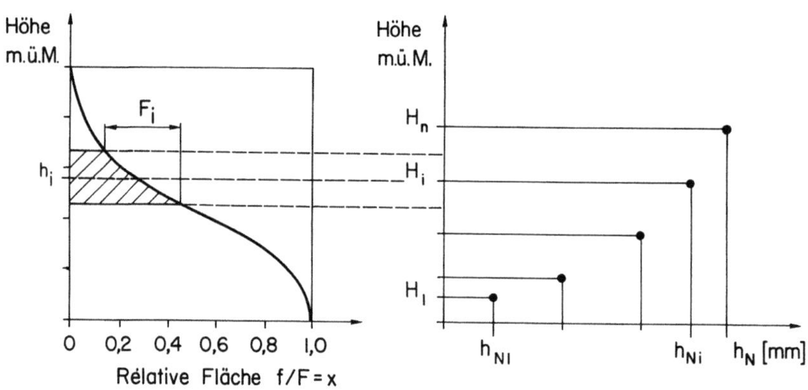

Abb. III.15. Bezeichnungen zur Bestimmung des mittleren Gebietsniederschlages mit Hilfe der hypsometrischen Kurve bei mehreren Meßstationen

Liegt eine genügende Anzahl von Meßstationen vor, die über die gesamte Höhe des Einzugsgebietes verteilt sind, so kann jeder der Meßstationen mit Hilfe der hypsometrischen Kurve eine Teilfläche zugeordnet (Abb. III.15) und ein entsprechendes gewichtetes Mittel nach Gl. (III.10) gebildet werden.

III.4.3 Die Analyse einzelner Regenereignisse

Die Dimensionierung verschiedener wasserwirtschaftlicher Bauwerke beruht oft auf hydrologischen Größen von Einzelereignissen. In dem Zusammenhang interessiert meistens die *Intensität* des Niederschlages i_N, d.h. der Niederschlag der innerhalb einer Zeitspanne Δt auf ein Gebiet gefallen ist. Solange das Gebiet klein ist ($F < 10 \text{ km}^2$), wird angenommen, daß Intensitäten, die an einem Punkt gemessen wurden, für das ganze Gebiet maßgebend sind.

Die Intensität des Punktniederschlages

$$i_N = \frac{\Delta h_N}{\Delta t} \qquad \text{(III.15)}$$

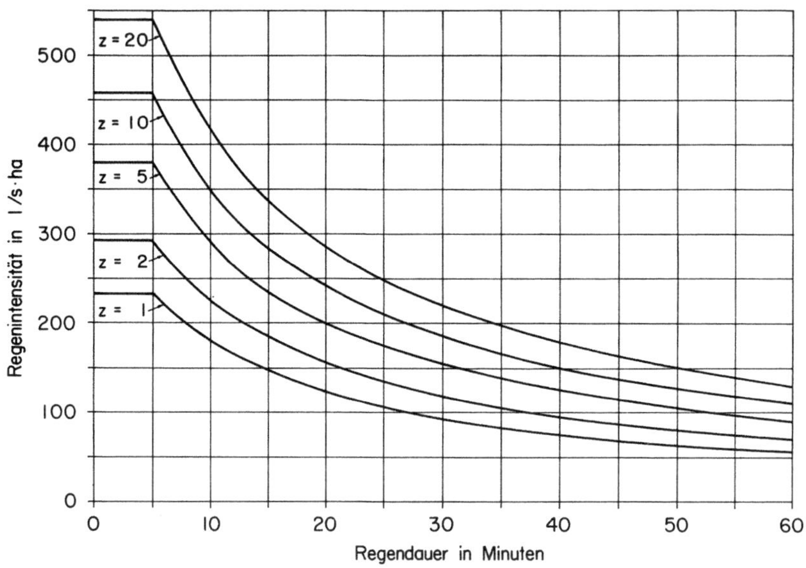

Abb. III.16. Darstellung der Regenintensität als Funktion von Jährlichkeit und Regendauer [8]

Tabelle III.3. *Konstanten A und B für verschiedene Regionen der Schweiz* [9]

Landesgegenden	A						B
z (Jahre)	1	2	5	10	15	20	
Alpen							
Wallis	1050	1350	1700	2100	2300	2400	6
Graubünden	1900	2450	3000	3750	4100	4300	10
Nördlich der Alpen							
westlicher Teil	2700	3500	4300	5400	5950	6200	12
nordöstlicher Teil	3400	4400	5400	6750	7450	7750	12
zentraler Teil	4050	5250	6500	8100	8900	9300	12
Südlich der Alpen							
Leventina, Mesolcina	3400	4400	5400	6750	7450	7750	25
Sotto-Sopra Ceneri	6000	7800	9600	12000	13200	13800	12
Mendrisiotto	5000	6500	8000	10000	11000	11500	25

und besonders die während eines Niederschlagsereignisses auftretenden Maximalwerte, sind von der Bezugszeit Δt abhängig.

Diese Abhängigkeit läßt sich meistens in der Form

$$i_N = \frac{A}{B + \Delta t} \qquad \text{(III.16)}$$

darstellen, wobei A und B ortsabhängige Konstanten sind. Die Konstante A ist zusätzlich von der Zeit z abhängig. Durch eine Frequenzanalyse wird die Auftretenswahrscheinlichkeit einer bestimmten Intensität in Funktion der Zeit Δt bestimmt.

In Abb. III.16 ist eine solche Analyse für den zentralen Teil der Schweiz dargestellt [8].

In Tab. III.3 sind die Konstanten A und B für verschiedene Regionen der Schweiz angegeben. Mit diesen Konstanten erhält man i_N in $l\,s^{-1}ha^{-1}$.
Bei der Analyse eines einzelnen Niederschlagereignisses über ein größeres Gebiet kann man anhand von Darstellungen der Isohyeten die örtliche Verteilung des Niederschlages bestimmen. Meistens läßt sich dabei ein Schwerpunkt des Niederschlages ermitteln. Manchmal kommen mehrere Schwerpunkte vor (vgl. Abb. III. 10).

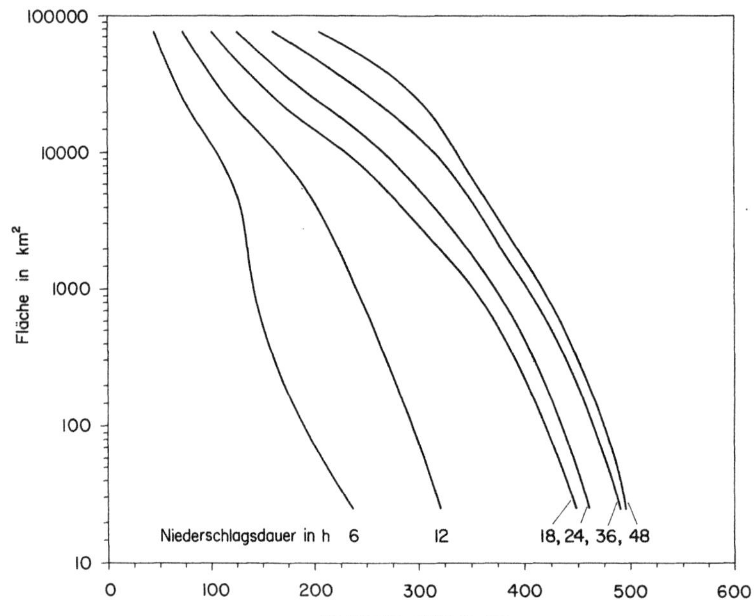

Abb. III.17. Darstellung des Niederschlages als Funktion von Fläche und Regendauer [10]

Die Regenintensität nimmt an einer Stelle mit Zunahme des Zeitintervalls Δt ab. Sie nimmt auch bei gleichbleibendem Zeitintervall mit der Entfernung vom Schwerpunkt des Niederschlages, d.h. mit zunehmender Fläche ab. Dieser Zusammenhang läßt sich in einem Niederschlagshöhe-Fläche-Dauer-Diagramm darstellen.

Eine Anleitung für die Konstruktion dieser Diagramme findet man in [10]. Aus solchen Darstellungen kann die maximale Regenintensität für eine bestimmte

Regendauer Δt und Größe des Gebietes F abgelesen werden. Es wird dabei angenommen, daß für Gebiete kleiner als 10 km^2, die aus Punktmessungen bestimmten Intensitäten nach Gl. (III.15) gelten.

III.4.4 Zeitliche und räumliche Verteilung des Niederschlages

Ein besonderes Augenmerk muß der saisonalen Verteilung der Niederschläge geschenkt werden. Die üblichen Methoden solcher Analysen wurden in II.2 angegeben.

Tabelle III.4. *Mittlere Monats- und Jahressummen des Niederschlages in mm 1910 – 1959 [11]*

Ort	Jan.	Feb.	März	April	Mai	Juni	Juli	Aug.	Sept.	Okt.	Nov.	Dez.	Jahr
Davos	76	63	55	56	66	120	137	125	86	68	66	70	999
Sargans	99	85	83	95	103	138	155	148	111	97	93	90	1297
Beatenberg	110	94	97	117	133	178	178	159	126	105	104	101	1502
Engelberg	110	95	101	123	136	183	184	171	132	120	109	102	1566
Bern	58	51	64	75	100	119	117	113	95	75	72	64	1003
Zürich	70	60	65	81	99	125	128	118	94	75	70	71	1056
Mt. Soleil	121	99	98	108	127	145	133	140	125	113	128	120	1457
Basel	49	40	50	59	79	93	86	92	76	61	59	50	794
Sion	57	49	38	39	39	50	50	65	48	47	57	64	603
Lausanne	75	62	74	72	92	108	103	115	108	92	93	82	1076
Geneve	58	52	64	63	71	85	72	98	93	80	84	71	891
Comprovasco	53	57	86	106	130	127	137	152	142	134	115	78	1317
Lugano	62	65	118	164	209	182	177	192	154	173	138	92	1726
Bever	45	40	49	56	72	90	101	110	79	78	69	55	844
Martina	49	39	36	42	55	73	92	93	63	50	52	48	692

In der Schweiz sind praktisch in allen Flußsystemen die Niederschläge zu 60% auf den Sommer und zu 40% auf den Winter verteilt (Abb. III.18 und Tab. III.4).

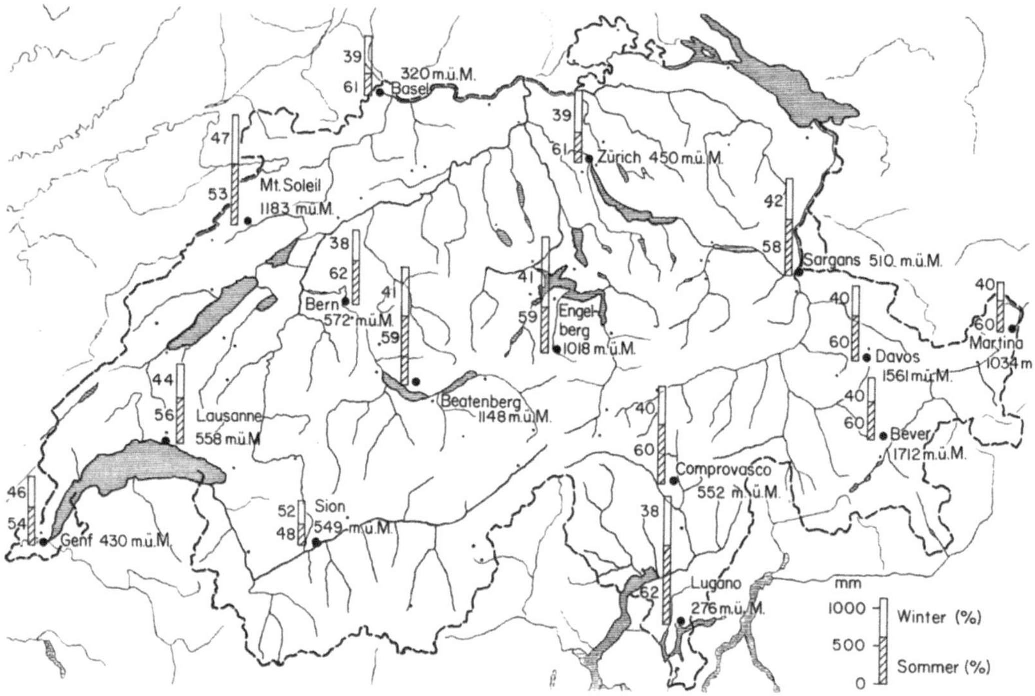

Abb. III.18. Mittlere jährliche Niederschläge an einigen Orten der Schweiz (Mittelwerte 1910–1959)

Tabelle III.5. *Mittlere Niederschläge für einige europäische Meßstationen*

	$\bar{h}_N$ $\frac{\text{mm}}{\text{J}}$	η
Nordeuropa		
Paris	537	2,0
Brüssel	728	1,6
Oslo	583	3,6
Wien	623	2,2
Budapest	640	2,4
Moskau	546	2,9
Odessa	409	2,6
Südeuropa		
Lissabon	741	34
Madrid	412	5,9
Mailand	1007	2,0
Triest	1091	2,6
Athen	390	10
Istanbul	733	4,5
Jerusalem	648	157

Eine interessante Maßzahl der Verteilung des Niederschlages über ein Jahr ist der Quotient der Variationsgrenzen der langjährigen monatlichen Niederschlagshöhen h_M eines Ortes oder eines Gebietes

$$\eta = \frac{\bar{h}_{M\ \max}}{\bar{h}_{M\ \min}}$$

Tab. III.5 gibt die Verhältnisse in Nord- und Südeuropa und im mediterranen Raum an.

Die Verteilung des Niederschlages über den Globus ist ungleichmäßig (Abb. III.19).

Die Maxima treten innerhalb eines Gürtels um den Äquator auf. Anschließend kommen die Trockengebiete der Wüsten (Sahara, Kalahari, Gobi, usw.). Die näch-

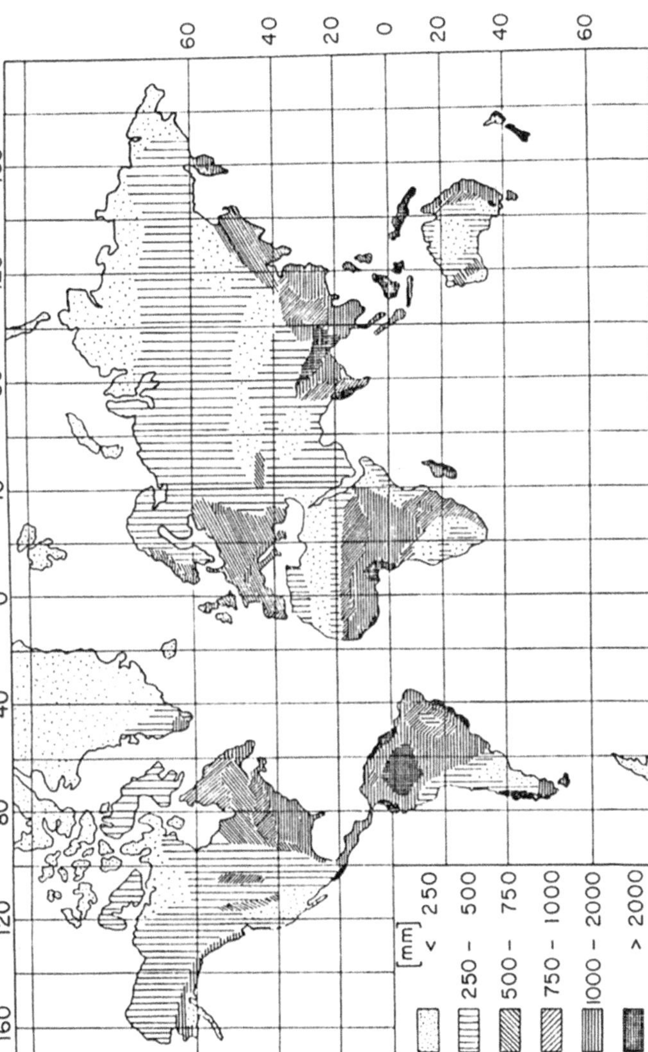

Abb. III.19. Globale Verteilung der jährlichen Niederschläge nach Supan sten Zonen gegen die Pole hin sind die Zonen des gemäßigten Klimas. Die Polargebiete schließlich sind wiederum trocken.

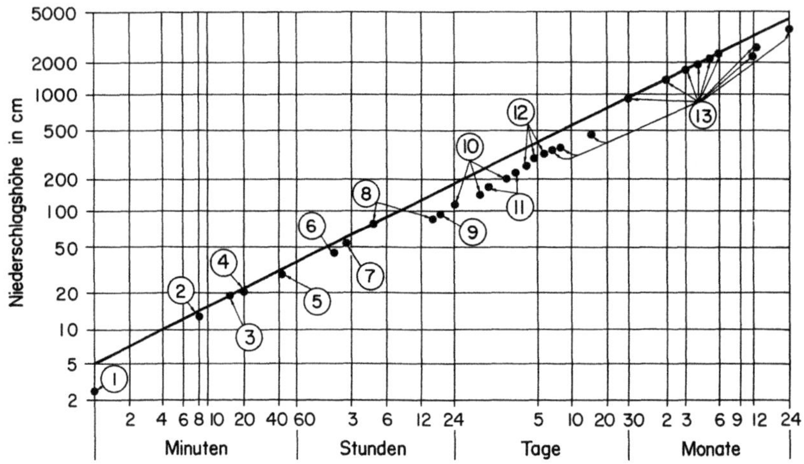

Abb. III.20. Weltweit maximal beobachtete Niederschläge. *1* Unionville, Missouri, *2* Füssen, BRD, *3* Plumb Point, Jamaica, *4* Curtea de Arges, Rumänien, *5* Holt, Missouri, *6* Rockport, West Virginia, *7* D'Hanis, Texas, *8* Smethport, Pennsylvania, *9* Thrall, Texas, *10* Baguio, Philippinen, *11* Funkiko, Formosa, *12* Silver Hill Plantation, Jamaica, *13* Cherrapunji, Indien

Abb. III.20 gibt einige gemessene Werte des Niederschlages in Funktion der Regendauer an. Das absolute Maximum tritt in Cherrapunji, an der Südflanke des Himalaja auf, und ist auf die Monsunregen zurückzuführen.

III.5 Der Schnee

Mit zunehmender Höhenlage eines Ortes fällt ein immer größerer Anteil des Niederschlages in Form von Schnee. Der Anteil des Niederschlages, der in den Schweizer Alpen als Schnee fällt, ist in Abb. III.21 angegeben.

Daraus folgt angenähert für den Alpenraum:
bei ca. 1000 m ü. M. 25% des Niederschlages als Schnee
bei ca. 2000 m ü. M. 55% des Niederschlages als Schnee
bei ca. 3000 m ü. M. 90% des Niederschlages als Schnee

Der Niederschlag in Schneeform wird mit denselben Geräten gemessen, mit welchen auch der Regen gemessen wird. Wegen des großen Einflusses, den die Windverhältnisse auf den Schneefall ausüben, sind die Meßfehler erheblich größer.

Ein illustratives Beispiel dieser Fehlerquelle ist in Abb. III.22 dargestellt. In einem Einzugsgebiet zeigen bei Regen zwei identisch ausgerüstete Meßstationen, von welchen die eine höher als die andere liegt und exponierter ist, richtigerweise mit zunehmender Höhenlage größere Niederschlagsmengen an. Bei Schneefall hingegen ist die Messung bei der höher liegenden Meßstation stark gestört und gibt viel zu kleine Werte an.

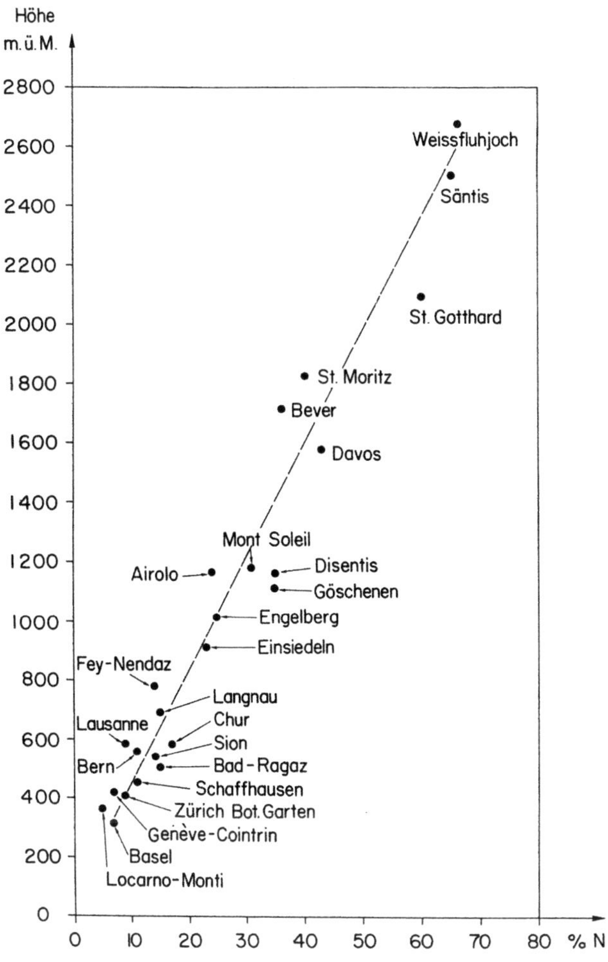

Abb. III.21. Anteil Schnee am Gesamtniederschlag

In der Schneedecke findet eine kurz- oder mittelfristige Speicherung des Niederschlages statt, die für die Wasserbilanz eine bedeutende Rolle spielt. Besonders wichtig ist die Wassermenge, die in einer Schneedecke gespeichert ist. Zu ihrer Bestimmung wird die Mächtigkeit der Schneedecke mit Hilfe von Schneepegeln und deren Dichte durch die Entnahme von Proben gemessen. Anstelle der Dichte wird meistens der *Wasserwert* angegeben. Letzterer ist die Wassersäule h_W in cm, die der geschmolzenen Schneesäule h_{sch} in cm, mit der gleichen Grundfläche entspricht ($h_W = \rho_{sch} \cdot h_{sch}$). Der Wasserwert einer Schneedecke kann auch direkt durch die γ-Strahl-Absorptions-Methode [14], oder durch die „Schneekissen"-Methode [15], gemessen werden. Typische Werte der Schneedichte sind in der nachfolgenden Tab. III.6 angegeben.

Die Dichte des Schnees nimmt mit dem Alter der Schneedecke zu. In der Schmelzperiode kann im Porenraum der Schneedecke Schmelzwasser zurückgehalten werden, das den Wasserwert erheblich erhöht.

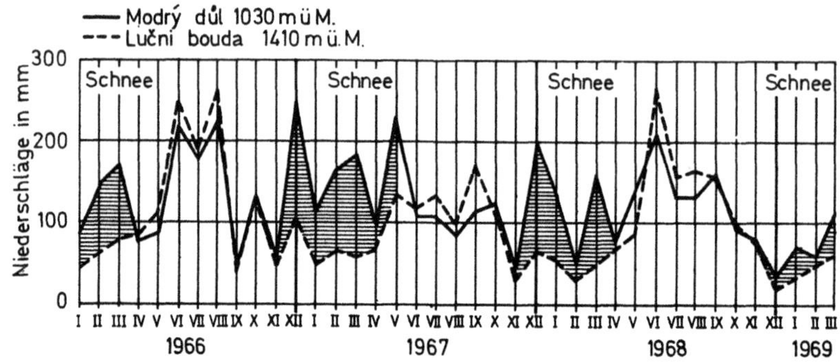

Abb. III.22. Vergleich der monatlichen Niederschlagsmengen gemessen in der windexponierten Station Lueni bouda (Wiesenbaude) und in der windgeschützten Station Modry dul im Riesengebirge [13]

Es ist oft wichtig, Schätzungen des Schmelzwassers durchzuführen. Der Schmelzvorgang ist endotherm und benötigt 333,7 x 10^3 $J.kg^{-1}$ Schmelzwärme bei null Grad C. Diese Energie wird durch die Sonnenstrahlung zur Verfügung gestellt. Die Energiebilanz eines Ortes wird aber von einer ganzen Reihe von Faktoren beeinflußt, auf die in Zusammenhang mit der Evaporation eingegangen wird. Um eine Schätzung des Schmelzvorganges vorzunehmen, müßte die Energiebilanz bekannt sein. Dies ist meistens nicht der Fall. Man ist deshalb auf einfachere Methoden angewiesen. Eine dieser Methoden ist diejenige des Grad-Tag-Faktors. Sie beruht auf der Feststellung, daß die Lufttemperatur ein sehr guter Index der Schneeschmelze ist. Sie ist ein Maß für die Sonnenstrahlung, sowie den bestehen-

Tabelle III.6. *Dichte verschiedener Schneearten*

Neuschnee	50 – 150 kg/m^3
Pulverschnee	100 – 200 "
körniger Schnee	150 – 450 "
gelagerter Schnee	350 – 600 "
Firnschnee	500 – 850 "
Gletschereis	700 – 900 "
porenfreies Eis	917 "

den Dampfdruck in der Luft und hängt bis zu einem gewissen Grad auch von den Windverhältnissen ab. Sie ist zudem eine Größe, die leicht und zuverlässig gemessen werden kann.

Nach dieser Methode wird die tägliche Schneeschmelze M in cm aus der Beziehung

$$M = a \cdot T_d \qquad \text{(III.17)}$$

geschätzt. T_d sind die *Grad-Tage*, die am betreffenden Tag gemessen wurden in °C und a ist der *Grad-Tag-Faktor* in cm $°C^{-1}$. Die Größe T_d wird wie folgt aus der Temperaturaufzeichnung ermittelt (Abb. III.23): Man betrachtet den Zeitabschnitt eines Tages, in dem die Temperatur über dem Nullpunkt lag und bildet das Mittel der positiven Temperatur über 24 Stunden. Dieses Mittel ist gleich dem Grad-Tag-Wert des betreffenden Tages.

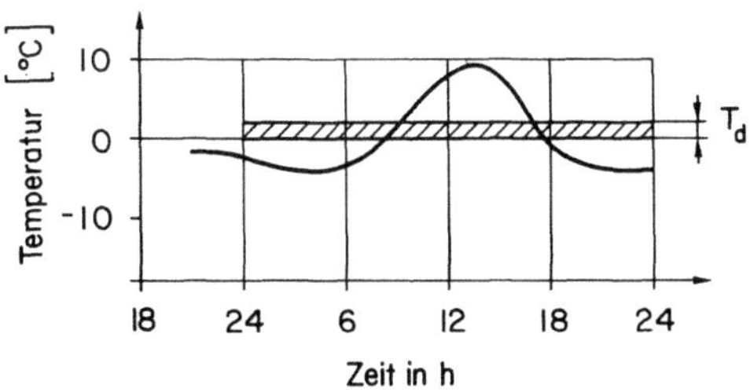

Abb. III.23. Bestimmung des Grad-Tages

Mathematisch kann die Berechnung des Grad-Tages wie folgt durchgeführt werden: Man bildet eine Funktion I, die

$$I = 1 \text{ für } T \geqslant 0°\text{C} \qquad I = 0 \text{ für } T < 0°\text{C}$$

ist und rechnet für einen Tag d

$$T_d = \frac{1}{d} \int_0^d T(t)\, I(t)\, dt \qquad \text{(III.18)}$$

Der Faktor a wird empirisch bestimmt. Er ist im allgemeinen von Ort zu Ort verschieden. Für den Alpenraum in der Schweiz hat Zingg [16] einen mittleren a-Wert von 0,45 cm $°\text{C}^{-1}$ aufgrund von Schnee-Lysimeter-Versuchen angegeben.. Dieser Faktor kann aber über die Schmelzperiode nicht konstant sein. In der Tat haben Messungen gezeigt, daß es Variationen zwischen 0,07 und 0,9 geben kann. Martinec [17] hat für den a-Wert folgende Beziehung angegeben

$$a = 1{,}1 \cdot \rho_s/\rho \qquad \text{in cm } °\text{C}^{-1} \qquad \text{(III.19)}$$

wobei ρ_s die Dichte des Schnees und ρ_s/ρ die relative Dichte des Schnees sind. Normalerweise wird zu Beginn der Schmelzperiode mit $a \sim 0{,}30 \div 0{,}35$ cm $°\text{C}^{-1}$ und zu deren Ende mit $a \sim 0{,}60$ cm $°\text{C}^{-1}$ in Ausnahmefällen (verschmutzte Oberfläche) bis 0,85 gerechnet.

Literatur

1. Biswas, A. K., History of Hydrology. Amsterdam: North-Holland. 1970.
2. Joss, J., Gutermann, Th., Das automatische Wetterbeobachtungsnetz der Schweiz. NZZ, Beilage Forschung und Technik Nr. 103, 1977.
3. The Precipitation Measurement Paradox. W. M. O. Rep. No. 16, 1971.
4. Hydrological Network Design. W. M. O. Rep. No. 12, 1969.
5. Guide to Hydrometeorological Practices. W. M. O. No. 168, TP. 82, 1970.
6. Paulhus, J. L. H., Kohler, M. A., Interpretation of Missing Precipitation Records. Mon. Weath. Rev. *80*, 129–133 (1952).
7. Thiessen, A. H., Precipitation for Large Areas. Mon. Weath. Rev. *39*, 1082–1084 (1911).
8. Hoerler, A., Rhein, H. R., Die Intensität der Starkregen in der Schweiz. Schweiz. Bauzeitung *79*, H. 32, 3–7 (1961).

9. Schweizerische Normenvereinigung Oberflächenentwässerung von Straßen. Regenintensität, SNV-Norm 640– 350 (1969).
10. Manual for Depth-Area-Duration Analysis of Storm Precipitation. W. M. O. No. 237, TP. 129, 1969.
11. Schweiz. Wasserwirtschaftsverband, Festschrift 50-jähriges Jubiläum, 1960.
12. Jennings, A. H., Worlds Greatest Observed Point Rainfall. Mon. Weath. Rev. *78*, 4–5 (1950).
13. Dincer, T., Martinec, J., Payne, B. R., Yen, C. K., Variation of the Tritium and Oxygen-18 Content in Precipitation and Snowpack in a Representative Basin in Czechoslovakia, Isotope Hydrology 1970, Int. Atomic Energy Agency, Vienna, 23–42 (1970).
14. Gerdel, R. W., Hansen, B. L., Cassidy, W. C., The Use of Radioisotopes for the Measurement of the Water Equivalent of a Snow Pack. Trans. Amer. geophys. Un. *31*, 449 (1950).
15. Beaumont, R. T., Evaluation of the Mt. Hood Pressure Pillow Snow Gauge and Application to Forecasting Avalanche Hazard. Int. Symp. on Scientific Aspects of Snow and Ice Avalanches, IASH Publ. No. 69, 341–349 (1966).
16. Zingg, Th., Beitrag zur Kenntnis des Schmelzwasserabflusses der Schneedecke, Winterbericht 1949/50, Eidg. Inst. f. Schnee- und Lawinenforschung, Weißfluhjoch/Davos, 86–90 (1950).
17. Martinec, J., The Degree-Day-Factor for Snowmelt-Runoff Forecasting, IASH, Proc. Gen. Assembly, 468–477 (1960).

IV. Evaporation und Transpiration

IV.1 Bedeutung von Evaporation und Transpiration

Neben dem Niederschlag zählen die Evaporation oder Verdunstung und die Transpiration zu den wichtigsten Komponenten des Wasserkreislaufes. Sie geben die Wassermenge an, die von der Land-, bzw. Wasseroberfläche, als Dampf in die Atmosphäre zurückgegeben wird und dementsprechend nicht genutzt werden kann. Sie werden deshalb oft als Verlust bezeichnet. Um die Bedeutung dieses Verlustes zu illustrieren, sollen einige Zahlen angegeben werden.

Im Mittel beträgt die Verdunstung aus freien Wasseroberflächen:

- in Äquatorialgebieten 1500 ÷ 3000 mm/Jahr
- in Gebieten mit mediterranem Klima 1000 ÷ 1500 mm/Jahr
- in Gebieten mit nordischem Klima 600 ÷ 700 mm/Jahr

Die Evaporation aus freien Wasseroberflächen ist stark von den örtlichen Temperaturverhältnissen abhängig. Sie nimmt deshalb mit der Höhe ab. Lugeon [1] hat für die Schweizer Seen angegeben:

Höhe m ü. M.	500	1000	1500	2000	2500
Evaporation mm/Jahr	700	420	290	250	220

Steinhäusser [2] gibt für die Südostalpen die Beziehung

$$h_E = 700 - 0{,}17\,X \text{ an.}$$

h_E: Evaporation in mm/Ja.

X: Mittlere Höhe des Einzugsgebietes in m ü. M.

Aus demselben Grund ist die Verdunstung nicht gleichmäßig über das Jahr verteilt. Je nach Höhenlage kann sie im Winter praktisch auf Null zurückgehen.

Die Transpiration der Pflanzen ist zum großen Teil von der Wassermenge abhängig, die ihnen in der Vegetationsperiode zur Verfügung steht. In Gebieten mit nordischem Klima kann sie Werte erreichen, die der Evaporation aus Wasseroberflächen entsprechen. In ariden Gegenden hingegen ist sie im allgemeinen sehr gering.

Die Evaporation aus unbewachsenem Boden erreicht die Werte derjenigen aus freien Wasseroberflächen, sofern der Wassernachschub aus dem Grundwasser ungehindert erfolgt, d.h. solange der Grundwasserspiegel in geringer Tiefe vorkommt. Mit zunehmender Distanz zwischen Landoberfläche und Grundwasserspiegel nimmt die Evaporation rapide ab und sinkt auf Null.

Die Evaporation erfolgt überall dort, wo Wasser zur Verfügung steht. Nach einem Niederschlag verdunstet das Wasser aus nassen Straßen, Dächern, Blättern der Vegetationsdecke usw.

IV.2 Schätzung der Evaporation aus freien Wasseroberflächen

IV.2.1 Empirische Methoden

Die empirischen Methoden zur Schätzung der Evaporation aus Wasseroberflächen beruhen auf Betrachtungen über den Massentransport. Der Transport der Masse von der flüssigen in die gasförmige Phase hängt vom Sättigungsdefizit ab. Aufgrund dieser Erkenntnis hat Dalton im Jahre 1802 für die potentielle Evaporation folgende Beziehung angegeben:

$$E_p = K \cdot (e_{sw} - e_e) \tag{IV.1}$$

Darin bedeuten

E_p Potentielle Evaporation in mm oder m pro Tag

$e_{sw} - e_e$ Sättigungsdefizit in mb

e_{sw} Dampfdruck eines gesättigten Luftvolumens bei der Temperatur des Wassers in mb

e_e Effektiver Dampfdruck der mit der Wasseroberfläche in Kontakt stehenden Luft in mb

K Konstante, in der der Einfluß des Luftdruckes und der Luftdichte berücksichtigt wird

Der Sättigungsdampfdruck kann bei bekannter Temperatur aus dem Diagramm in Abb. III.1 entnommen werden. Der effektive Dampfdruck wird mit Hilfe eines Psychrometers und der Psychrometer-Gleichung

$$e_e = e_{sw} - \gamma p_a (T - T_s) \tag{IV.2}$$

bestimmt.

γ ist die Psychrometer-Konstante. Sie hat die Dimension T^{-1} und beträgt 0,000662, wenn der Druck in mb gemessen wird.

T ist die trockene Temperatur und

T_s die Kühlgrenze

Oft wird

$$\gamma \cdot p_a = k \tag{IV.3}$$

gesetzt. Da p_a nur wenig ändert, kann $k = 0{,}67$ ebenfalls als eine Konstante betrachtet werden.

Lugeon [1] hat, gestützt auf die Beziehung von Dalton, folgende Formel entwickelt

$$E = C \cdot n \cdot (\bar{e}_{sw} - \bar{e}_e) \cdot \frac{T}{T_0} \cdot \frac{p_{an}}{(\bar{p}_a - \bar{e}_{sw})} \tag{IV.4}$$

mit

E Totale Evaporation während n Tagen in mm

$\bar{e}_{sw}$ Dampfdruck des gesättigten Volumens, der der mittleren Temperatur $\bar{T}$ der n Tage entspricht, in mb

$\bar{e}_e$ Mittelwert des effektiven Dampfdruckes der n Tage, der zum Zeitpunkt des Tagesmaximums der Temperatur registriert wurde in mb

p_{an} Druck der Normalatmosphäre = 1013 mb

$\bar{p}_{an}$ Mittlerer barometrischer Druck in der Periode von n Tagen in mb

$\bar{T}$ Mittelwert der Tagesmaxima der Lufttemperatur in °K

T_0 Siedepunkt des Wassers bei Normalatmosphäre = 273 °K

C Konstante = 0,3 , $\text{mm} \cdot \text{mb}^{-1} \cdot \text{d}^{-1}$

Diese Art Formeln vermögen nicht zu befriedigen, weil die Evaporation aus freien Wasseroberflächen nicht nur vom Sättigungsdefizit, sondern auch vom Wind abhängig ist.

IV.2.2 Aerodynamische Transportgleichungen

Man denke sich über eine ausgedehnte Wasseroberfläche eine durch den Wind erzeugte turbulente Luftströmung, deren Geschwindigkeitsprofil u (z) durch die Gleichung

$$\frac{u}{u_\tau} = \frac{1}{\kappa} \ln \frac{z}{k_s} + C \tag{IV.5}$$

gegeben ist.

Darin bedeuten

$u_\tau = \sqrt{\frac{\tau_0}{\rho_a}}$: die Schubspannungsgeschwindigkeit, die sich aus der winderzeugten Schubspannung τ_o an der Wasseroberfläche und der Dichte der Luft ρ_a berechnen läßt.

k_s : ein lineares Maß für die Rauhigkeitserhebungen der Wasseroberfläche

κ : die v. Karmansche Konstante

C : eine Integrationskonstante

Die turbulente Schubspannung τ (z), die nach Prandtl in der Nähe der Wasseroberfläche gleich τ_o gesetzt werden kann, ist:

$$\tau(z) = \tau_o = \rho_a u_\tau^2 = \rho_a K_m \frac{\partial u}{\partial z} = -\rho_a \overline{u' w'} \tag{IV.6}$$

K_m ist die kinematische Wirbelzähigkeit und $-\rho_a \overline{u\, w}$ der mittlere vertikale Impulsfluß, wobei u und w die turbulenten Geschwindigkeitsschwankungen in Strömungsrichtung und senkrecht zur Wasseroberfläche sind.

In Analogie zu dieser Größe kann man für den mittleren Dampffluß in z-Richtung, der nichts anderes als die Evaporationsrate ist, schreiben

$$E = \rho_a \overline{q'_w w'} = -\rho_a K_E \frac{\partial q_w}{\partial z} \tag{IV.7}$$

wobei K_E die Wirbeldiffusivität des Dampfes und q_W die turbulente Schwankung der spezifischen Feuchte sind. Letztere kann nach Gl. (III.4) angenähert durch $0{,}622 \frac{e_e}{p_a}$ ersetzt werden, sodaß

$$E = -0{,}622\, K_E \cdot \frac{\rho_a}{p_a} \cdot \frac{de_e}{dz} \tag{IV.8}$$

Im allgemeinen wird $K_E = a \cdot K_m$ gesetzt. Aus Gl. (IV.6) folgt andererseits

$$K_m = \frac{u_T^2}{du/dt} \tag{IV.9}$$

und

$$E = -0{,}622\, a \frac{\rho_a}{p_a} \quad u_T^2 \; \frac{de_e/dz}{du/dz} \tag{IV.10}$$

Wenn e_e und u an zwei nicht weit auseinanderliegenden Höhen z_1 und z_2 gemessen werden, folgt daraus näherungsweise:

$$E = 0{,}622\, a \frac{\rho_a}{p_a} \quad u_T^2 \; \frac{e_{e_1} - e_{e_2}}{u_2 - u_1} \tag{IV.11}$$

Eliminiert man u_T mit Hilfe von Gl. (IV.5), so erhält man schließlich

$$E = 0{,}622\, a \frac{\rho_a}{p_a} \quad \kappa^2 \; \frac{(u_2 - u_1)(e_{e_1} - e_{e_2})}{(\ln (z_2/z_1))^2} \tag{IV.12}$$

a wird meistens gleich 1 gesetzt.

Von dieser Beziehung ausgehend hat Svedrup [3] mit $z_1 = k_s$, $u_1 = 0$, $e_{e,1} = e_{sw}$ und $z_2 = z$ die Formel

$$E = 0{,}622 \frac{\rho_a}{p_a} \quad \kappa^2 \; u_z \; \frac{(e_{sw} - e_{e,z})}{(\ln (z/k_s))^2} \tag{IV.13}$$

entwickelt, in der

E	die Evaporationsrate in cm/s
ρ_a	die Dichte der Luft in gr/cm^3
u_z	die Windgeschwindigkeit in der Höhe z in cm/s
$e_{sw} - e_{ez}$	das Sättigungsdefizit, gemessen in einer Höhe von z m in mb
k_s	das Rauhigkeitsmaß in cm sind.
z	Höhe an der die Geschwindigkeit gemessen wird in cm

Weitere Formeln dieser Art wurden von Thornthwaite und Holzmann [4], Sutton [5] und anderen Autoren angegeben. Alle diese Gleichungen haben den Nachteil, daß sie für Windstille die Evaporationsrate Null ergeben, was nicht stimmen kann.

IV.2.3 Empirische Gleichungen, in welchen der Wind berücksichtigt wird

In der Praxis hat es sich gezeigt, daß einfachere Formeln, in welchen der Wind berücksichtigt wird, gute Resultate ergeben. Sie haben im allgemeinen die Form

$$E = f(u)\,(e_{sw} - e_{ez_1}) \tag{IV.14}$$

mit der Windfunktion

$$f(u) = (a + b\,u_{z_2}^{c}) \tag{IV.15}$$

Die Koeffizienten *a, b* und *c* werden empirisch ermittelt. Sie gelten deshalb nur für Orte, an welchen die Bedingungen denjenigen im Versuchsgebiet, in dem sie ermittelt wurden, entsprechen.

Tabelle IV.1. *Koeffizienten der empirischen Verdunstungsformel (IV.15)*

Nr.	Name und Jahr		a	b	c	z_1 (m)	z_2 (m)
1	Trabert 1896	[6]	0	0,307	0,5	–	–
2	Brockamp u. Wenner 1963	[7]	0	0,407	0,456	0,6	1,2
3	Lake Hefner 1952	[8]	0	0,0972	1	8	8
4	Lake Mead 1958	[9]	0	0,1308	1	2	2
5	Meyer 1915	[10]	0,375	0,084	1	~0	9
6	Kuzmin 1957	[11]	0,15	0,108	1	2	2
7	Neusiedler-See, Neuwirth 1974	[12]	0,13	0,100	1	4	3
8	McMillan 1973	[13]	0,13	0,088	1	3	3

In Tab. IV.1 sind die Koeffizienten *a, b* und *c,* wie sie von verschiedenen Untersuchungen und Autoren angegeben werden, zusammengestellt. Mit diesen Koeffizienten wird die Evaporation in mm/*d* aus der Formel (IV.14) erhalten, wenn die Dampfdrücke e_{sw} und e_{ez_1} in mb und die Geschwindigkeit u_{z_2}, in m/s- eingesetzt werden. Die Höhen z_1 und z_2, an welchen der effektive Dampfdruck und die Geschwindigkeit gemessen werden, sollten in Meter angegeben werden.

Wie aus Tab. IV.1 hervorgeht, sind die Höhen z_1 und z_2 in den verschiedenen Formeln unterschiedlich. Windmessungen stehen meistens nur für eine bestimmte Höhe zur Verfügung. Es ist deshalb erwünscht, eine Umrechnung der Koeffizienten auf die vorhandene Meßhöhe der Geschwindigkeit vorzunehmen. McMillan [13] hat, ausgehend von einer Geschwindigkeitsverteilung nach Blasius

$$\frac{u_{z_2}}{u_z} = \left(\frac{z_2}{z}\right)^{1/7} \tag{IV.16}$$

eine Umrechnung der Koeffizienten *a* und *b* auf $z_2 = 3$ m vorgenommen.

$$a_3' = \frac{a(z)}{C_1(z)}\quad,\quad b_3' = \frac{b(z)}{C_2(z)} \tag{IV.17}$$

C_1 und C_2 sind in Tab. IV.2 angegeben. Mit Hilfe dieser Umrechnung können alle Formeln auf $z_2 = 3$ m bezogen werden. Auf die gleiche Art kann man eine Umrechnung von $z = 3$ m auf eine andere Höhe *z* vornehmen.

Tabelle IV.2. *Korrekturkoeffizienten C_1 und C_2*

z [m]	1	2	3	4	5	6	7
C_1	1,05	1,02	1,0	0,99	0,97	0,96	0,95
C_2	1,24	1,08	1,0	0,95	0,90	0,87	0,85

In Abb. IV.1 findet man einen Vergleich der in Tab. IV.1 angegebenen Formeln nach Umrechnung auf z_2 = 3 m. Die Streuung liegt innerhalb relativ enger Grenzen. Dies trifft besonders für die Formeln 3, 4, 6 und 7 in Tab. IV.1 zu, die sich nach der Umrechnung auf z_z = 3 m nur wenig voneinander unterscheiden, obschon die Koeffizienten *a* und *b* an verschiedenen Orten des Globus bestimmt wurden.

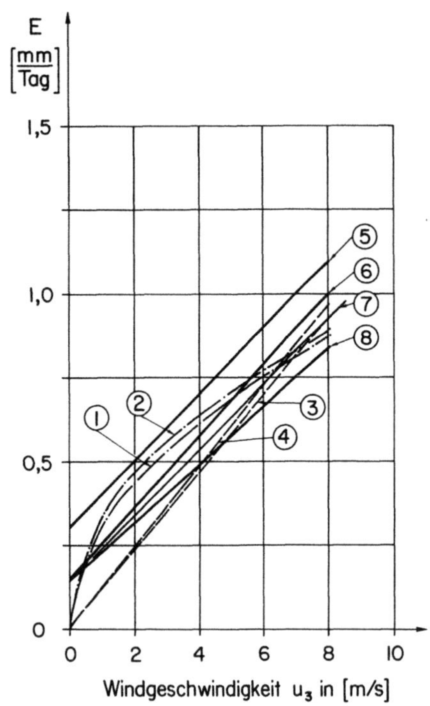

Abb. IV.1. Vergleich verschiedener Evaporationsformeln nach Umrechnung der Geschwindigkeit auf die Höhe z_2 = 3 m für $e_{sw} - e_{z_1}$ = 1 mb

IV.2.4 Methode der Energiebilanz

Die Methode der Energiebilanz beruht auf der Bestimmung der Energie, die zur Evaporation des Wassers aus einem Wasserkörper zur Verfügung steht. Diese Energie kann nicht direkt gemessen, sondern muß aus der Energiebilanz ermittelt werden. Die Energiebilanz lautet:

$$Q_\theta = Q_v + Q_s - Q_r - Q_b - Q_h - Q_e - Q_w \tag{IV.18}$$

und ist anschaulich in Abb. IV.2 dargestellt.

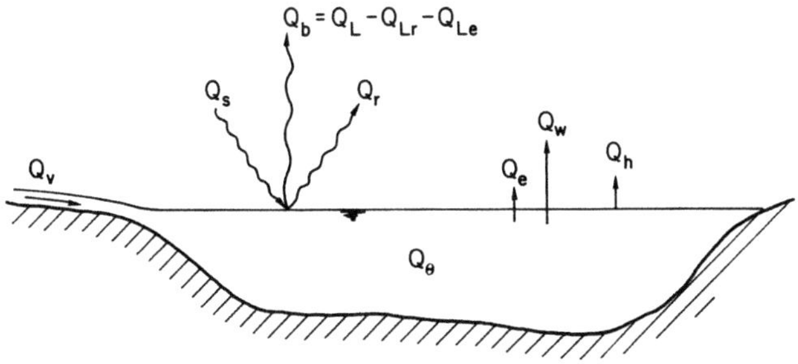

Abb. IV.2. Schematische Darstellung der Energiebilanz über einem See

Die Energie wird angegeben in J cm^{-2} d^{-1}. Die einzelnen Glieder dieser Bilanzgleichung sind:

Q_θ die Zunahme der im Wasserkörper gespeicherten Energie. Sie kann aus der Temperaturzunahme ΔT. d^{-1} der spezifischen Wärmekapazität des Wassers C_p, der Dichte des Wassers ρ, dem Volumen V und der Oberfläche F des Wasserkörpers berechnet werden

$$Q_\theta = \frac{\rho\, c_p \cdot \Delta T \cdot V}{F \cdot d} \qquad \text{(IV.19)}$$

Q_V die advektiv zugeführte Energie. Sie ist die Energiezunahme eines Wasserkörpers durch Zuflüsse und Ausflüsse, inklusive direktem Niederschlag.

Q_s die totale Sonnenstrahlung, die auf die Wasseroberfläche einfällt. Sie ist kurzwellig und kann entweder mittels eines Pyrheliometers direkt gemessen, oder aus der Beziehung

$$Q_s = Q_A \left(a + b \frac{n}{N}\right) \qquad \text{(IV.20)}$$

ermittelt werden; mit a = 0,18 bis 0,25 und b 0,48 bis 0,55

Q_A ist die extra-terrestrische Sonnenstrahlung, die auf eine horizontale Fläche auftrifft.

n ist die effektive Sonnenscheindauer h/d

N ist die maximal mögliche Sonnenscheindauer h/d

Q_A ist von der Jahreszeit und der geographischen Breite abhängig und tabeliert (Tab. IV.3). n kann mittels eines Campbell-Stockes Heliographen oder einer Silizium-Photozelle gemessen werden.

Q_r die reflektierte kurzwellige Strahlung. Sie kann nicht direkt gemessen werden und wird als ein Prozentsatz der einkommenden Strahlung angenommen.

$$Q_r = rQ_s \qquad \text{(IV.21)}$$

wobei r der Reflexionskoeffizient (Albedo) ist. Für Wasseroberflächen liegt r zwischen 0,05 und 0,15, für Schnee hingegen zwischen 0,4 und 0,9.

Aus der Kombination der Gl. (IV.20) und (IV.21) folgt die Nettostrahlung:

$$Q_{sN} = Q_s - Q_r = Q_A\,(1-r)\left(a + b\,\frac{n}{N}\right) \qquad \text{(IV.22)}$$

Tabelle IV.3. *Totale Sonnenstrahlung am Rande der Atmosphäre in* $J\ cm^{-2} d^{-1}$

Geogr. Breitegr. / Tag	März 21	Apr. 13	Mai 6	Mai 29	Juni 22	Juli 15	Aug. 8	Aug. 31	Sept. 23	Okt. 16	Nov. 8	Nov. 30	Dez. 22	Jan. 13	Feb. 4	Feb. 26
N 90	–	1826	3329	4308	4643	4287	3299	1805	–	–	–	–	–	–	–	–
80	670	1826	3278	4246	4572	4225	3253	1805	662	29	–	–	–	–	–	29
70	1323	2265	3228	4049	4363	4028	3199	2240	1306	557	105	–	–	–	105	565
60	1926	2738	3488	4028	4220	4007	3454	2713	1905	1177	628	310	209	314	628	1189
50	2479	3157	3739	4132	4267	4116	3706	3128	2449	1784	1235	879	758	883	1248	1809
40	2960	3479	3923	4191	4275	4170	3886	3442	2918	2349	1851	1499	1365	1512	1872	2387
30	3341	3731	4007	4170	4204	4141	3973	3693	3299	2860	2433	2123	2010	2131	2449	2889
20	3626	3856	3982	4032	4032	4011	3948	3814	3584	3278	2956	2705	2608	2717	2981	3316
10	3802	3869	3852	3798	3764	3781	3823	3827	3756	3601	3404	3224	3161	3245	3429	3643
0	3860	3764	3609	3467	3408	3450	3580	3722	3819	3823	3760	3672	3634	3689	3785	3865
S 10	3802	3555	3278	3048	2964	3036	3249	3509	3756	3923	3994	4015	4024	4036	4036	3973
20	3626	3237	2847	2558	2445	2546	2822	3195	3584	3911	4133	4258	4308	4283	4174	3961
30	3341	2822	2341	2006	1880	1997	2320	2784	3299	3780	4158	4401	4488	4421	4195	3831
40	2960	2320	1779	1419	1281	1415	1723	2299	2918	3534	4070	4430	4568	4451	4112	3572
50	2479	1759	1189	833	712	829	1181	1742	2449	3203	3886	4371	4555	4388	3919	3245
60	1926	1160	603	293	201	293	599	1147	1905	2778	3622	4660	4509	4279	3651	2814
70	1323	548	100	–	–	–	100	544	1306	2295	3354	4283	4660	4304	3387	2324
80	695	29	–	–	–	–	–	29	662	1851	3408	4488	4882	4509	3433	1872
90	–	–	–	–	–	–	–	–	–	1851	3454	4555	4953	4580	3488	1872

Q_b der Nettoaustausch der langwelligen Strahlung zwischen Wasserkörper und Atmosphäre. Wie aus Abb. IV.2 zu entnehmen ist, setzt sich Q_b aus der einfallenden langwelligen Strahlung Q_L, der reflektierten langwelligen Strahlung Q_{Lr} und der emittierten langwelligen Strahlung Q_{Le} zusammen. Q_b ist abhängig vom Bewölkungsgrad und vom Feuchtigkeitsgehalt der Atmosphäre. Er kann mit der Beziehung

$$Q_b = 0{,}97\ \sigma T_w^4\ (1-\epsilon)\left(0{,}1 + 0{,}9\ \frac{n}{N}\right) \qquad \text{(IV.23)}$$

geschätzt werden. Darin bedeuten

σ die Stefan-Boltzmann-Konstante 49 x 10^{-8} J $cm^{-2} d^{-1}$ $°K^{-4}$

T_w die Wassertemperatur an der Oberfläche in °K

$$\epsilon = a + b \cdot \sqrt{e_{e,2}} \quad \text{die Emissivität} \qquad \text{(IV.24)}$$

Die Koeffizienten a und b werden empirisch bestimmt. In Tab. IV.4 sind einige Werte dieser Koeffizienten angegeben.

Tabelle IV.4. *Werte für die Konstanten a und b in der Gleichung für die Emissivität* [14]

Autor	Ort	a	b	Korrelations-Koeffizient
Dines	England	0,53	0,065	0,97
Asklof	Schweden	0,43	0,082	0,83
Angstrom	Algerien	0,48	0,058	0,73
Kimball	Washington, D.C.	0,44	0,061	0,29
Eckel	Österreich	0,47	0,063	0,89
Raman	Indien	0,62	0,029	0,68
Anderson	USA	0,68	0,036	0,92

Q_h die Abgabe sensibler Wärme an die Atmosphäre. Q_h (Wärmeleitung) ist am schwierigsten zu messen. Bowen [15] hat diese Wärme mit der Wärme, die durch die Evaporation verbraucht wird, verglichen und das Verhältnis R dieser zwei Energie-Anteile eingeführt

$$R = \frac{Q_h}{Q_e} = \gamma\ \frac{T_w - T_a}{e_{sw} - e_{ea}} \qquad \text{(IV.25)}$$

γ ist die Psychrometer-Konstante und hat den Wert 0,000662

T_w die Wassertemperatur in °C

T_a die Lufttemperatur in °C

e_{sw} der Dampfdruck eines gesättigten Volumens bei t_w in mb

e_{ea} der effektive Dampfdruck der Luft in mb

p_a der atmosphärische Druck in mb

Q_w die Energie, die durch Advektion der Wassermasse, die verdunstet, aus dem Wasserkörper entnommen wird. Sie beträgt

$$Q_w = c_p \cdot Q_e \cdot T_w / L \qquad \text{(IV.26)}$$

mit c_p der spezifischen Wärme des Wassers in J · gr^{-1} · $°C^{-1}$ und L der latenten Verdunstungswärme gleich (2500,5–2,344 T_w) in J · gr^{-1} mit T_w in °C.

Beachtet man nun, daß

$$E = \frac{Q_e}{\rho L}$$

wobei ρ die Dichte des Wassers in gr/cm^3 ist, so erhält man durch Auflösen der Energiebilanz-Gleichung nach Q_e, unter Berücksichtigung der Beziehungen (IV.25) und (IN.26),

$$E = \frac{Q_{sN} - Q_b - Q_\theta + Q_v}{\rho\,[L(1+R) + c_p\,T_w]} \qquad \text{(IV.27)}$$

In dieser Gleichung wird der Wärmefluß durch die festen Grenzen des Wasserkörpers nicht berücksichtigt, was bei seichten Gewässern das Resultat verfälschen kann. Von den Gliedern der Energiebilanz-Gleichung sind alle bis auf Q_s und Q_r von der Wassertemperatur abhängig. Fast alle können aber nicht direkt gemessen werden, was die Anwendung der Gl. (IV.27) wesentlich erschwert.

Angesichts der immer wichtiger werdenden Einleitung von Kühlwasser in Oberflächengewässer, ist es von Interesse, die Größenordnung der wichtigsten Glieder der Energiebilanz-Gleichung zu kennen [16].

Tabelle IV.5. *Tagessummen verschiedener Glieder der Energiebilanz von Wasseroberflächen in* $J \cdot cm^{-2} \cdot d^{-1}$ *(Rhein)*

Abkürzung	Bezeichnung	Jahres-mittel	Extreme Abkühlung	Extreme Erwärmung
Q_{sN}	kurzwellige Strahlung	+ 1210	+ 42	+ 2930
Q_b	langwellige Strahlung	− 710	− 2930	+ 840
Q_e	Verdunstung (und Kondensation)	− 377	− 1680	+ 210
Q_h	Konvektion	− 42	− 530	+ 420
Q_N	Niederschläge	− 8,4	− 420	0

Aus den in Tab. IV.5 angegebenen Werten erkennt man, daß die Abkühlung des Wassers hauptsächlich durch die langwellige Strahlung und die Verdunstung erfolgt.

IV.2.5 Die Methode von Penman

Die Methode von Penman [17], [18] zur Bestimmung der Evaporationsrate ist eine Kombination der empirischen Methode mit der Methode der Energiebilanz.

In einer Periode von einem oder mehreren Tagen sind $Q_\theta - Q_v$ sowie Q_w klein gegenüber den anderen Gliedern der Gleichung der Energiebilanz (IV.18). Faßt man noch $Q_s - Q_r - Q_b$ in einem einzigen Term Q_H zusammen, so läßt sich die Bilanzgleichung schreiben.

$$Q_H = Q_e + Q_h \qquad \text{(IV.28)}$$

Aus der empirischen Methode ist bekannt, daß die Evaporation aus einer Beziehung der Form

$$E = (e_{sw} - e_{ez})\,f(u) \qquad \text{(IV.29)}$$

berechnet werden kann. In dieser Beziehung müßte korrekterweise der Dampfdruck e_{sw} der gesättigten Luft in Kontakt mit der Wasserfläche eingesetzt werden. Die Temperatur der Luft in der Nähe der Wasseroberfläche T ist aber unbekannt und nicht gleich der Lufttemperatur T, die an ihrer Stelle für die Bestimmung von e_s genommen wird. Unter der Annahme, daß dabei $f(u)$ nicht ändert, kann das Verhältnis zwischen der Evaporationsrate E, die aus der empirischen Methode gerechnet wird, zur wahren Evaporationsrate E' wie folgt geschrieben werden:

$$\frac{E}{E'} = \frac{e_{sw} - e_{ez}}{e'_{sw} - e_{ez}} \qquad \text{(IV.30)}$$

Andererseits ist in Anlehnung an Bowen's Verhältnis

$$\frac{Q_h}{Q_e} = k \cdot \frac{T' - T}{e'_{sw} - e_{ez}} \quad ; \; k = p_a \cdot \gamma \qquad \text{(IV.31)}$$

womit bei Berücksichtigung von (IV.28)

$$Q_e = \frac{Q_H}{1 + k \dfrac{T' - T}{e'_{sw} - e_{ez}}} \qquad \text{(IV.32)}$$

Da sich im allgemeinen T und T nicht stark unterscheiden, kann mit genügender Genauigkeit

$$T' - T = \frac{e'_{sw} - e_{sw}}{\Delta} = \frac{(e'_{sw} - e_{ez}) - (e_{sw} - e_{ez})}{\Delta} \qquad \text{(IV.33)}$$

gesetzt werden, wobei Δ die Tangentenneigung der Kurve des Sättigungsdampfdruckes (Abb. III.1) an der Stelle T ist. Einsetzen dieser Beziehung in (IV.22), unter Berücksichtigung von (IV.30) und mit

$$H' = \frac{Q_H}{\rho \cdot L}$$

führt zu

$$E' = \frac{\Delta \cdot H' + k\,E}{\Delta + k} \qquad \text{(IV.34)}$$

Zur Bestimmung von Q_H werden die Beziehungen (IV.22) und (IV,23) benutzt. E ist, wie schon gesagt, die Evaporationsrate, bestimmt nach einer der empirischen Formeln für das Sättigungsdefizit, das der Lufttemperatur T entspricht.

Die Anzahl der Parameter, die gemessen werden müssen, ist gegenüber der Energiebilanzmethode reduziert. Die Penman-Methode wird mit gutem Erfolg in vielen Ländern mit verschiedenen klimatischen Bedingungen angewandt.

IV.2.6 Direkte Messung der Evaporation

Die Evaporation aus einer Wasseroberfläche kann direkt mit Hilfe spezieller Geräte gemessen werden. Grundsätzlich bestehen solche Geräte aus einer Wanne mit genau definierter Wasseroberfläche. Gemessen wird der Wasserstand in der

Wanne und gleichzeitig, mittels eines Niederschlagsmessers, die Niederschlagshöhe.

In den USA wird die Evaporation mit normierten Wannen, die auf dem Festland aufgestellt werden, bestimmt [19]. Die „Class A" Wanne besteht aus galvanisiertem Stahlblech, hat einen Durchmesser von 1,21 m, eine Höhe von 0,255 m und wird bis auf 0,05 m unter dem Rand mit Wasser gefüllt.

Die Messung bedarf jedenfalls einer Korrektur, weil sich die thermodynamischen Verhältnisse in einer Wanne stark von denjenigen in einem See unterscheiden. Im allgemeinen sind die gemessenen Werte zu groß. Für die Wanne des US Weather Bureau, Class A, wird der Korrekturfaktor mit 0,7 angegeben.

IV.3 Die Evapotranspiration

Die Transpiration der Pflanzenwelt ist von ebenso großer Bedeutung für den Wasserkreislauf wie die Evaporation aus freien Wasseroberflächen. Außerdem ist sie ein grundlegender Parameter in Zusammenhang mit Problemen der Bewässerung, insbesondere der Ermittlung des Wasserbedarfs. Im allgemeinen kann sie nicht unabhängig von der unvermeidbaren Evaporation ermittelt werden, sodaß man korrekterweise von der Evapotranspiration sprechen muß.

Der Wasserverbrauch der Pflanzen ist stark vom im Boden verfügbaren Wasser abhängig. Nur wenn das Wasserangebot unbeschränkt ist, wird er von den meteorologischen Bedingungen allein bestimmt. Setzt man dies voraus, so kann man die potentielle Evapotranspiration bestimmen. Sie ist nicht über das ganze Jahr gleich intensiv und erreicht ihr Maximum in der Wachstumsperiode der Pflanzen.

Eine Möglichkeit der Bestimmung der potentiellen Evapotranspiration offeriert die Penman-Gleichung (IV.34), in der ein Korrekturkoeffizient eingeführt wird. Penman gibt dafür für die klimatischen Verhältnisse Mitteleuropas folgende Werte an:

Vom Mai bis inklusive August:	0,80
März, April, September und Oktober:	0,70
November bis inklusive Februar:	0,60

Albrecht [20] hat auf ähnliche Art wie Penman eine Formel für die aktuelle Evaporation entwickelt, die in der BRD mit befriedigenden Ergebnissen angewandt wird.

Gestützt auf Beobachtungen eines Experimentierfeldes in der Nähe von Kloten bei Zürich und auf die Auswertung der meteorologischen Elemente einer großen Anzahl von Klimastationen der Schweiz, hat Primault [21] folgende empirische Formel entwickelt

$$E = n \cdot [A\ (1{,}03 - 0{,}01\ \varphi)\ (S + 2) + B] \qquad \text{(IV.35)}$$

wobei:

E Evaporation in der Periode von n Tagen in mm

A, B Korrekturfaktoren zur Berücksichtigung der Höhe

φ Mittlere relative Feuchtigkeit in der Periode von n Tagen (%)

S Mittlere Tages-Sonnenscheindauer in der Periode von n Tagen [h/d]

ist.

Die Korrekturfaktoren A, B können für die Klimaverhältnisse der Schweiz der Abb. IV. 3 a entnommen werden.

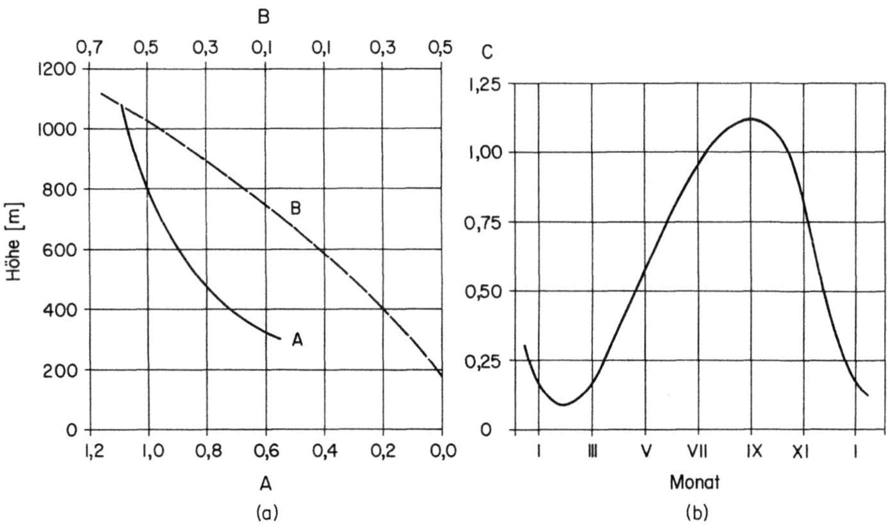

Abb. IV.3. a) Faktoren A und B für die Formel von Primault in Abhängigkeit der Höhe. b) Korrekturfaktor C nach Primault zur Berechnung der Evapotranspiration aus einer grasbedeckten Oberfläche

Die Evapotranspiration kann mit Formel (IV.35) unter Einführen eines Korrekturfaktors C geschätzt werden. Der Korrekturfaktor kann der Abb. IV.3 b entnommen werden. Für weitere Angaben und Methoden muß auf die Literatur verwiesen werden.

IV.3.1 Messung der Evapotranspiration

Zur Messung der Evapotranspiration werden Lysimeter eingesetzt. Eine Prinzipskizze eines Lysimeters ist in Abb. IV.4 angegeben.

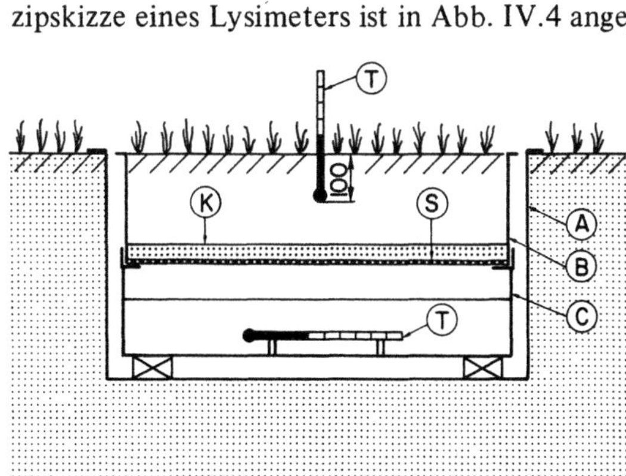

Abb. IV.4. Messung der Evapotranspiration. Lysimeter nach Rykatschew. A Schutzkasten, B und C Einsatzkasten, T Thermometer, S Sieb (Lochweite 1 mm), K Holzkohlenschicht (10 mm dick)

Neben dem Lysimeter muß der Niederschlag gemessen werden. Das Problem der Messung mittels Lysimeter liegt in der Tatsache, daß es sich um einen gestörten und nicht um einen natürlichen Zustand des Bodens handelt. Der Wasserhaushalt im Lysimeter wird kaum demjenigen im umgebenden Gelände entsprechen.

Lysimeter werden an einzelnen Stellen aufgebaut, um allgemeine Erkenntnisse zu gewinnen. Der Aufbau von Lysimeternetzen in Ergänzung zu den pluviometrischen Netzen ist nicht denkbar.

IV.4 Ermittlung der Evapotranspiration aus der Wasserbilanz

Die direkte Messung oder Schätzung der Evaporation und Transpiration ist kompliziert, kostspielig und mit vielen Fehlerquellen verbunden. Man versucht deshalb oft, die Evapotranspiration über die Bilanzgleichung zu ermitteln, sofern alle übrigen Glieder dieser Gleichung bestimmt werden können.

Im allgemeinen kann man sagen, daß eine solche Methode erst dann angewandt werden kann, wenn die Bilanzgleichung für das betrachtete Gebiet und die Zeitperiode, über die sich die Untersuchung erstreckt, in der einfachen Form (I.10)

$$N - ET = A \tag{IV.36}$$

geschrieben werden kann. Die Bestimmung der Evapotranspiration läuft dann auf die Messung von Niederschlag und Abfluß hinaus. Die ET wird in diesem Fall auch Abflußdefizit genannt und mit D bezeichnet. In der Literatur wird oft ET bzw. D häufig mit E bezeichnet.

Für das Einzugsgebiet des Rheins bei Basel z.B. beträgt die jährliche Niederschlagsfracht ca. 60 km³ und der Jahresabfluß ca. 40 km³. Daraus kann man schließen, daß die Evapotranspiration ca. 1/3 des Niederschlages ausmacht, also

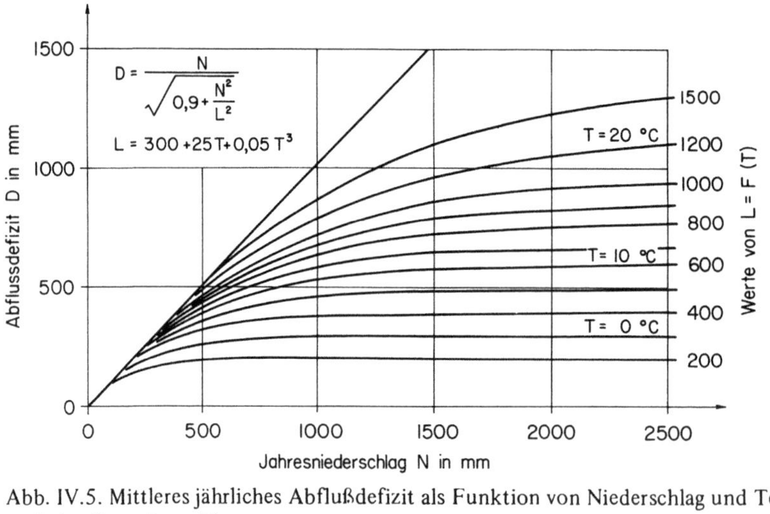

Abb. IV.5. Mittleres jährliches Abflußdefizit als Funktion von Niederschlag und Temperatur nach der Formel von Turc

ca. 500 mm/J beträgt. Dies gilt unter der berechtigten Annahme, daß in dem Einzugsgebiet in einem Jahr die Speicheränderung Null ist und sich Infiltration und Exfiltration gegenseitig aufheben. Erste Untersuchungen dieser Art wurden von Wundt [22] durchgeführt.

M. Turc [23] hat, gestützt auf die Auswertung von 254 Einzugsgebieten in allen Klimatypen, folgende Beziehung dür das Jahres-Abflußdefizit angegeben

$$D = \frac{N}{\sqrt{0,9 + N^2/L^2}} \tag{IV.37}$$

mit N = Jahresniederschlag in mm und $L = 300 + 25\,T + 0,05\,T^3$, T: mittlere Jahrestemperatur in Grad C. Diese Beziehung ist in Abb. IV.5 dargestellt.

Literatur

1. Lugeon, J., Le cycle des précipitations atmosphériques. Diss. ETH No. 496, 1928.
2. Steinhäusser, H., Gebietsverdunstung und Wasservorrat in Flußgebieten verschiedener Höhenlage der Südostalpen. Wasserwirtschaft *62,* 342–346 (1972).
3. Svedrup, H. U., The Humidity Gradient over the Sea Surface. J. Met. *3,* 1–8 (1946).
4. Thornthwaite, C. W., Holzmann, B., The Determination of Evaporation from Land and Water Surfaces. Mon. Weath. Rev. *67,* 4–11 (1939).
5. Sutton, O. G., Micrometeorology. New York: Krieger. 1977.
6. Trabert, W., Neue Beobachtungen über die Verdampfungsgeschwindigkeit. Met. Z. *13,* 261–263 (1896).
7. Brockamp, B., Wenner, H., Verdunstungsmessungen auf dem Steiner See bei Münster i. Westf. Deutsche Gewässerkundliche Mitteilungen *7,* H. 6, 149–154 (1963).
8. Lake Hefner Studies, Water Loss Investigations, Technical Report, U.S. Geological Survey, prof. paper 269, 1952.
9. Lake Mead Studies, Water Loss Investigations, U.S. Geological Survey, prof. paper 298, 1958.
10. Meyer, A. F., Computing Run-off from Rainfall and Other Physical Data. Trans. A.S.C.E. *79,* 1056–1224 (1915).
11. Kuzmin, P. P., Hydrophysical Investigations of Land Waters, IASH, Proc. Gen. Assembly, 468–478 (1957).
12. Neuwirth, F., Über die Brauchbarkeit empirischer Verdunstungsformeln dargestellt am Beispiel des Neusiedlersees. Arch. Met. Geoph. Biokl., Ser. B *22,* 233–246 (1974).
13. McMillan, W., Cooling from Open Water Surfaces, Final Report Part 1; Lake Trawsfynydd Cooling Investigation. Scient. Serv. Dept., CEGB NW. Region, Rep. No. NW/SSD/1204/73, Manchester, 1973.
14. Gray, D. M., Principles of Hydrology. Port Washington, N.Y.: Water Information Center Publ. 1973.
15. Bowen, I. S., The Ratio of Heat Losses by Conduction and by Evaporation from any Water Surface. Physiol. Rev. *27,* 779–787 (1926).
16. Kuhn, W., Physikalisch-meteorologische Überlegungen zur Nutzung von Gewässern für Kühlzwecke. Arch. Met. Geoph. Biokl., Ser. A *21,* 95–122 (1972).
17. Penman, H. L., Natural Evaporation from Open Water, Bare Soil and Grass. Proc. Roy. Soc. London (A) *193,* 120–145 (1948).
18. Penman, H. L., Estimating Evaporation. Trans. Amer. geophys. Un. *37,* 43–50 (1956).

19. Measurements and Estimation of Evaporation and Evapotranspiration. Techn. Note No. 83, W. M. O. No. 201, TP. 105, 1966.
20. Albrecht, F., Die Berechnung der natürlichen Verdunstung der Erdoberfläche aus klimatologischen Daten. Berichte des Deutschen Wetterdienstes Nr. 83, 1962.
21. Primault, B., Du calcul de l'évapotranspiration. Arch. Met. Geoph. Biokl., Ser. B *12*, 124–149 (1962).
22. Wundt, W., Beziehungen zwischen den Mittelwerten von Niederschlag, Abfluß, Verdunstung und Lufttemperatur für die Landflächen der Erde. Deutsche Wasserwirtschaft *32*, H. 5, 82–88 und H. 6, 104–110 (1937).
23. Turc, L., Le bilan d'eau des sols: relation entre les précipitations, l'évaporation et l'écoulement. Troisièmes journées de Hydraulique, Alger, 36–43 (1954).

V. Das Wasser im Untergrund

V.1 Einleitung

Die unterirdischen Zu- und Abflüsse beeinflussen maßgebend das hydrologische Geschehen in einem Einzugsgebiet. Niederschlag, der auf die Erdoberfläche fällt, oder Schmelzwasser, das an die Erdoberfläche gelangt, fließen zum Teil oberirdisch ab oder evaporieren. Ein großer Teil dieses Wassers dringt aber auch in den Boden ein und bewegt sich im Untergrund, bis es nach kurzem oder längerem Aufenthalt wieder an der Oberfläche austritt oder durch die Pflanzen aufgenommen wird. Das Strömen des Wassers durch die Bodenoberfläche in den Untergrund wird *Infiltration* genannt. Der umgekehrte Vorgang, das Austreten des Wassers durch die Bodenoberfläche aus dem Untergrund ist die *Exfiltration*.

Im Untergrund bewegt sich das Wasser in zusammenhängenden Hohlräumen der Gesteine. In Festgesteinen entstehen solche Hohlräume durch tektonisch- und verwitterungsbedingte Kluftbildung oder durch chemische Lösungsprozesse (Karst). Lockergesteine bestehen aus losen Haufwerken von Körnern. Die Hohlräume zwischen den Körnern, die *Poren*, bilden zusammenhängende Porengänge.

Ein Maß für das Volumen, das die Hohlräume pro Volumeneinheit des Gesteins einnehmen, ist die *Porosität n*, die wie folgt bestimmt wird:

$$n = \frac{\rho_s - \rho_d}{\rho_s} \tag{V.1}$$

ρ_s ist die Dichte der Festsubstanz des Gesteins und ρ_d die Dichte des trockenen Gesteins. Um einen genügend genauen Mittelwert der Dichte ρ_d des trockenen Gesteins zu erhalten, muß ein Volumenelement des Gesteins betrachtet werden, das groß ist gegenüber der Korngröße bzw. den einzelnen Gesteinsblöcken und eine genügend große Anzahl von Poren bzw. Klüften enthält. Das Volumenelement muß andererseits klein sein gegenüber dem Gebiet, in dem sich das Wasser befindet oder sich bewegt. Dieses Volumen nennt man repräsentatives Elementarvolumen, abgekürzt REV.

Der mit Hilfe eines REV bestimmte Mittelwert der Dichte ρ_d und die daraus resultierende Porosität n werden dem Schwerpunkt des Volumenelementes zugeordnet (Abb. V.1).

Durch kontinuierliches Verschieben des REV über das ganze Gebiet läßt sich die Porosität des Gesteins an jedem physikalischen Punkt $\underline{r}(x, y, z)$ des Raumes definieren, unabhängig davon, ob sich dieser Punkt in einer Pore oder einem Korn befindet.

Das Verhältnis des mit Wasser gefüllten Teils des Hohlraumes zum totalen Hohlraum in einem REV ist der *Sättigungsgrad S* des Gesteins und ebenfalls eine Funktion des Ortes.

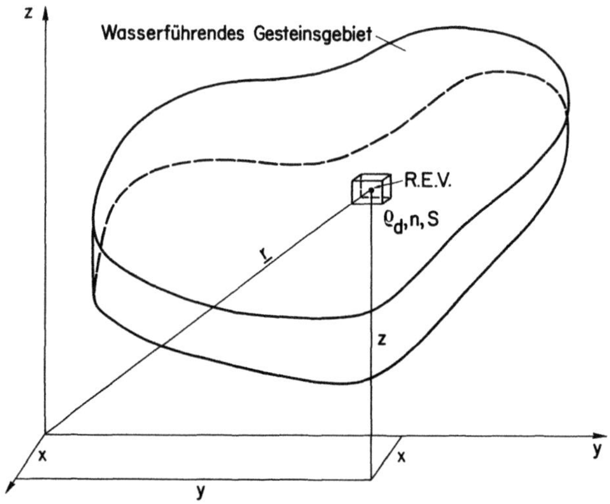

Abb. V.1. Repräsentatives Elementarvolumen zur Bestimmung der Dichte ρ_d des trockenen Gesteins und seiner Porosität n

Der *Wassergehalt* θ in Volumen Wasser pro Volumeneinheit des Gesteins läßt sich aus der Porosität und dem Sättigungsgrad bestimmen

$$\theta = n \cdot S \tag{V.2}$$

Die Strömung des Wassers im Untergrund kann sowohl bei voller Sättigung des Hohlraumes, als *Grundwasserströmung*, oder bei Teilsättigung des Hohlraumes, als *Perkolation* erfolgen. Infiltration und Exfiltration sowie Perkolation und Grundwasserströmung beeinflussen sich gegenseitig.

V.2 Die Grundwasserleiter

Ein *Grundwasserleiter* ist eine Gesteinsformation, die genügend durchlässig ist, um Wasser in ausreichender Menge zu leiten und zur Nutzung freigeben zu können. Die verbreitetsten Grundwasserleiter kommen in durchlässigen Lockergesteinablagerungen vor (Sand, Kies). Sandsteine, karstige Kalkformationen sowie andere stark zerklüftete Gesteinsformationen können auch gute Grundwasserleiter bilden.

Die untere Begrenzung eines Grundwasserleiters besteht in der Regel aus Gesteinsformationen, deren Durchlässigkeit so klein gegenüber derjenigen des Grundwasserleiters ist, daß man sie als undurchlässig oder schlecht durchlässig betrachten kann. Undurchlässige Begrenzungen von Grundwasserleitern werden *Grundwasserstauer* genannt.

Undichte Grundwasserstauer sind hingegen schlecht durchlässig. Sie lassen quer zur Strömungsrichtung Wasser aus dem Grundwasserleiter ein- oder austreten, „leiten" aber selbst kein Grundwasser.

Grundwasserleiter, die beidseitig durch Stauer begrenzt sind, werden *gespannte Grundwasserleiter* genannt. Solche Grundwasserleiter sind total mit Wasser gefüllt und haben keinen freien Wasserspiegel, mit Ausnahme der Eintritts- und Aus-

trittsflächen. Die Druckverhältnisse in einem gespannten Grundwasserleiter werden durch seine *piezometrische Fläche* gegeben. Diese Fläche verbindet die Wasserstände in *Piezometern*, die an verschiedenen Stellen bis zur Oberkante des Grundwasserleiters abgeteuft werden.
Ist ein Grundwasserleiter nach unten durch einen Stauer begrenzt und steht sein Porenraum mit der Atmosphäre in Verbindung, so wird er *freier* oder *ungespannter Grundwasserleiter* genannt. In ungespannten Grundwasserleitern entsteht eine freie Oberfläche, an der der Druck gleich dem atmosphärischen Druck ist. Man nennt diese Oberfläche den Grundwasserspiegel (G. W. Sp.) und erhält sie durch Bestimmung des Wasserstandes in Piezometerrohren, die in das Grundwasser eintauchen. In Abb. V.2 sind die beschriebenen Verhältnisse schematisch dargestellt.

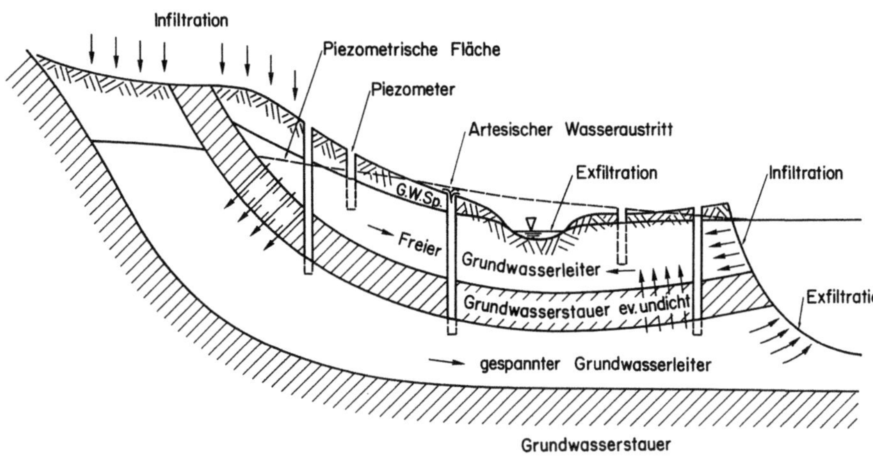

Abb. V.2. Schematische Darstellung der Grundwasserleiter und ihrer Begrenzung

Wasser, das in den Untergrund infiltriert, strömt durch verschiedene Bereiche, bevor es den Grundwasserspiegel erreicht. In diesen Bereichen ist der Sättigungsgrad des Gesteins meistens kleiner als eins. In Abb. V.3 sind diese Bereiche angegeben. In Oberflächennähe kommt zunächst der Wurzelbereich. Die Wurzeln entnehmen aus diesem Bereich des Bodens Wasser. Sie bilden starke Senken, die die Strömungsverhältnisse beeinflussen. Der maximale Unterdruck an solchen Senken kann bis zu −15 bar erreichen. Unter dem Wurzelbereich kann ein Übergangsbereich oder Perkolationsbereich vorkommen.

Diesem Bereich schließt sich der Kapillarbereich an, der nach unten durch den Grundwasserspiegel begrenzt wird. In diesem Bereich steigt das Wasser unter der Wirkung der Kapillarkraft hoch. Der Sättigungsgrad nimmt entsprechend mit der Tiefe zu.

Unterhalb des Grundwasserspiegels liegt schließlich der Grundwasserbereich mit voller Sättigung des Gesteins. Der Grundwasserspiegel ist Schwankungen unterworfen.

Je nach Lage des Grundwasserspiegels können einer oder auch alle Bereiche fehlen.

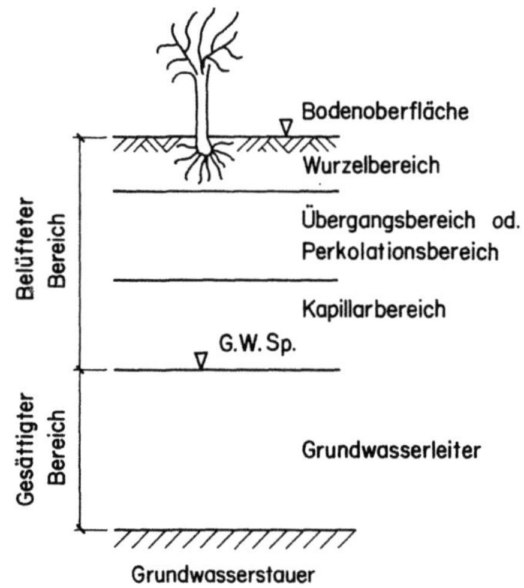

Abb. V.3. Bereiche zwischen Bodenoberfläche und Grundwasserspiegel

Für die Infiltration ist der Aufbau der oberflächennahen, genetisch entstandenen Böden besonders wichtig. Systematische Untersuchungen von Richard u.a. [1] haben für die Bodentypen, die in der Schweiz und auch in Mitteleuropa häufig vorkommen, folgende Resultate ergeben:

An der Oberfläche kommt die Humus-Schicht vor, deren Durchlässigkeit normalerweise groß ist.

<table>
<tr><td>Durchlässigkeit</td><td>Parabraunerde</td><td>Pseudogley</td><td>Toniger Gley</td><td>Durchlässigkeit</td></tr>
<tr><td>gross</td><td colspan="3">Humus</td><td>gross</td></tr>
<tr><td>mittel</td><td colspan="2">Eluvialschicht</td><td rowspan="2">Stauschicht</td><td rowspan="2">sehr klein</td></tr>
<tr><td>klein</td><td>Anreicherungsschicht</td><td>Stauschicht</td></tr>
<tr><td>unterschiedlich</td><td colspan="3">Muttergestein oder andere Ablagerungen</td><td>unterschiedlich</td></tr>
</table>

Stauwirkung nimmt zu →

Abb. V.4. Schematische Darstellung des Aufbaues verschiedener Bodenarten

Unter der Humus-Schicht findet man häufig eine Eluvialschicht, aus der die Tonfraktion teilweise ausgewaschen wurde. Die Durchlässigkeit dieser Schicht ist in der Regel um eine Größenordnung kleiner als diejenige der Humus-Schicht.

Unter der Eluvialschicht entsteht eine Anreicherungsschicht, in der eine Zunahme der Tonfraktion festgestellt wird. Diese Schicht hat eine noch geringere Durchlässigkeit und kann bei höherem Tongehalt zu einer Stauschicht werden. Diese Feststellungen sind schematisch in Abb. V.4 dargestellt, in der auch die Typenbezeichnung der Böden angegeben wird.

Der Wurzelbereich erstreckt sich über den größten Teil dieser genetisch entstandenen Verwitterungsschichten.

V.3 Kräfte, die im Untergrund auf das Wasser wirken

In den Hohlräumen der Gesteine wirken auf ein Wasserteilchen verschiedene Kräfte.

Durch Wechselwirkung der Wassermoleküle mit der Oberfläche der Festsubstanz im Inneren eines Gesteins entstehen Bindekräfte, die groß sind, aber einen kleinen Wirkungsbereich haben. Diese Kräfte führen zur Bildung eines dünnen Films adsorbierten Wassers, der die innere Oberfläche des Gesteins bedeckt. Die Innere Oberfläche der Lockergesteine nimmt mit abnehmender Korngröße zu. Die Menge des adsorbierten Wassers nimmt dementsprechend mit abnehmender Korngröße zu. Von Bedeutung wird sie aber erst bei sehr feinen Lockergesteinen wie Silte oder Tone.

Auf das Wasser in den Hohlräumen der Gesteine wirken weitere Kraftfelder, die durch ihre Potentiale angegeben werden können. Das Potential ϕ eines Kraftfeldes ist gleich der Arbeit, die beim Transport einer Masseneinheit der Flüssigkeit von einer Referenzlage $\underline{r} = 0$ zu einer beliebigen Lage $\underline{r}$ geleistet wird. $\underline{r}$ ist ein Ortsvektor mit den Komponenten x, y, z. Die z-Richtung wird positiv nach oben genommen.

$$\phi = \int_0^{\underline{r}} \underline{K}(\underline{r})\, d\underline{r} \tag{V.3}$$

Ein erstes Kraftfeld, das auf das Wasser im Untergrund wirkt, ist das Gravitationsfeld, für welches

$$\phi_g = \int_0^{\underline{r}} \underline{g}\, d\underline{r} \tag{V.4}$$

wird, was bei Berücksichtigung der Richtung von $\underline{g}$

$$\phi_g = gz \tag{V.5}$$

ergibt.

Auf das Wasser wirkt ferner das Kraftfeld des Druckgradienten.

$$\phi_p = \frac{1}{\rho} \int_0^{\underline{r}} \operatorname{grad} p_w\, d\underline{r} \tag{V.6}$$

Die Integration dieses Ausdruckes ergibt:

$$\phi_p = \frac{1}{\rho} (p_w(\underline{r}) - p_w(0)) \tag{V.7}$$

p_w ist der absolute Druck im Wasser. In der Gl. (V.7) kann ebensogut der relative Druck

$$p = p_w - p_a \tag{V.8}$$

eingesetzt werden.

Eine Flüssigkeit konstanter Dichte, die in thermischem und chemischem Gleichgewicht ist, ist auch im mechanischen Gleichgewicht, wenn

$$\phi = \phi_g + \phi_p = 0 \tag{V.9}$$

oder, bei Berücksichtigung von (V.5) und (V.7) und bei Beachtung, daß $\frac{p\,(0)}{\rho}$ eine Konstante ist,

$$gz + \frac{p\,(\underline{r})}{\rho} = \text{konst} \tag{V.10}$$

Wählt man den Ursprung des Koordinatensystems so, daß $p\,(0) = 0$ wird, dann ist die Fläche $\phi_p = 0$ in einem ungespannten Grundwasserleiter identisch mit dem Grundwasserspiegel und die Beziehung (V.10) ergibt:

$$\frac{p\,(\underline{r})}{\rho} = -gz \tag{V.11}$$

Die Gleichung (V.10) kann durch die Erdbeschleunigung g dividiert werden

$$z + \frac{p\,(\underline{r})}{\rho g} = \text{konst} \tag{V.12}$$

Die Glieder dieser Gleichung haben die Dimension einer Länge und lassen sich als Höhen über einem frei wählbaren Horizont darstellen. Aus der Bedingung (V.12) folgt, daß in einem Grundwasserleiter, in dem keine Strömung vorkommt, das Wasser in Piezometern, die in verschiedene Tiefen des Grundwasserleiters abgeteuft werden, auf gleiche Höhe steigt. Dabei gibt z die Höhenlage des Punktes an, an dem die Druckhöhe $\frac{p}{\rho g}$ gemessen wird. Die Summe dieser zwei Höhen ergibt die Drucklinienhöhe.

Der Druck an der Grenzfläche zwischen Wasser und Luft hängt von der Form dieser Fläche und von der Oberflächenspannung σ ab. Für eine beliebig gekrümmte Fläche gilt:

$$p_a - p_w = \sigma\left(\frac{1}{R_1} + \frac{1}{R_2}\right) \tag{V.13}$$

wobei R_1 und R_2 die Krümmungsradien der Fläche in zwei senkrecht aufeinander stehenden Richtungen sind. Die Radien sind positiv, wenn der Krümmungsmittelpunkt auf der Luftseite liegt.

In einer Pore mit einem äquivalenten Radius R und einem Benetzungswinkel θ erhält man für den *Kapillardruck* $p_c = p_w - p_a$.

$$p_c = -\frac{2\sigma\cos\theta}{R} \tag{V.14}$$

vorausgesetzt der Radius ist so klein, daß die Orientierung des Meniskus keinen Einfluß auf seine Form hat, was von nun an angenommen wird. Der Kapillardruck ist negativ und umgekehrt proportional zum Porenradius. Die Gl. (V.11) gilt auch im Kapillarbereich, d.h. für positive z. Der Druck $p\,(r)$ wird in dem Fall mit der Beziehung (V.14) bestimmt.

Wenn ein chemisches Ungleichgewicht im Wasser vorkommt, entsteht ein osmotisches Potential, auf das hier nicht eingegangen wird. Ebenso werden thermische Ungleichgewichte nicht berücksichtigt.

V.4 Die Bewegung des Wassers im Untergrund

Bei den nachfolgenden Betrachtungen wird angenommen, daß thermisches und chemisches Gleichgewicht besteht. Die Bewegung des Wassers im Hohlraum der Gesteine soll nur durch ein Ungleichgewicht mechanischer Kräfte entstehen. Wenn ein solches Ungleichgewicht besteht, wird das Potential, das auf der linken Seite der Gl. (V.12) steht, nicht konstant, sondern eine Funktion des Ortes sein.

$$\phi = z + \frac{p\,(\underline{r})}{\rho g} = h\,(\underline{r}) \qquad \text{(V.15)}$$

Die Strömung, die als Folge dieses Ungleichgewichtes entsteht, erzeugt Trägheitskräfte und Reibungskräfte. Letztere werden durch die Haftung des Wassers an der Festsubstanz und durch die Zähigkeit hervorgerufen. In der Regell sind die Trägheitskräfte gegenüber den Zähigkeitskräften wegen der großen inneren Oberfläche wasserführender Gesteine sehr klein und dürfen vernachlässigt werden. Obwohl die Gleichungen dadurch wesentlich vereinfacht werden, ist eine mikroskopische Behandlung der Strömung durch Integration dieser Gleichungen im Hohlraum des Gesteins nicht möglich, weil die Geometrie des Hohlraumes nicht erfaßbar ist [2].

Die Grundlage für die Behandlung der Strömung im Untergrund ist das Darcysche Gesetz. Dieses Gesetz ist empirisch und wird experimentell aus einer Anordnung, wie sie in Abb. V.5 dargestellt ist, gewonnen.

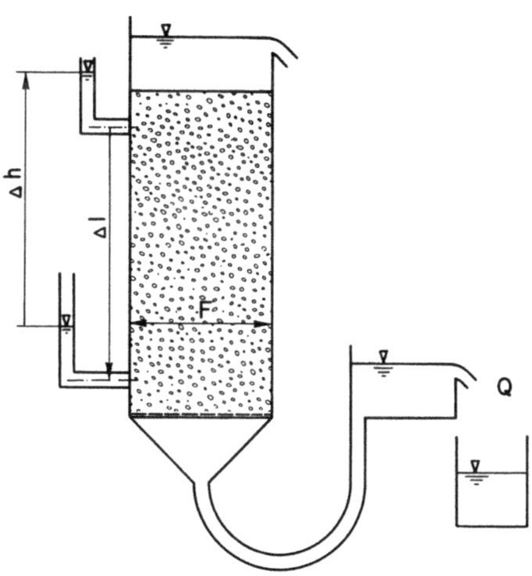

Abb. V.5. Experiment zur Ermittlung des Darcyschen Gesetzes

Dieses Gesetz sagt aus, daß der Durchfluß Q pro Zeiteinheit durch eine endliche Fläche F linear vom Druckhöhenverlust Δh über eine endliche Strecke Δl abhängig ist.

$$\frac{Q}{F} = -k\,\frac{\Delta h}{\Delta l} \qquad \text{(V.16)}$$

Der Proportionalitätsfaktor k wird *Durchlässigkeit* genannt. Das Minuszeichen bedeutet, daß Q positiv ist, wenn h in Strömungsrichtung abnimmt. Der Quotient $-\frac{\Delta h}{\Delta l}$ wird *hydraulisches Gefälle* genannt und mit i bezeichnet.

Die Größe $\frac{Q}{F} = q$ ist der *spezifische Fluß*. Sie hat die Dimension einer Geschwindigkeit und wird deshalb auch *Filtergeschwindigkeit* genannt und mit v bezeichnet. Die Fläche F schließt sowohl Hohlräume als auch Festsubstanz ein.

Tabelle V.1. *Richtwerte der Durchlässigkeit verschiedener Bodenarten nach [3]*

Geotechnische Bezeichnung	Kurzbezeichnung	Durchlässigkeit k m/s	m/d
Kiese, Kiese mit Sand	GW, GP	$> 10^{-4}$	$> 8{,}64$
siltige bzw. tonige Kiese	GM, GC	10^{-5} bis 10^{-10}	$0{,}86$ bis $8{,}6 \times 10^{-5}$
Sande, Sande mit Kies	SW, SP	$\sim 10^{-5}$	$0{,}86$
siltige bzw. tonige Sande	SM, SC	10^{-5} bis 10^{-10}	$0{,}86$ bis $8{,}6 \times 10^{-5}$
Silte, Silte mit Sand oder Kies	ML	10^{-5} bis 10^{-8}	$0{,}86$ bis $8{,}6 \times 10^{-3}$
tonige Silte	CL	10^{-8} bis 10^{-10}	$8{,}6 \times 10^{-3}$ bis $8{,}6 \times 10^{-5}$
Tone, siltige Tone	CH	10^{-8} bis 10^{-11}	$8{,}6 \times 10^{-3}$ bis $8{,}6 \times 10^{-6}$

Die Geschwindigkeit v wird dem Schwerpunkt dieser Fläche zugeordnet und stellt in der Tat einen Mittelwert der Geschwindigkeiten dar, die innerhalb eines REV auftreten. Das Gesetz von Darcy beschreibt demnach die Strömung gemittelt über ein REV, das groß genug ist, um lokale Effekte der „mikroskopischen Strömung" auszumitteln und klein genug ist, um Inhomogenitäten nicht in Erscheinung treten zu lassen. Die Geschwindigkeit, der Druck, und die Durchlässigkeit sind Größen, die an jedem Punkt des Raumes bestimmt sind, unabhängig davon, ob sich dieser Punkt in einem Hohlraum oder in der Festsubstanz des Gesteins befindet.

Durch diese Mittelung verlieren die Ausführungen des Abschnittes V.3 und die daraus resultierende G. (V.15) nicht ihre Gültigkeit. Setzt man h in Gl. (V.16) ein und geht auf Differenziale über, so erhält man

$$\underline{v} = -k \operatorname{grad}\left(z + \frac{p}{\rho g}\right) \tag{V.17}$$

Der Definitionsbereich dieser Gleichung ist der gesamte Grundwasserleiter, auf dessen Rändern auch die Randbedingungen, die die Strömung bestimmen, zu ermitteln und anzugeben sind.

Zu beachten ist, daß nach der Durchführung der Mittelung über ein REV die Haftbedingung an den Rändern des Strömungsgebietes nicht mehr erfüllt werden muß. Der Einfluß der Haftung ist in der Durchlässigkeit k enthalten. Dieser Koeffizient hat die Dimension einer Geschwindigkeit. Durch ihn werden die Einflüsse der Zähigkeitskräfte berücksichtigt. Beachtet man, daß alle Kräfte mit g dividiert wurden, so ist k eine Funktion der Erdbeschleunigung g, der kinematischen Zähigkeit der Flüssigkeit ν und einer Länge 1. Die einfachste Kombination dieser Größen, die die Dimension einer Geschwindigkeit hat, ist

$$k = c\,\frac{g\,1^2}{\nu} \tag{V.18}$$

1^2 kann im Gegensatz zu g und ν nicht unabhängig bestimmt werden, ist aber eine Größe, die den Hohlraum innerhalb eines REV eines Gesteins in Bezug auf den Strömungswiderstand charakterisiert und bildet für ein Gestein, wie auch die Durchlässigkeit, eine ortsabhängige Kenngröße. Diese Größe hat die Dimension einer Fläche und wird zusammengefaßt mit der Konstanten c durch K bezeichnet und *Permeabilität* genannt, sodaß

$$k = \frac{g}{\nu} \cdot K \tag{V.19}$$

Die Durchlässigkeit natürlich gelagerter Lockergesteine liegt in der Regel zwischen 10^{-3} m/s und 10^{-8} m/s. Sie ist stark von der Lagerungsdichte und der Kornzusammensetzung abhängig. Homodisperse Materialien haben im allgemeinen größere Durchlässigkeiten als solche mit gleichem mittleren Korndurchmesser aber großer Dispersion in der Kornverteilung. Einige Richtwerte der Durchlässigkeit für verschiedene Bodenarten sind in Tab. V.1 angegeben.

Gesteine, in welchen bei voller Sättigung die Durchlässigkeit eine Ortsfunktion ist, sind *inhomogen.* Meistens ist in voll gesättigten Gesteinen die Durchlässigkeit gebietsweise konstant, hat aber innerhalb dieser Gebiete richtungsabhängige Werte. Die Gebiete sind in dem Fall *homogen anisotrop.* Ihre Durchlässigkeit kann durch die Werte k_x, k_y, k_z in den Hauptrichtungen x, y, z beschrieben werden. In *homogenen isotropen* Gesteinen ist die Durchlässigkeit bei voller Sättigung ortsunabhängig und konstant.

Die Durchlässigkeit teilgesättigter Gesteine ist vom Sättigungsgrad abhängig und deshalb meistens ortsabhängig.

Neben der Bewegungsgleichung (V.17), die sich aus dem Darcy-Gesetz ergeben hat, muß noch der Massenerhaltungssatz erfüllt werden. Im folgenden wird angenommen, daß der Hohlraum des Gesteines volumenkonstant bleibt und daß die Flüssigkeit inkompressibel ist. In dem Fall läßt sich der Massenerhaltungssatz als eine Volumenflußbilanz ausdrücken.

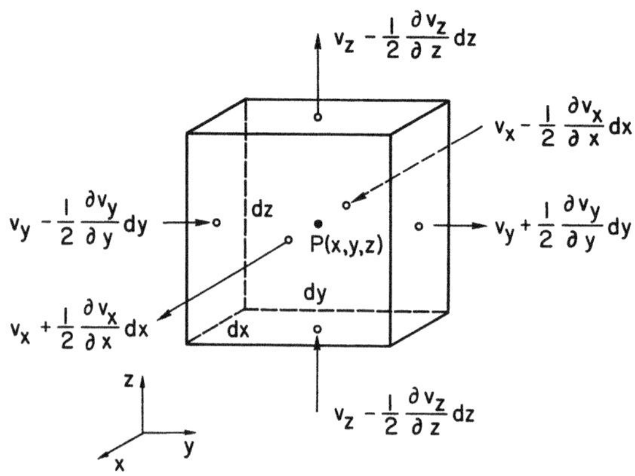

Abb. V.6. Volumenflußbilanz über ein Volumenelement dx, dy, dz

Mit Hilfe von Abb. V.6 kann für ein Prisma mit den Kantenlängen dx, dy, dz, dessen Mittelpunkt P die Koordinaten x, y, z hat, diese Bilanz aufgestellt werden:

In diesem Prisma strömt pro Zeiteinheit das Wasservolumen

$$\left(v_x - \frac{1}{2}\frac{\partial v_x}{\partial x}dx\right)dydz + \left(v_y - \frac{1}{2}\frac{\partial v_y}{\partial y}dy\right)dxdz + \left(v_z - \frac{1}{2}\frac{\partial v_z}{\partial z}dz\right)dxdy$$

ein und das Wasservolumen

$$\left(v_x + \frac{1}{2}\frac{\partial v_x}{\partial x}dx\right)dydz + \left(v_y + \frac{1}{2}\frac{\partial v_y}{\partial y}dy\right)dxdz + \left(v_z + \frac{1}{2}\frac{\partial v_z}{\partial z}dz\right)dxdy$$

aus. Die Differenz zwischen dem einströmenden und ausströmenden Wasservolumen ist gleich der Änderung des Wassergehaltes des Prismas $n\dfrac{\partial S}{\partial t}dxdydz$. Nach Division durch $dxdydz$ erhält man für die Volumeneinheit

$$n\frac{\partial S}{\partial t} \pm q \pm N = -\left(\frac{\partial v_x}{\partial x} + \frac{\partial v_y}{\partial y} + \frac{\partial v_z}{\partial z}\right) \qquad \text{(V.20)}$$

wobei $q\ (x, y, z, t)$ die Dichte des Volumenflusses eventuell vorhandener Quellen oder Senken und N einen konstanten gleichmäßig verteilten Zu- oder Abfluß angeben.

Wenn das Gestein, in dem die Strömung stattfindet, vollständig mit Wasser gesättigt ist, wird

$$\frac{\partial S}{\partial t} = 0.$$

Für quellenfreie Strömungen wird Gl. (V.20) zu

$$\frac{\partial v_x}{\partial x} + \frac{\partial v_y}{\partial y} + \frac{\partial v_z}{\partial z} = 0 \tag{V.21}$$

Die Kombination der Gl. (V.20) mit der Darcy-Gleichung (V.17) führt zur Gleichung von Richards [4] für Strömungen im teilgesättigten Bereich, die, ohne Quellen, Senken und Zu- oder Abflüssen,

$$n \frac{\partial S}{\partial t} = \frac{\partial}{\partial x} k_x \frac{\partial \phi}{\partial x} + \frac{\partial}{\partial y} k_y \frac{\partial \phi}{\partial y} + \frac{\partial}{\partial z} k_z \frac{\partial \phi}{\partial z} \tag{V.22}$$

lautet und in der k_x, k_y, und k_z vom Sättigungsgrad abhängig sind. In einem vollständig gesättigten homogenen Gestein ist k = konst, und die Gl. (V.20) vereinfacht sich zur Laplace-Gleichung

$$\frac{\partial^2 \phi}{\partial x^2} + \frac{\partial^2 \phi}{\partial y^2} + \frac{\partial^2 \phi}{\partial z} = 0 \tag{V.23}$$

Lösungen dieser Gleichung für verschiedene Randbedingungen findet man bei Muskat [5], J. Bear [6], Polubarinova Kochina [7], Aravin und Numerov [8] u.a.

V.5 Beziehungen zwischen Druck, Sättigungsgrad und Durchlässigkeit

Die Hohlräume innerhalb eines REV eines Gesteins können teilweise mit Wasser und teilweise mit Luft gefüllt sein. Wenn die Luft zusammenhängend ist und mit der Atmosphäre in Verbindung steht, wird der Druck im Wasser gemäß G. (V.13) negativ. Zwischen diesem negativen Kapillardruck und dem Sättigungsgrad des Gesteins besteht eine Beziehung, die eine Hysterese aufweist. Für einen festen Kapillardruck p_c ist der Sättigungsgrad im Befeuchtungsvorgang (*Imbition*) kleiner als im Feuchteentzugsvorgang (*Drainage*). Die Abb. V.7 zeigt den Verlauf der Beziehung zwischen Kapillardruckhöhe $p_c/\rho g$ und Sättigungsgrad S nach Messungen von Schiegg [9]. Eingezeichnet sind auch Kurven sekundärer Drainage, die nach Unterbruch der Befeuchtung in verschiedenen Stadien entstehen.

Die Pfeile geben die Richtung der Druckänderung an. Beginnt man mit einer vollständig gesättigten Gesteinsprobe, so entsteht im Drainagevorgang die Kurve *1*. Die Kurve *3* entspricht hingegen einer Drainage, die auf eine Imbibition (Kurve *2*) folgt.

Die Beziehungen zwischen Kapillardruck und Sättigungsgrad haben folgende charakteristische Merkmale:

- Bei Änderung des Kapillardruckes zwischen Null und einem Wert p_e bleibt der Sättigungsgrad nahezu unverändert. Der Druck p_e ist der *Lufteintrittsdruck*.
- Der Sättigungsgrad läßt sich durch Erhöhung des Absolutwertes des Kapillardruckes nicht unter eine *Residualsättigung* S_r reduzieren.
- Bei Inbibition steigt der Sättigungsgrad bei Rückgang des Kapillardruckes auf Null nicht über einen Grenzwert S_g.

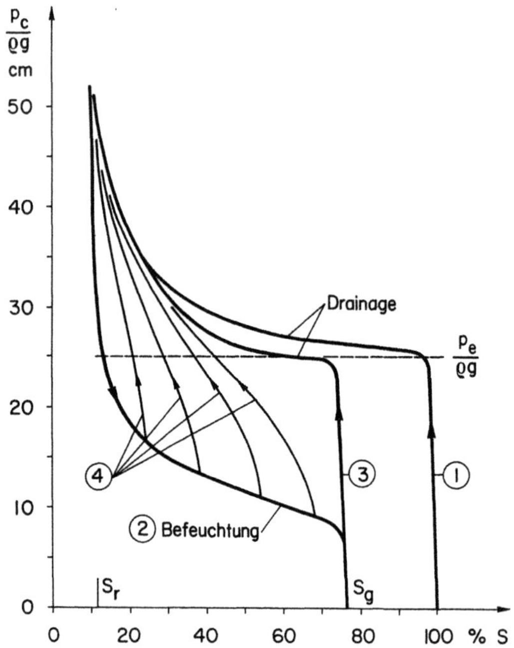

Abb. V.7. Beziehung zwischen Kapillardruckhöhe und Sättigungsgrad in einer Sandpackung. *1* erste Drainage, *2* Imbibition, *3* anschließende Drainage, *4* sekundäre Drainagen

Unterhalb der Residualsättigung kommt das Wasser im Hohlraum der Gesteine nicht mehr als zusammenhängende Phase vor. Es füllt nur noch die Räume an den Berührungsstellen der Körner oder Gesteinsteile aus. Druckkräfte werden nicht übertragen, ein mechanisches Ungleichgewicht kann nicht wirken, es entsteht deshalb auch keine Strömung.

Oberhalb der *Grenzsättigung* S_g kommt die Luft in Form einzelner Blasen vor und steht nicht mehr in Verbindung mit der Atmosphäre. Die Luft ist nicht mehr beweglich und kann nur durch Lösung und Diffusion in das umgebende Wasser nach Ablauf einer gewissen Zeit verschwinden. Mit Hilfe der Residualsättigung S_r wird die *effektive oder wirksame Porosität* n_e

$$n_e = (1-S_r)\,n \tag{V.24}$$

und der *wirksame Sättigungsgrad* S_e

$$S_e = \frac{S-S_r}{1-S_r} \tag{V.25}$$

definiert.

Brooks und Corey [10] haben für Lockergesteine eine Beziehung zwischen S_e und dem mit p_e normierten Kapillardruck angegeben.

$$S_e = \left(\frac{p_c}{p_e}\right)^{-\lambda} \tag{V.26}$$

Der Exponent λ dieser Beziehung hängt von der Dispersion der Porengrößen ab, und sein Betrag wird mit zunehmender Dispersion kleiner.

In teilgesättigten Gesteinen ist die Durchlässigkeit eine Funktion des Sättigungsgrades. Das Verhältnis

$$k_r = \frac{k\,(S)}{k\,(S=1)} \tag{V.27}$$

ist die *relative Durchlässigkeit* und auch eine Funktion des Sättigungsgrades.

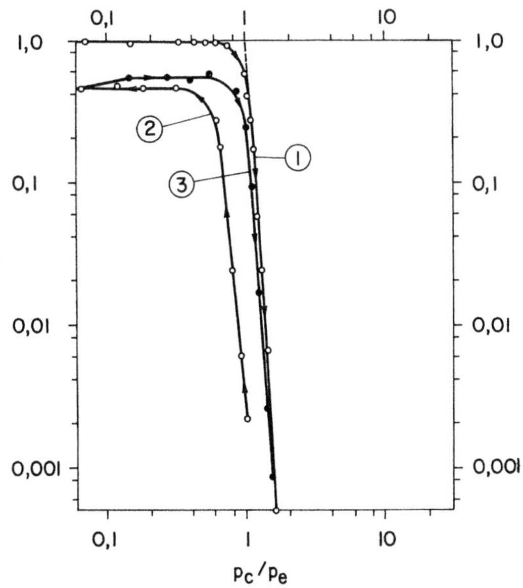

Abb. V.8. Beziehung zwischen relativer Durchlässigkeit k_r und mit p_e normiertem Kapillardruck. *1* erste Drainage, *2* Imbibition, *3* anschließende Drainage

Brooks und Corey haben auch für k_r Beziehungen in Funktion des wirksamen Sättigungsgrades S_e und des normierten Kapillardruckes p_c/p_e angegeben.

$$k_r = S_e^{\,3+\frac{2}{\lambda}} \tag{V.28}$$

und

$$k_r = \left(\frac{p_c}{p_e}\right)^{-(2+3\lambda)} \tag{V.29}$$

In Abb. V.8 sind Meßergebnisse dieser Autoren dargestellt, aus welchen auch der Einfluß der Hysterese auf die Beziehung (V.29) ersichtlich wird.

V.6 Infiltration und Perkolation

Die Infiltration ist von der Oberflächenbeschaffenheit und der Bedeckung der Oberfläche des Bodens abhängig. In vegetationsbedeckten Böden ist die Humusschicht meistens gut durchlässig. Die Wasseraufnahme der Pflanzen erzeugt Senken im Bereich des Wurzelraumes, die eine Erhöhung des Strömungspotentials verursachen. Die Vegetation verzögert zudem den Oberflächenabfluß und erhöht somit die Gelegenheit zur Infiltration des Wassers. Aus all diesen Gründen fördert die Vegetation die Infiltration des Wassers in den Untergrund und verringert den direkten Oberflächenabfluß.

Die Oberfläche eines unbewachsenen Bodens hingegen kann durch den Aufprall großer Regentropfen so stark verdichtet werden, daß sie fast undurchlässig wird. In Gegenden mit unbewachsener Bodenoberfläche stellt man oft intensiven Oberflächenabfluß fest.

Die Infiltrationsrate hängt ab
- von der Durchlässigkeit k des Bodens im gesättigten Zustand,
- vom Sättigungsgrad des Bodens zu Beginn der Infiltration S_0
- und von der Verteilung der Porengrößen im Gestein.

Da die Infiltration und die anschließende Perkolation Befeuchtungsvorgänge sind, steigt der Sättigungsgrad des Bodens im Perkolationsbereich nicht über den Grenzwert S_g, auch dann nicht, wenn an der Bodenoberfläche der Wasserdruck Null oder positiv wird.

Untersuchungen an homogenen Bodenproben [11], [12] zeigen, daß bei konstanter Infiltrationsrate das Wasser nahezu kolbenartig in die Probe eindringt und daß sich eine Naßfront bildet, an der eine fast sprunghafte Zunahme des Sättigungsgrades auftritt. Diese Beobachtungen bestätigen die Annahme von Green und Ampt [13], die hinter der Naßfront mit einem konstanten Sättigungsgrad rechnen. Falls die Regenintensität oder sonstige Wasserzufuhr so groß ist, daß sich an der Bodenoberfläche ein Wasserkissen der Dicke d bildet, läßt sich gestützt auf diese Annahme die Perkolationsrate v_p, die gleich der Infiltrationsrate f ist, wie folgt berechnen:

$$v_p = -f = -k\,(S_g)\,\frac{z + \bar{p}_c/\rho g - d}{z} \qquad \text{(V.30)}$$

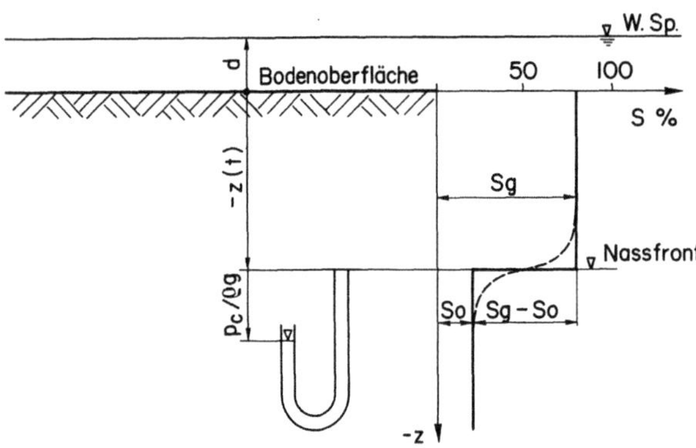

Abb. V.9. Annahmen von Green und Ampt zur Berechnung der vertikalen Fortpflanzung einer Naßfront

Darin ist z der Weg, den die Naßfront in der Zeit t zurückgelegt hat (Abb. V.9). Die Geschwindigkeit $\frac{dz}{dt}$, mit der die Naßfront fortschreitet, ist

$$-\frac{dz}{dt} = \frac{f}{n_0} \qquad \text{(V.31)}$$

wobei

$$n_0 = (S_g - S_0)\,n \qquad \text{(V.32)}$$

die *verfügbare Porosität* ist.

In Gl. (V.30) sind d und $\bar{p}_c/\rho g$ praktisch konstant, z hingegen nimmt mit der Zeit zu. Die Infiltrationsrate nimmt mit der Zeit dementsprechend ab und geht, wenn

$$|z(t)| \gg |d| + \left|\frac{\bar{p}_c}{\rho g}\right|$$

wird, gegen den asymptotischen Wert

$$f_g = k(S_g) \tag{V.33}$$

Die Tiefe des Wasserkissens d, wenn überhaupt ein solches entsteht, ist klein und darf meistens vernachlässigt werden. Die Kapillardruckhöhe an der Naßfront ist umso größer, je größer die verfügbare Porosität n_0 ist. Die Geschwindigkeit, mit der die Naßfront fortschreitet, nimmt mit zunehmendem n_0 ab. Das heißt, daß solange z von der Größenordnung von $\bar{p}_c/\rho g$ ist, wird die Infiltrationsrate umso langsamer abnehmen, je höher die verfügbare Porosität bzw. je kleiner der Sättigungsgrad des Bodens zu Beginn der Infiltration ist. In Abb. V.10 ist neben der mit f_g normierten potentiellen Infiltrationsrate für zwei verschiedene Werte der verfügbaren Porosität n_0 noch eine dimensionslose Darstellung der Infiltrationsrate in Funktion der dimensionslosen Zeit

$$\frac{t\,k(S_g)}{n_0\,\bar{h}_c}$$

mit $\bar{h}_c = \bar{p}_c/\rho g$ dargestellt.

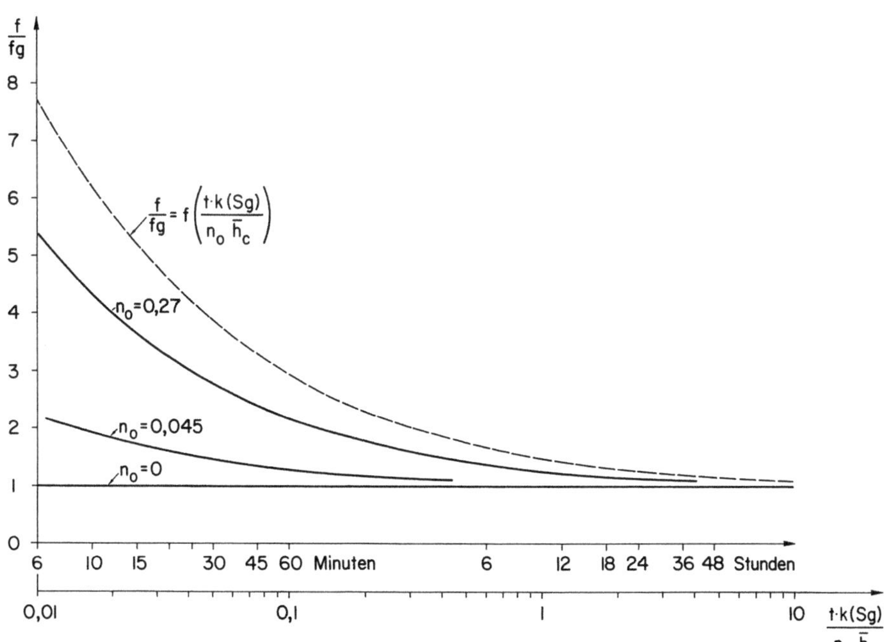

Abb. V.10. Dimensionslose Darstellung der Infiltrationsrate und Infiltrationsrate in Funktion der Zeit für verschiedene Anfangszustände des Bodens

Die Gl. (V.30) gibt für $d = 0$ die potentielle Infiltrationsrate an. Die effektive Infiltrationsrate f_e ist von der Regenintensität i_N abhängig.

für $i_N \leq f_g$ ist $f_e = i_N$

für $i_N > f_g$ ist f_e abhängig von der potentiellen Infiltrationsrate

Die Abb. V.11 zeigt diese Zusammenhänge.

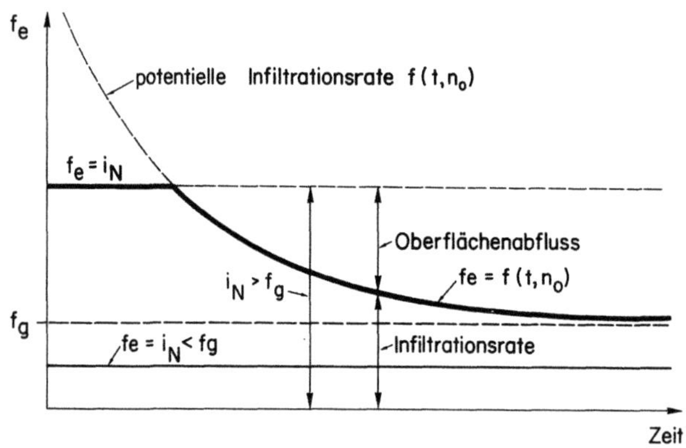

Abb. V.11. Zusammenhang zwischen Regenintensität, Infiltrationsrate und Oberflächenabflußrate

Außer den Lösungen des Infiltrationsproblems, die auf den Annahmen von Green und Ampt beruhen, existieren auch Lösungen, die direkt von der G. (V.22) ausgehen. Eine solche Lösung gab Philip [14] in Form einer unendlichen Reihe an, von der die ersten zwei Terme für praktische Anwendungen signifikant sind.

$$f = \frac{1}{2} S\, t^{-\frac{1}{2}} + A + O \quad t^{\frac{1}{2}} \tag{V.34}$$

$O \quad t^{\frac{1}{2}}$ gibt die Ordnung der Restglieder der Reihe an. A ist eine Konstante und S die Sorbtivität. Sie hat die Dimension Länge/Zeit$^{1/2}$. Diese Formel entspricht, solange das Glied, das die Sorbtivität enthält, dominiert, dem empirischen Ansatz von Kostiakov [15].

$$f = c\, t^{\alpha - 1} \tag{V.35}$$

für $\alpha = 1/2$ und läßt sich konzeptuell [16] aus der Annahme ableiten, daß die Infiltrationsrate f zum Zeitpunkt t umgekehrt proportional zum Volumen F ist, das bis zum Zeitpunkt infiltrierte

$$f(t) = \frac{a}{F(t)}, \; f = \frac{dF}{dt}, \quad a\text{: Konst.} \tag{V.36}$$

Horton [17] hat für die Infiltrationsrate den empirischen Ansatz

$$f = f_g + (f_0 - f_g)\, e^{-\beta t}, \quad f_0 \text{ und } \beta\text{: Konstanten} \tag{V.37}$$

gemacht. Zu einem ähnlichen Ergebnis gelangten Gardner und Widtsoe [18] durch Integration der Gl. (V.22) unter gewissen vereinfachenden Annahmen. Konzeptuell [16] entspricht der exponentielle Verlauf dieser Gleichung der Annahme, daß die aktuelle Infiltrationsrate $f(t)$ bis auf eine Konstante proportional zum potentiellen Infiltrationsvolumen $F_0 - F(t)$ ist.

$$F(t) = a \cdot (F_0 - F(t)) \tag{V.38}$$

F_0 ist das gesamte verfügbare Volumen. Um diese Gleichungen praktisch anwenden zu können, müssen die in ihnen vorkommenden Koeffizienten und Zeitkonstanten bestimmt werden. Die Bestimmung dieser Größen ist nicht immer einfach. Spezielle Geräte, Infiltrometer genannt, gestatten die Durchführung von Messungen der Infiltrationsrate in situ [19]. Die Ergebnisse solcher Messungen sind aber umstritten.

V.7 Einfluß der Schichtung auf die Infiltration

Die in Abschnitt V.6 angegebenen Beziehungen für die Infiltration und Perkolation sind unter der Annahme entwickelt worden, daß der Boden homogen ist und keine Schichtung aufweist. Diese Annahme ist selten erfüllt. Genetisch entstandene vegetationsbedeckte Böden weisen, wie schon gezeigt wurde, einen geschichteten Aufbau auf mit sehr verschiedenen Durchlässigkeiten in den einzelnen Schichten. Auch Lockergesteinablagerungen kommen meistens in Schichten verschiedener Durchlässigkeit vor.

Zunächst stellt sich die Frage nach dem Grenzwert der Perkolationsrate v_p, der sich nach einem lang andauernden Regen konstanter Intensität in einem geschichteten Boden einstellt. Dieser Grenzwert ist gleichzeitig der Grenzwert der Infiltrationsrate f_g. In Anlehnung an Gl. (V.33) kann

$$f_g = \bar{k}_v \ (S_g) \tag{V.39}$$

gesetzt werden. $\bar{k}_v\ (S_g)$ ist der mittlere Durchlässigkeitskoeffizient in vertikaler Richtung einer fiktiven homogenen Schicht, deren Mächtigkeit gleich der Mächtigkeit des Schichtenpaketes ist, in dem der Sättigungsgrad überall S_g ist und über dem das mittlere hydraulische Gefälle gleich eins ist (Abb. V.12).

$$\frac{\Sigma \Delta h_i}{\Sigma d_i} = 1 \tag{V.40}$$

Δh_i ist der Druckabfall in der i-ten Schicht, deren Mächtigkeit d_i und Durchlässigkeit k_{v_i} sind. Der mittlere Durchlässigkeitskoeffizient $\bar{k}_v$ läßt sich leicht berechnen, wenn man beachtet, daß in allen Schichten v_p gleich groß sein muß.

$$v_p = -\bar{k}_v = -k_{v_1} \frac{\Delta h_1}{d_i} = \ldots = -k_{v_i} \frac{\Delta h_i}{d_i} = \ldots = -k_{v_n} \frac{\Delta h_n}{d_n} \tag{V.41}$$

daraus folgt

$$\frac{\Delta h_i}{\bar{k}_v} = \frac{d_i}{k_{v_i}} \quad \text{und} \quad \frac{\sum_1^n \Delta h_i}{\bar{k}_v} = \sum_1^n \frac{d_i}{k_{v_i}}$$

womit

$$\bar{k}_v = \frac{\sum_1^n \Delta h_i}{\sum_1^n \frac{d_i}{k_{v_i}}} \tag{V.42}$$

Wenn es sich um eine Infiltration handelt, sind die k_{v_i}-Werte für die Grenzsättigung S_{gi} der einzelnen Schichten in (V.42) einzusetzen.

Der mittlere $\bar{k}_v$-Wert und somit auch der Grenzwert der Infiltrationsrate f_g wird offenbar von der undurchlässigsten Schicht diktiert.

Aus den Beziehungen (V.40) läßt sich auch die Druckverteilung über das Schichtenpaket bestimmen

$$\frac{\Delta h_i}{d_i} = \frac{\bar{k}_v}{k_{v_i}} \qquad \text{(V.43)}$$

Daraus folgt:

$$\frac{\Delta h_i}{d_i} < 1 \text{ in Schichten, in welchen } k_{v_i} > \bar{k}_v \text{ ist}$$

$$\frac{\Delta h_i}{d_i} > 1 \text{ in Schichten, in welchen } k_{v_i} < \bar{k}_v \text{ ist.}$$

In Abb. V.12 ist die Druckverteilung in einer Parabraunerde für $v_p = -f_g$ dargestellt. Zu bemerken ist dabei, daß beim Übergang von der wenig durchlässigen Anreicherungsschicht zur darunter liegenden gut durchlässigen Schicht ein Unterdruck p_c entsteht. In der gut durchlässigen Schicht stellt sich, wenn der G. W. Sp. genügend weit entfernt ist, ein Gefälle von eins ein. Der Unterdruck wird so groß sein, daß in dieser Schicht

$$k_v\,(p_c) = f_g \qquad \text{(V.44)}$$

wird. Die Lage des Punktes P in Abb. V.12 und somit auch die Mächtigkeit d_3, für die die Gl. (V.40) erfüllt wird, sind nicht apriori bekannt und müssen iterativ berechnet werden.

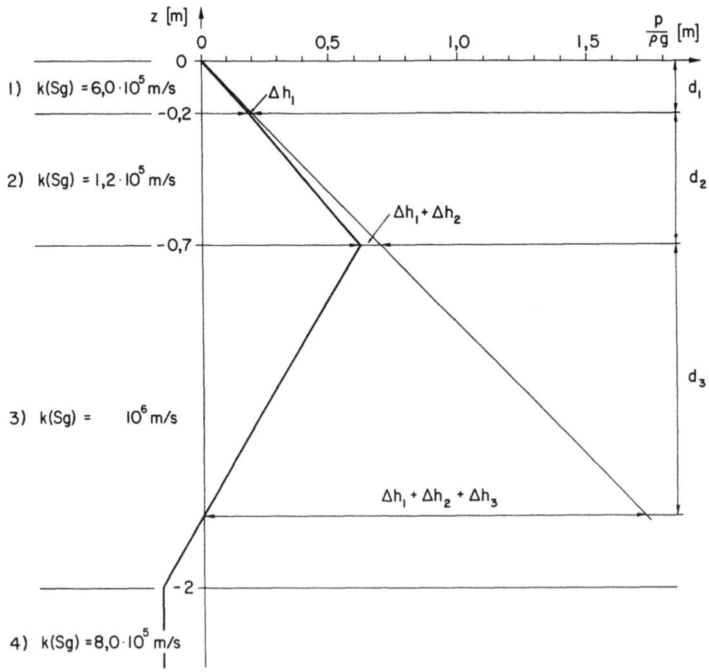

Abb. V.12 Druckverteilung in einer Parabraun-Erde für $f = f_g = 1{,}6 \times 10^{-6}$ m/s (0,14 m/d)

Aus der Darstellung geht ferner hervor, daß im Bereich zwischen Bodenoberfläche und Punkt P der Druck im Wasser positiv ist. Das Auftreten eines seitlichen Druckgefälles, wie es schon kleine Furchen an der Bodenoberfläche erzeugen können, führt zu horizontalem Fluß des Wassers und Austreten desselben an der Oberfläche. Dieser Fluß kann sehr intensiv sein, vor allem wenn die Durchlässigkeit einer Schicht in horizontaler Richtung höher ist als in vertikaler Richtung. Der seitliche Abfluß des infiltrierten Wassers erhöht die Infiltrationskapazität des Bodens. Dieser Fluß wird *Interflow* genannt und liefert einen beträchtlichen Anteil des Oberflächenabflusses.

Wenn die Regenintensität $i_N < f_g$ ist, erfolgt der Fluß durch alle Schichten bei Teilsättigung. In einer eindimensionalen stationären vertikalen Strömung wird:

$$\frac{\partial\phi}{\partial x} = 0, \frac{\partial\phi}{\partial y} = 0, \frac{\partial\phi}{\partial z} = \left(\frac{d\left(\frac{p}{\rho g}\right)}{dz} + 1\right), \; v_p = \text{konst} \tag{V.45}$$

Aus der Gl. (V.17) erhält man

$$v_p = -k_v(S)\left(\frac{d\left(\frac{p}{\rho g}\right)}{dz} + 1\right) \tag{V.46}$$

und daraus

$$\frac{d\left(\frac{p}{\rho g}\right)}{dz} = -1 - \frac{v_p}{k_v(S)} \tag{V.47}$$

mit

$$\begin{aligned} k_v(S) &= k_v\,(S_g) \quad \text{für} \quad \frac{p}{\rho g} \geq \frac{p_e}{\rho g} \\ k_v(S) &= k\left(\frac{p_c}{p_e}\right)^{-(2+3\lambda)} \quad \text{für} \quad \frac{p}{\rho g} = \frac{p_c}{\rho g} < \frac{p_e}{\rho g} \end{aligned} \tag{V.48}$$

Der erste dieser Fälle ergibt einen gesättigten Fluß und wurde schon behandelt. Im zweiten Fall ist

$$\frac{d\left(\frac{p}{\rho g}\right)}{dz} = 0 \quad \text{d.h.} \quad \frac{d\phi}{dz} = 1 \text{ für } v_p = -k_v\,(S)$$

$$-1 \leqslant \frac{d\left(\frac{p}{\rho g}\right)}{dz} < 0 \quad \text{d.h.} \quad 0 \geqslant \frac{d\phi}{dz} > 1 \text{ für } v_p > -k_v(S)$$

$$\frac{d\left(\frac{p}{\rho g}\right)}{dz} > 0 \quad \text{d.h.} \quad \frac{\partial\phi}{\partial z} > 1 \text{ für } v_p < -k_v(S)$$

Auf Grund dieser Überlegungen und nach Bestimmung der Beziehungen zwischen Sättigung, Kapillardruck und relativer Durchlässigkeit für die verschiedenen Schichten, läßt sich die Druck- und Sättigungsverteilung sowie die Durchlässigkeit ermitteln. In Abb. V.13 sind diese Verteilungen in Funktion der Tiefe für die in Abb. V.12 angegebene Parabraunerde und einer Infiltratoinsrate von $f = 5.10^{-7}$ m/s (0,043 m/*d*) dargestellt.

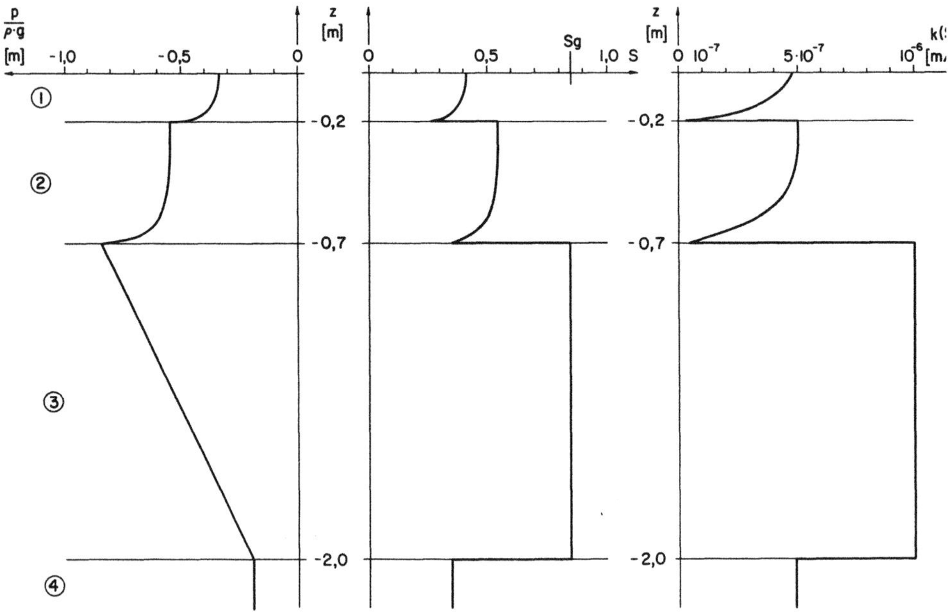

Abb. V.13. Druck- , Sättigungs- und Durchlässigkeitsverteilung in der in Abb. V.12 dargestellten Parabraun-Erde bei $f = 0{,}31\, f_g = 5 \times 10^{-7}$ m/s (0,043 m/d)

Die Anreicherungsschicht mit der kleinsten Durchlässigkeit im gesättigten Zustand bleibt auch bei der Infiltrationsrate bei Grenzsättigung und hat somit die größte effektive Durchlässigkeit. In der Schicht ist ein seitlicher Fluß dementsprechend am wahrscheinlichsten zu erwarten.

V.8 Die Strömung im Grundwasserbereich

Wasser, das in den Boden infiltriert und nicht nach kurzer Zeit als Interflow an der Oberfläche austritt oder durch die Pflanzen aufgenommen wird, dringt bis in das Grundwasser hinunter. Potentialunterschiede, die durch die Bedingungen an den Rändern der Grundwasserleiter entstehen, führen zu Strömungen dieses Wassers innerhalb der Grundwasserleiter. Die Grundwasserleiter haben in der Regel eine sehr große flächenhafte Ausdehnung im Vergleich zu ihrer Mächtigkeit. Die Strömung in diesen Leitern kann deshalb als zweidimensional betrachtet werden und die Komponente der Geschwindigkeit senkrecht zur Hauptströmungsrichtung vernachlässigt werden. Wenn die Hauptströmung keine oder nur eine geringe Krümmung aufweist, darf die Strömung als Parallelströmung behandelt werden. Es wird dann

$$z + \frac{p}{\rho g} = h = \text{konst} \qquad \text{(V.49)}$$

h ist in dem Fall der Piezometerstand, gemessen von einem frei wählbaren Horizont aus. Aus Gl. (V.49) folgt, daß die Druckverteilung in einem Querschnitt senkrecht zur Hauptströmungsrichtung hydrostatisch ist. Diese Annahmen wurden von Dupuit eingeführt. Eine Folge davon ist, daß die Geschwindigkeit

$$v = -k_H \frac{dh}{ds} \tag{V.50}$$

proportional zur Neigung der piezometrischen Fläche in Strömungsrichtung s und konstant über die ganze Mächtigkeit des Leiters d ist. In der Beziehung (V.50) ist die Durchlässigkeit k_H des Grundwasserleiters in Richtung der Strömung einzusetzen. Die Strömung ist dabei nahezu horizontal. Die pro Breiteneinheit fließende Wassermenge beträgt:

$$q = -k_H d \frac{dh}{ds} \tag{V.51}$$

und ist proportional zur *Transmissivität*

$$T_H = k_H d \tag{V.52}$$

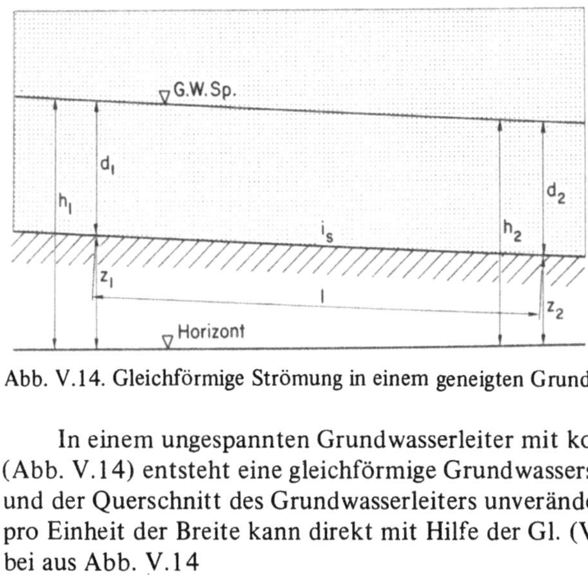

Abb. V.14. Gleichförmige Strömung in einem geneigten Grundwasserleiter ($d_1 = d_2$)

In einem ungespannten Grundwasserleiter mit konstanter Sohlenneigung i_s (Abb. V.14) entsteht eine gleichförmige Grundwasserströmung, wenn die Tiefe d und der Querschnitt des Grundwasserleiters unverändert bleiben. Die Wassermenge pro Einheit der Breite kann direkt mit Hilfe der Gl. (V.51) berechnet werden, wobei aus Abb. V.14

$$\frac{dh}{ds} = \frac{h_2 - h_1}{l} = \frac{z_2 - z_1}{l} = -i_s \tag{V.53}$$

folgt, womit

$$q = T_H \cdot i_s \tag{V.54}$$

wird.

Die Bedingungen, die zu einer gleichförmigen Strömung mit freier Oberfläche führen, sind in natürlichen Grundwasserleitern selten erfüllt. In der Regel wird die Tiefe nicht konstant sein, sodaß $d_1 \neq d_2$ sein wird und

$$\frac{dh}{ds} = \frac{h_2 - h_1}{l} = \frac{z_2 - z_1}{l} + \frac{d_2 - d_1}{l} = -i_s + \frac{d_2 - d_1}{l} \tag{V.55}$$

so, daß

$$q = \frac{T_{H1} + T_{H2}}{2} \left(i_s - \frac{d_2 - d_1}{l} \right) = \frac{T_{H1} + T_{H2}}{2} \left(\frac{h_1 - h_2}{l} \right) \tag{V.56}$$

wird.

Man erkennt daraus, daß der Durchfluß q bestimmt werden kann, wenn die Transmissivität und die Wasserstände an zwei nicht sehr weit auseinanderliegenden Punkten in Strömungsrichtung gemessen werden.

Wenn die Sohle des Grundwasserleiters horizontal ist und der Bezugshorizont auf ihrer Höhe genommen wird, wird $d = h$ in Gl. (V.51) und man erhält

$$q = -k_H \, h \frac{dh}{ds} \tag{V.57}$$

Ist die Strömung außerdem gerade, kann s durch x ersetzt werden. Da in einer stationären Strömung q konstant ist, ergibt die Differentiation dieser Gleichung

$$\frac{dh^2}{dx^2} = 0 \tag{V.58}$$

und eine zweifache Integration der letzteren:

$$h^2 = C_1 \, x + C_2 \tag{V.59}$$

Die freie Oberfläche hat die Form einer Parabel, die bestimmt werden kann, wenn die Wasserstände h_1 und h_2 an zwei Stellen x_1 und x_2 bekannt sind, womit

$$h^2 = \frac{h_2^2 - h_1^2}{x_2 - x_1} \quad x + h_1^2 \tag{V.60}$$

wird.

In einer kreissymmetrischen Strömung, wie sie z.B. bei der Grundwasserentnahme mittels Vertikalbrunnen mit dem Radius r_0 entsteht, ist

$$Q = k_H \frac{dh}{dr} \, . \, 2 \, \pi r h \tag{V.61}$$

Die Integration dieser Gleichung ergibt

$$h^2 = \frac{Q}{\pi k_H} \ln r + C \tag{V.62}$$

Die freie Oberfläche hat einen logarithmischen Verlauf. Zur Bestimmung der Integrationskonstanten C wird ein Randwert benötigt, z.B. die Wassertiefe h_0 am Brunnenrand r_0. Einsetzen in (V.62) führt zur Brunnengleichung

$$\frac{Q}{\pi k_H} = \frac{h^2 - h_0^2}{\ln (r/r_0)} \tag{V.63}$$

von Dupuit-Thiem.

Wenn der Grundwasserleiter aus Schichten der Mächtigkeit d_i und Durchlässigkeit k_{Hi}, $i = 1, \ldots, n$ besteht, muß ein mittlerer Durchlässigkeitskoeffizient berechnet werden. Da in allen Schichten das gleiche Gefälle $\frac{dh}{dx}$ wirksam ist, folgt mit $d = \sum_1^n d_i$

$$\bar{k}_H \, d \, \frac{dh}{dx} = \frac{dh}{dx} \sum_1^n k_{Hi} \, d_i$$

und daraus

$$\bar{k}_H = \frac{\sum_1^n k_{H_i} \, d_i}{d} = \frac{\sum_1^n T_{H_i}}{d} \tag{V.64}$$

Die mittlere Durchlässigkeit in horizontaler Richtung wird durch die Schicht mit der glößten Transmissivität diktiert.

V.9 Instationäre Horizontalströmung im Untergrund

Die Auffüllung eines Grundwasserleiters während einer Niederschlagsperiode sowie seine Entleerung in einer anschließenden niederschlagsfreien Periode sind Vorgänge, in welchen sich der Wasserstand h und die Durchflußmenge Q im Laufe der Zeit verändern. Solange die momentane Neigung der freien Oberfläche während dieser Veränderung klein bleibt, behält die Annahme von Dupuit ihre Gültigkeit. Eine Kontinuitätsbetrachtung über ein Prisma mit der Grundfläche $dxdy$ und der Höhe $d + h$ (Abb. V.15) ergibt

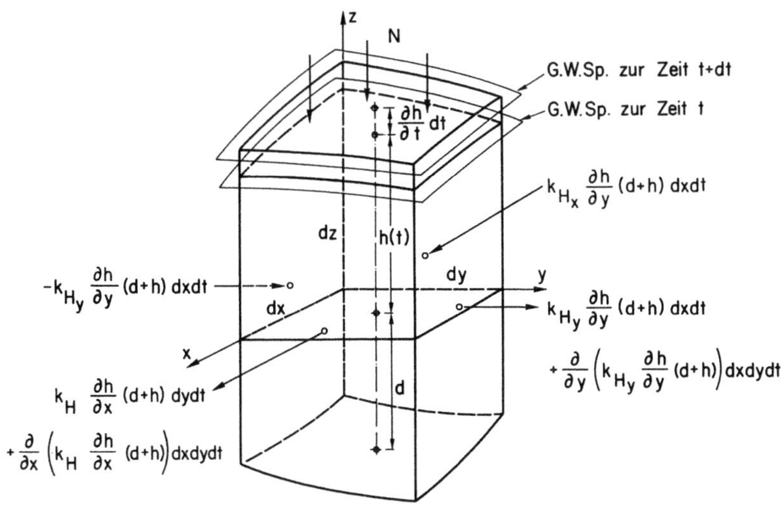

Abb. V.15. Definitions-Skizze zur Kontinuitätsbetrachtung in einer zweidimensionalen Strömung

$$n_e \frac{\partial h}{\partial t} dxdydt + Ndxdydt =$$

$$\left[\frac{\partial}{\partial x}\left(k_{H_x} (d + h) \frac{dh}{dx}\right) + \frac{\partial}{\partial y}\left(k_{H_y} (d + h) \frac{\partial h}{\partial y}\right)\right] dxdydt.$$

und nach Kürzen mit $dxdydt$

$$n_e \frac{\partial h}{\partial t} + N = \frac{\partial}{\partial x}\left(k_{H_x} (d + h) \frac{\partial h}{\partial x}\right) + \frac{\partial}{\partial x}\left(k_{H_y} (d + h) \frac{\partial h}{\partial y}\right) \qquad \text{(V.65)}$$

N ist ein vertikaler konstanter Zufluß pro Flächeneinheit. Wenn das Vorzeichen von N negativ wird, handelt es sich um eine konstante Entnahme, wie sie z.B. durch die Evapotranspiration erfolgt.

Bei der Ableitung der Gl. (V.9.1) wurde die Ebene $z = 0$ auf die Höhe der Ausflußschwelle des Grundwasserleiters gelegt. Diese Gleichung ist bekannt als Gleichung von Boussinesq [20].

Wenn der Grundwasserstauer parallel zur Ebene $z = 0$ und $h << d$ ist, sodaß h gegenüber d vernachlässigt werden kann, erhält man aus G. (V.65) mit $k_{Hx} d = T_{Hx}$ und $k_{Hy} d = T_{Hy}$

$$n_e \frac{\partial h}{\partial t} + N = T_{Hx} \frac{\partial^2 h}{\partial x^2} + T_{Hy} \frac{\partial^2 h}{\partial y^2} \qquad \text{(V.66)}$$

Die wirksame Porosität n_e ist in allen praktisch interessanten Fällen für ungespannte Grundwasserleiter identisch mit dem Speicherkoeffizienten.

Für eine eindimensionale Strömung erhält man, wenn $N = 0$ gesetzt wird,

$$\frac{n_e}{T_H}\frac{\partial h}{\partial t} = \frac{\partial^2 h}{\partial x^2} \qquad \text{(V.67)}$$

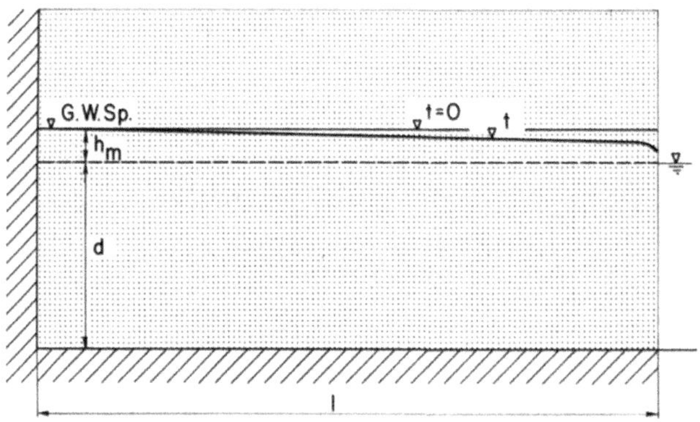

Abb. V.16. Randbedingungen des von Boussinesq behandelten Problems

Boussinesq [20] hat für den in Abb. V.16 skizzierten Fall der speisung eines Oberflächengewässers großer Tiefe durch das Grundwasser die zeitliche Änderung der pro Breiteneinheit austretenden Wassermenge berechnet:

$$q = \frac{\pi T_H}{2l} h_m e^{-\frac{\pi T_H}{4 m_e l^2} t} \qquad \text{(V.68)}$$

Der Teil des Abflusses in Oberflächengewässern, der vom Grundwasser gespeist wird, wird *Basisabfluß* genannt.

Für kreissymmetrische Brunnenströmungen muß die Gl. (V.67) in Zylinderkoordinaten geschrieben werden

$$\frac{n_e}{T_H}\frac{\partial h}{\partial t} = \frac{1}{r}\frac{\partial h}{\partial r} + \frac{\partial^2 h}{\partial r^2} \qquad \text{(V.69)}$$

Diese Gleichung bildet die Grundlage der Bestimmung der Parameter k, T_H und n_e der Grundwasserleiter nach der instationären Methode [21] [22] [23].

Literatur

1. Richard, F., Lüscher, P., Strobel, Th., Physikalische Eigenschaften von Böden der Schweiz. Sonderserie, E.A.F.V., Zürich, 1979.
2. Dracos, Th., Die Gleichungen der Strömung des Wassers in gesättigten und teilgesättigten Böden. Mitteil. E.A.F.V., Bd. 51, Jubiläumsschrift zum 60. Geburtstag von Prof. F. Richard, 121–129 (1975).
3. Earth Manual, U.S. Dep. of the Int. Bureau of Reclamation. 1960.
4. Richards, L. A., Capillary Conduction of Liquids through Porous Medium. Physics *1*, 318–333 (1931).
5. Muskat, M., The Flow of Homogeneous Fluids through Porous Media. Ann Arbor, Mich.: Edwards. 1946.

6. Bear, J., Dynamics of Fluids in Porous Media. New York: American Elsevier. 1972.
7. Polubarinova-Kochina, P. Ya., Theory of Ground Water Movement. Transl. from the Russian. Princeton University Press. 1962.
8. Aravin, V. I., Numerov, S. N., Theory of Motion of Liquids and Gases in Undeformable Porous Media. Transl. from the Russian. Israel Program for Scientific Translations, Jerusalem, 1965.
9. Schiegg, H. O., Verdrängungs-Simulation dreier, nicht mischbarer Fluide in poröser Matrix. Diss. ETH Nr. 6278, 1979.
10. Brooks, R. H., Corey, A. T., Hydraulic Properties of Porous Media. Hydrology Papers. Col. State Univ., Fort Collins, 1964.
11. Bodman, G. B., Colman, E. A., Moisture and Energy Conditions During Downward Entry of Water into Soils. Soil Sci. Soc. Amer. Proc. *8,* 116–122 (1943).
12. Colman, E. A., Bodman, G. B., Moisture and Energy Conditions During Downward Entry of Water into Soils. Soil Sci. Soc. Amer. Proc. *9,* 3–11 (1944).
13. Green, W. H., Ampt, G. A., Studies on Soil Physics. J. Agric. Sci. *IV,* 1–24 (1911).
14. Philip, J. R., Theory of Infiltration. In: Advances in Hydroscience (V. T. Chow, ed.). New York: Academic Press. 1969.
15. Kostiakov, A. N., On the Dynamics of the Coefficient of Water Percolation in Soils and the Necessity of Studying it from a Dynamic Point of View for Purposes of Amelioration. Trans. 6th Commn. Int. Soil Sci. Soc. Russian Part A, 17–21 (1932).
16. Dooge, J. C. I., Problems and Methods of Rainfall-Runoff Modelling. Proc. IBM Pisa Workshop on Mathematical Models for Surface Water Hydrology. New York: J. Wiley & Sons. 1977.
17. Horton, R. E., An Approach Towards a Physical Interpretation of Infiltration Capacity. Proc. Soil Sci. Amer. *5,* 399–417 (1940).
18. Gardner, W., Widtsoe, J. A., The Movement of Soil Moisture. Soil Sci. *11,* 215–232 (1921).
19. Musgrave, G. W., Holtan, H. N., Infiltration. Handbook of Applied Hydrology (V. T. Chow, ed.). New York: McGraw Hill. 1964.
20. Boussinesq, J., Recherches théoriques sur l'écoulement des nappes d'eau infiltrées dans le sol et sur le débit des sources. J. Math. pures appl. 5–78 (1904).
21. Theiss, C. V., The Relation Between the Lowering of the Piezometric Surface and the Rate and Duration of Discharge of a Well Using Groundwater Storage. Trans. Amer. geophys. Un. *16,* 519–524 (1935).
22. Chow, V. T., On the Determination of Transmissibility and Storage Coefficients from Pumping Test Data. Trans. Amer. geophys. Un. *33,* 397–404 (1952).
23. Cooper, H. H., Jacob, C. E., A Generalized Graphical Method for Evaluating Formation Constants and Summarizing Well-Field History. Trans. Amer. geophys. Un. *27,* 526–534 (1946).

VI. Der Abfluß und seine Bestimmung

Für den Ingenieur, der sich mit wasserwirtschaftlichen und wasserbaulichen Fragen befaßt, ist der Abfluß das wichtigste Glied der Bilanzgleichung (I.8). Es ist auch das Glied dieser Gleichung, das einigermaßen zuverlässig bestimmt werden kann. Der Grund dafür ist, daß die Abflußmenge, die durch einen bestimmten Querschnitt eines Flusses strömt, den gesamten Abfluß aus dem zugeordneten Einzugsgebiet und nicht nur eine Stichprobe desselben darstellt.

VI.1 Bestimmung des Abflusses

Eine Methode zur direkten und kontinuierlichen Mengenmessung des oberirdischen Abflusses ist noch nicht operationell verfügbar. Die Messung des Abflusses erfolgt indirekt über die Messung des Wasserstandes und dessen Umrechnung zum Abfluß. Zu dem Zweck muß durch Eichmessungen an jeder Meßstation eine Wasserstand-Abfluß-Beziehung ermittelt werden.

Wasserstandsbeobachtungen wurden schon in den Frühkulturen am Nil und in Mesopotamien durchgeführt. Grundsätzlich hat sich daran seit der Zeit nicht viel geändert.

Die Umrechnung der Wasserstände in Abflußmengen verlangt eine genügend genaue Ermittlung der Beziehung zwischen den zwei Größen über ihren ganzen Variationsbereich. Diese Beziehung sollte zudem während einer genügend langen Zeit unverändert bleiben. Um diese Anforderungen zu erfüllen, muß bei der Wahl einer Meßstelle auf folgende Punkte geachtet werden:

– Die topographischen und geologischen Bedingungen in der Umgebung der Meßstelle müssen bei allen Wasserführungen den gesamten Abfluß zu erfassen gestatten. Es darf örtlich keine unterirdische und bei Hochwasser auch keine oberirdische Umströmung der Meßstelle auftreten.

– Das Querprofil an der Meßstelle und über eine genügend lange Strecke oberhalb und unterhalb der Meßstelle sollte seine Form auch nach Hochwasserführungen nicht verändern.

– Die Meßstelle muß bei allen Wasserführungen leicht zugänglich sein. Dies ist zur Durchführung von Messungen und von Kontrollen der instrumentellen Ausrüstung der Meßstation auch unter extremen Bedingungen notwendig.

– An der Meßstation oder ihrer unmittelbaren Umgebung muß die Durchführung von Eichmessungen zur Ermittlung der Wasserstand-Abfluß-Beziehung auch bei extremen Wasserführungen möglich sein. Wenn die Eichung mittels punktförmiger Geschwindigkeitsmessungen durchgeführt wird, sollten an der Stelle, an der diese Messungen vorgenommen werden, die Stromfäden möglichst parallel verlaufen.

VI.2 Meßstationen in natürlichen Gerinnen

Die Bedingungen, die mit der Wahl einer Meßstelle verknüpft sind, verlangen eine genaue Untersuchung des Flußabschnittes, in dem eine Meßstation eingerichtet wird. Man sollte sich dabei vergewissern, daß der betreffende Flußabschnitt in Zukunft nicht durch geplante Korrektionen oder andere Eingriffe verändert wird.

Vorteilhaft für die Installation einer Meßstation sind natürliche oder an bestehenden Einbauten, wie Abstürzen oder Schwellen, vorhandene *Kontrollquerschnitte*. An solchen Querschnitten erfolgt ein Übergang vom *strömenden* Abfluß zum *schießenden* Abfluß. Dadurch haben Änderungen der Abflußverhältnisse unterhalb des Kontrollquerschnittes keinen Einfluß auf die Wasserstandsmessung oberhalb des Kontrollquerschnittes. Es ist zu beachten, daß dieser Übergang bei allen Wasserführungen stattfindet. Gemessen wird der Wasserstand in einer Entfernung von mindestens 3 – 4 mal h_{max} oberhalb des Kontrollquerschnittes.

Natürliche Kontrollquerschnitte, die diese Bedingungen erfüllen, sind selten vorhanden. Man wird deshalb meistens zur Einrichtung einer Meßstation eine *Kontrollstrecke* oder *Musterstrecke* im Fluß suchen müssen. Unter einer Kontrollstrecke versteht man eine Strecke des Flusses, in der der Abfluß nahezu gleichförmig ist, die Stromfäden möglichst parallel verlaufen und der Querschnitt des Flusses über längere Zeit unverändert blieb und voraussichtlich bleiben wird. Die Kontrollstrecke sollte aus dem Grund in Bezug auf den Geschiebetransport untersucht werden. Innerhalb dieser Strecke ist an geeigneter Stelle die Meßstation für den Wasserstand einzurichten.

Der Wasserstand kann in der Regel mit einer Genauigkeit von ca. 0,01 m gemessen werden. Aus dem Grund sollte an der Meßstelle die Wasserführung bei einer Änderung des Wasserstandes um 0,01 m nur wenig ändern.

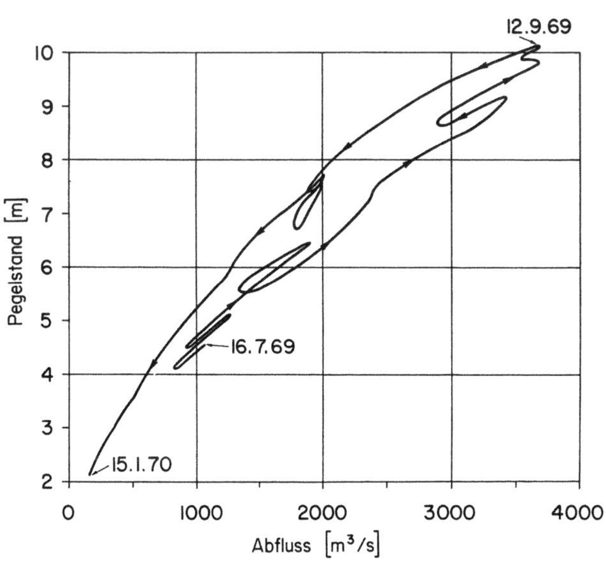

Abb. VI.1. Beispiel einer nicht eindeutigen Wasserstand-Abfluß-Beziehung, Senegalfluß bei Babel

Die Wasserstand-Abfluß-Beziehung ist in Flüssen nicht immer eindeutig. In gewissen Flüssen ist der Abfluß Q bei gleichem Wasserstand höher im ansteigenden Ast, als im fallenden Ast eines Hochwassers (Abb. VI.1). Der Grund dafür ist die größere Neigung des Wasserspiegels im ansteigenden Ast des Hochwassers.

Weitere Angaben über die Wahl des Standortes einer Abflußmeßstation in Flüssen findet man in [1] [2] [3].

VI.3 Meßstationen mit künstlichen Kontrollquerschnitten

Oft findet man im Abschnitt eines Flusses, in dem eine Abflußmessung erwünscht ist, keine geeigneten natürlichen Verhältnisse, die eine befriedigende Messung gestatten würden. In solchen Fällen und in künstlichen Kanälen werden besondere Bauwerke erstellt, die einen künstlichen Kontrollquerschnitt erzeugen und eine genaue Messung des Abflusses gestatten. Wenn solche Meßstationen genau nach den Vorschriften gebaut werden, kann auf eine Eichung verzichtet werden, obschon eine solche aus Kontrollzwecken immer zu empfehlen ist. Einschränkend ist festzuhalten, daß solche Bauwerke teuer sind und aus dem Grund nur in kleinen Flüssen, Bächen und künstlichen Kanälen gebaut werden können.

Meßstationen mit künstlichen Kontrollquerschnitten können in zwei Gruppen unterteilt werden. Eine Gruppe von Bauwerken, die die Reduktion des Durchflußquerschnittes durch eine örtliche Hebung der Sohle erzeugen und eine Gruppe von Bauwerken, die die Reduktion des Durchflußquerschnittes durch örtliche Reduktion der Breite erzeugen. Selbstverständlich kommen auch Kombinationen der zwei Arten vor.

Der Durchfluß durch einen Kontrollquerschnitt läßt sich allgemein wie folgt berechnen:

$$Q = F_k \cdot v_k \tag{VI.1}$$

mit F_k: benetzte Fläche im Kontrollquerschnitt

und $$v_k = \sqrt{g \frac{F_k}{B_k}}$$

kritische Geschwindigkeit am Kontrollquerschnitt, wobei B_k die Breite am Wasserspiegel im Kontrollquerschnitt ist.

In einem rechteckigen Profil mit der Breite b wird

$$F_k = b \cdot h_k \quad \text{und} \quad \frac{F_k}{B_k} = h_k$$

Daraus folgt:

$$H = h_k + \frac{v_k^{\,2}}{2g} = \frac{3}{2}\, h_k \tag{VI.2}$$

Einsetzen in (VI.1) ergibt:

$$Q = \frac{2}{3}\sqrt{\frac{2}{3}\, g}\; b\, H^{3/2} \tag{VI.3}$$

Diese Formel bildet die Grundlage für die Berechnung des Abflusses durch künstliche Kontrollquerschnitte mit Rechteckprofil. Analog können Formeln für andere Profilformen abgeleitet werden.

VI.3.1 Meßstationen mit örtlicher Hebung der Sohle
Überfälle mit breiter Krone

In Abb. VI.2 ist ein Überfall mit breiter Krone nach den Vorschriften der Britisch Standards Institution [4] dargestellt.

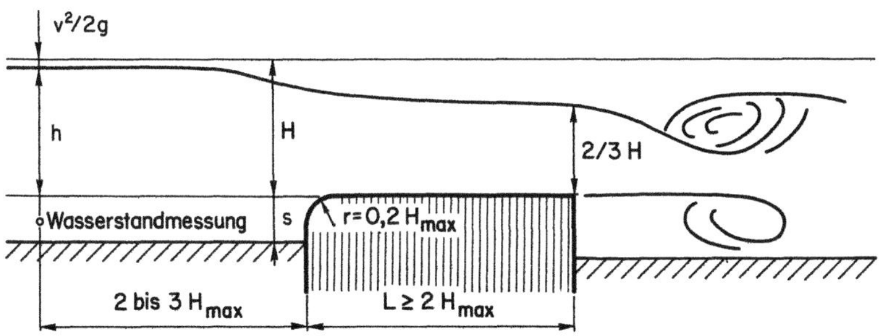

Abb. VI.2. Schema eines Meßüberfalles mit breiter Krone

Empfohlen wird s > 0,15 m, $h_{max}/s < 1,5$ m
Der Wasserstand h wird gemessen in einer Distanz von 2 bis 3 mal h_{max} Oberhalb des Überfalles. Für einen Überfall der Breite b ist

$$Q = C_v C_d \frac{2}{3} \sqrt{\frac{2}{3} g}\, b\, h^{3/2} \qquad \text{(VI.4)}$$

C_d ist ein Abflußwert, der wie folgt berechnet wird [5]:

$$C_d = [1-2x\,(L-r)/b]\,[1-x\,(L-r)/h]^{3/2} \qquad \text{(VI.5)}$$

Die Definitionen der einzelnen Größen sind aus der Abb. VI.2 zu entnehmen. Die Größe x berücksichtigt die Bildung einer Grenzschicht über den Überfallrücken und beträgt für eine gut bearbeitete Betonoberfläche $x = 0{,}005$.

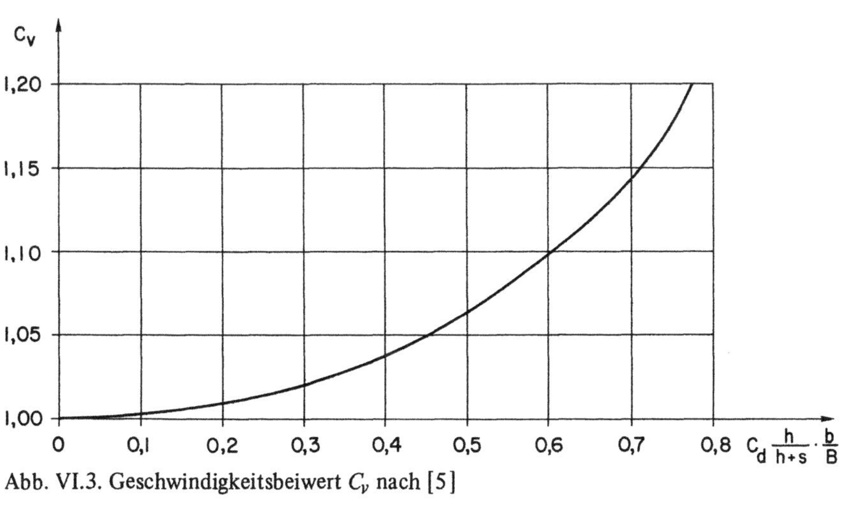

Abb. VI.3. Geschwindigkeitsbeiwert C_v nach [5]

$$C_v = \left(\frac{H}{h}\right)^{3/2}$$

ist ein Geschwindigkeitswert, der eingeführt wird, weil h anstelle von

$$H = h + \frac{v^2}{2g}$$

eingesetzt wird. C_v kann aus dem Diagramm (Abb. VI.3) entnommen werden. Im Ausdruck, der die horizontale Achse in dieser Abbildung bezeichnet, ist B die Breite des Kanals an der Stelle, an der der Wasserstand gemessen wird.

Um die Genauigkeit der Messung bei geringer Wasserführung zu verbessern, werden oft Dreiecküberfälle mit breiter Krone erstellt [5].

Dreieckschwelle „Crump“

Diese Schwelle wurde von E.S. Crump [6] entwickelt. Sie gibt gute Resultate, sowohl im freien Abfluß ($h_u/h \leq 0.67$) als auch im eingestauten Betrieb ($h_u/h > 0,67$) und erzeugt einen kleinen Rückstau. Die geometrischen Daten dieser Schwelle sind in Abb. VI.4 angegeben. Empfohlen werden s $>$ 0,05 m und h/s $<$ 3.

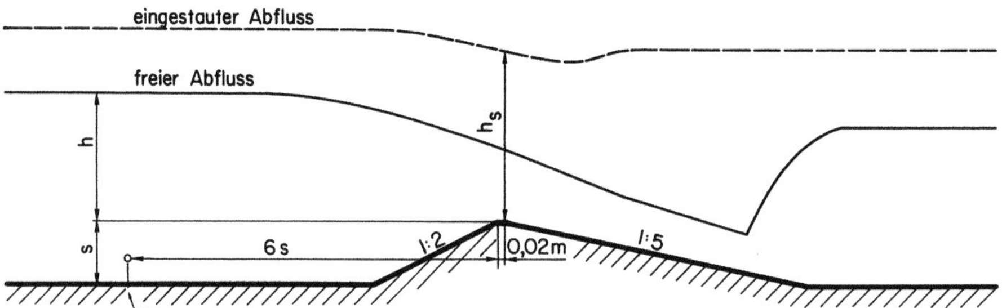

Abb. VI.4. Schema der Dreieckschwelle „Crump“

Im freien Abfluß wird die Wassermenge bestimmt mit der Formel:

$$Q = C_v C_d \sqrt{g}\, b\, h^{3/2} \qquad \text{(VI.6)}$$

$C_d = 0.635$
C_v aus dem Diagramm Abb. VI.3

Im eingestauten Betrieb ist

$$Q = f\, C_v C_d \sqrt{g}\, b\, h^{3/2} \qquad \text{(VI.7)}$$

f: Korrekturfaktor, abhängig vom Formfaktor $\frac{h}{h+s} \cdot \frac{b}{B}$ und vom Druckhöhenverhältnis h_s/h, das gemessen werden muß. f kann aus dem Diagramm Abb. VI.5 entnommen werden.

Zur Bestimmung von C_v muß im Diagramm (Abb. VI.3) als Abszisse der Wert

$$f\, C_d \frac{h}{h+s} \cdot \frac{b}{B}$$

eingesetzt werden.

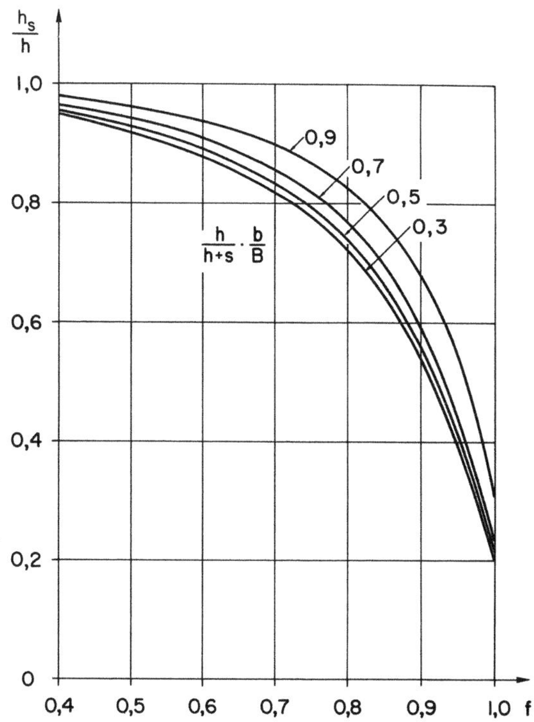

Abb. VI.5. Korrekturfaktor f für eingestauten Abfluß über eine Dreieckschwelle „Crump" [2]

Scharfkantige Rechtecküberfälle

Diese Überfälle sind sehr genau, können aber nur für die Messung relativ kleiner Wassermengen (Q_{max} ca. 5 m^3/s) eingesetzt werden. Sie sind so anzuordnen, daß im ganzen Meßbereich ein *vollkommener* Überfall entsteht. Um ein Pendeln des Wasserstrahles bei Überfällen ohne Seitenkontraktion zu verhindern, muß der Raum unter dem Strahl belüftet werden (Abb. VI.6). Die dazu benötigte Luftmenge q_a pro Meter Breite kann mit der Beziehung

$$q_a = 0{,}1 \; \frac{q}{(y_s/h)^{3/2}} \qquad \text{(VI.8)}$$

geschätzt werden. Darin ist $q = \frac{Q}{b}$ und y_s der Wasserstand unmittelbar unterhalb der Überfallwand.

Der Meßkanal muß auf eine Länge von mindestens $5 \cdot h_{max}$ bzw. $1{,}5 \cdot b$ vollständig geradlinig verlaufen. Die Kanalwände sollten senkrecht stehen und parallel zueinander sein. Die Kanalsohle muß vor der Überfallwand mindestens auf eine Länge von $3\, h_{max}$ horizontal verlaufen. Die Überfallwand soll vollständig eben sein und senkrecht zur Kanalachse stehen.

Überfälle mit *Seitenkontraktion* müssen symmetrisch angeordnet werden. Die Anordnung eines scharfkantigen Überfalles ist in Abb. VI.6 dargestellt. Die Berechnungsformel für die Überfallwassermenge lautet:

$$Q = C_d \, \frac{2}{3} \sqrt{2g} \; b \; h^{3/2} \qquad \text{(VI.9)}$$

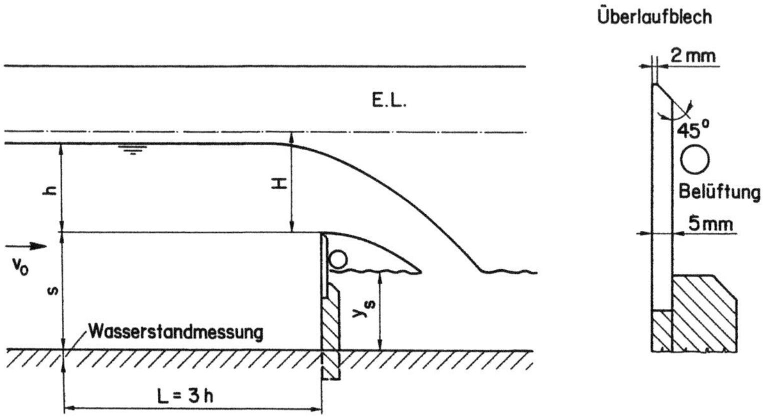

Abb. VI.6. Schematische Darstellung eines scharfkantigen Meßüberfalles

Nach Rehbock [7] ist für den Überfall ohne Kontraktion:

$$C_d = 0{,}602 + 0{,}083\ \mathrm{h/s} \qquad \text{(VI.10)}$$

Die SIA-Formeln [8] für C_d lauten:
ohne Kontraktion

$$C_d = 0{,}615\left[1 + \frac{0{,}001}{h + 0{,}0016}\right]\left[1 + 0{,}5\left(\frac{h}{h + s}\right)^2\right] \qquad \text{(VI.11)}$$

für: s $\geqslant$ 0,300 m, 0,025 m $\leqslant h \leqslant$ 0,800 m, h/s $\leqslant$ 1
mit Seitenkontraktion

$$C_d = \left[0{,}578 + 0{,}037\left(\frac{b}{B}\right)^2 + \frac{(3{,}615 - 3\,(b/B))^2\, 10^{-3}}{h + 0{,}0016}\right]\left[1 + 0{,}5\left(\frac{b}{B}\right)^4\left(\frac{h}{h + s}\right)^2\right] \qquad \text{(VI.12)}$$

für: s $\geqslant$ 0,300 m, $\dfrac{0{,}025}{b/B}$ m $\leqslant h \leqslant$ 0,800 m, h/s $\leqslant$ 1, $b/B \leqslant 0{,}3$

Scharfkantige Dreiecküberfälle

Kleine Wassermengen, $Q \leqslant 0{,}15\ \mathrm{m^3/s}$, lassen sich sehr genau mit scharfkantigen Überfällen, deren Form dreieckig ist, messen.

Die Ausbildung der Überfallkante und die Anordnung dieser Überfälle entsprechen derjenigen der Rechtecküberfälle (Abb. VI.6). Die Berechnungsformel lautet:

$$Q = \frac{8}{15}\, C_d \sqrt{2g}\ \mathrm{tg}\,\frac{\alpha}{2}\, h^{5/2} \qquad \text{(VI.13)}$$

α ist der Winkel der Überfallkante. In Gebrauch sind hauptsächlich drei Typen.

$\alpha = 90°$	$\mathrm{tg}\,\frac{\alpha}{2} = 1$	$C_d = 0{,}578$
$\alpha = 53°8'$	$\mathrm{tg}\,\frac{\alpha}{2} = \frac{1}{2}$	$C_d = 0{,}578$
$\alpha = 28°4'$	$\mathrm{tg}\,\frac{\alpha}{2} = \frac{1}{4}$	$C_d = 0{,}586$

für: $B/s = 2$, h/s $\leqslant$ 0,4, 0,05 m $\leqslant h \leqslant$ 0,60 m

VI. 3. 2 Meßstationen mit örtlicher Reduktion der Breite

Venturikanäle

Venturikanäle sind Meßanlagen, die eine seitliche Einengung des Kanals von B auf b erzeugen (Abb. VI.7). Ihre Hauptvorteile sind die geringe Aufstauhöhe

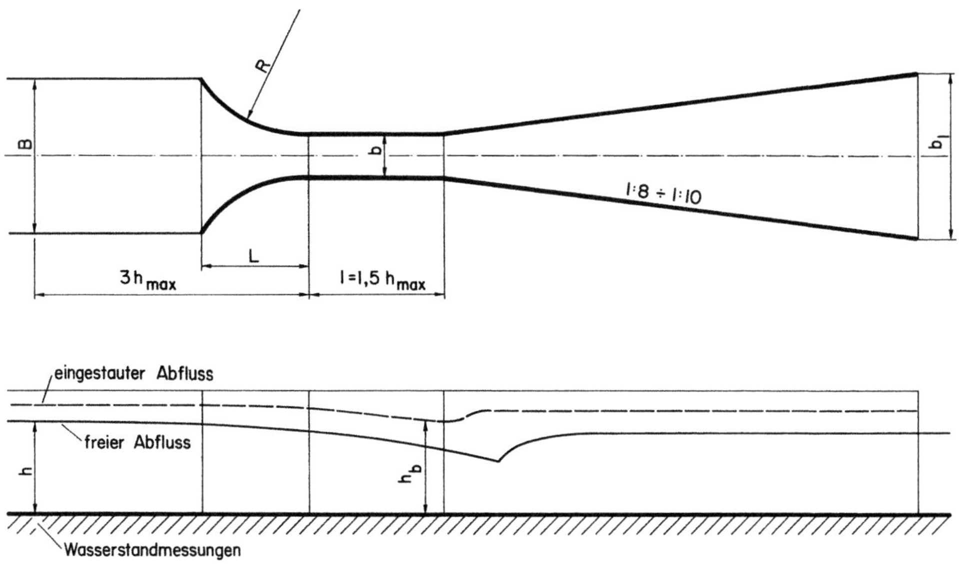

Abb. VI.7. Schema eines Venturikanals

und die fehlende Verlandungsgefahr. Sie werden deshalb mit Vorteil in geschiebeführenden Bächen gebaut. Sie können sowohl im freien Abfluß, $h_u/h \leqslant 0{,}67$, als auch im eingestauten Abfluß $h_u/h > 0{,}67$ betrieben werden. Bestimmend für die Abflußart sind die Einengung B/b, die Wassermenge Q sowie die Abflußtiefe h_u im Unterwasser.

Freier Abfluß: Unter der Annahme, daß die Stromfäden auch im eingeengten Bereich nicht stark gekrümmt sind:

$$Q = C_v C_d \frac{2}{3} \sqrt{\frac{2}{3}\, g}\; b\, h^{3/2} \tag{VI.14}$$

mit

$$C_d = \left(\frac{b}{b + 0{,}004\, \ell}\right)^{3/2} \left(\frac{h - 0{,}003\, \ell}{h}\right)^{3/2} \tag{VI.15}$$

und C_v aus dem Diagramm Abb. VI.3.

Eingestauter Abfluß: Gemessen werden die Abflußtiefen h im Oberwasser und h_b an der engsten Stelle. Die Wassermenge Q beträgt:

$$Q = C_d\, b\, h_b \sqrt{\frac{2\, g\, (h - h_b)}{1 - \mathrm{m}^2}} \tag{VI.16}$$

mit

$$C_d = 0{,}97 \text{ bis } 1{,}0, \quad \mathrm{m} = \frac{b}{B} \cdot \frac{h_b}{h}$$

Empfohlen wird:

– Einlauf als Kreisbogen mit Tangente an der schmalsten Stelle parallel zur Kanalachse $R = 2\,(B - b)$.

– Auslauf langgestreckt, wenn möglich Öffnung der Wände im Grundriß 1:8 bis 1:10.

– Einschnürungsverhältnis $0{,}3 < b/B < 0{,}5$. Kleine b/B verursachen höheren Aufstau, was günstig für die Messung kleiner Wassermengen ist. Gleichzeitig wird aber die Krümmung der Stromfäden groß und Gl. (VI.14) gibt zu kleine Werte.

– Länge des Einschnürungsteils $\ell = 1{,}5\,h_{max}$

Parshall-Kanäle

In den USA hat Parshall [9] [10] eine standardisierte Form vom Venturi-Kanal entwickelt, die eine weite Verbreitung fand. Eine schematische Darstellung dieses Kanals ist in Abb. VI.8 und die dazugehörenden Dimensionen in Tab. VI.1 angegeben.

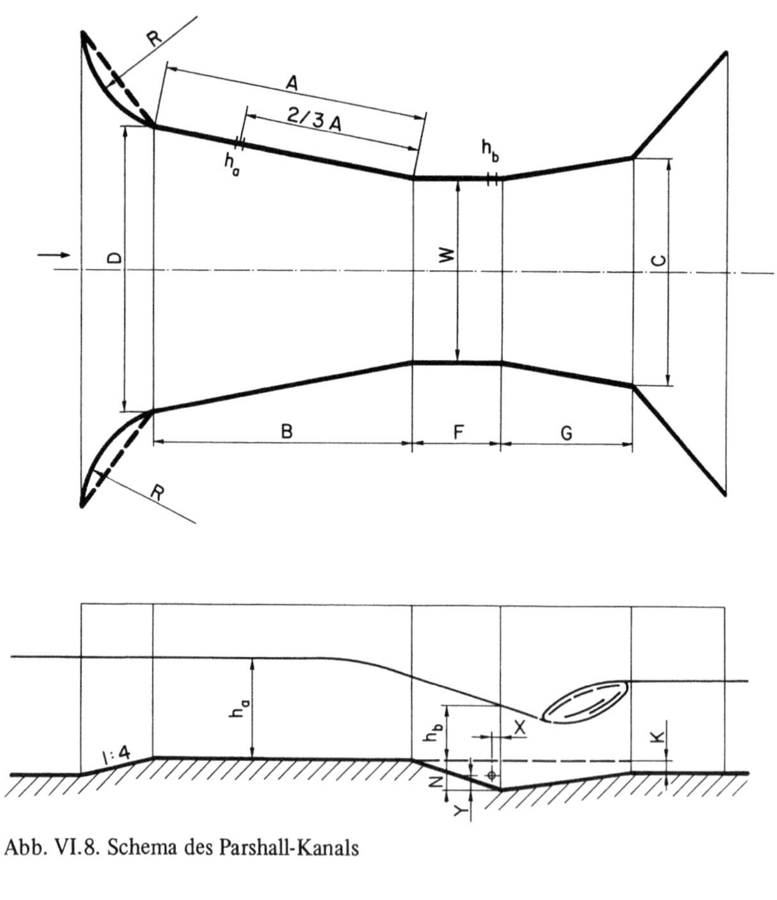

Abb. VI.8. Schema des Parshall-Kanals

Tabelle VI.1. *Dimensionen von Parshall-Kanälen* [10]

W	A	C	D	F	G	K	N	R	X	Y	Q bei freiem Abfluß	
m	m	m	m	m	m	m	m	m	m	m	Min in m^3/s	Max in m^3/s
0,305	1,372	0,610	0,844	0,610	0,914	0,076	0,229	0,508	0,051	0,076	0,003	0.46
0,457	1,448	0,762	1,025								0,004	0.70
0,610	1,524	0,914	1,206								0,012	0.94
0,914	1,676	1,219	1,572					0,508			0,017	1.40
1,219	1,829	1,524	1,937					0,610			0,037	1.90
1,524	1,981	1,829	2,302								0,045	2.40
1,829	2,134	2,134	2,667								0,075	2.90
2,134	2,286	2,438	3,032								0,085	3.50
2,438	2,438	2,743	3,397	0,610	0,914	0,076	0,229	0,610	0,051	0,076	0.100	3.95
3,048	2,743	3,658	4,756	0,914	1,829	0,152	0,339		0,229	0.305	0.170	5.65
3,658	3,048	4,470	5,607	0,914	2,438	0,152	0,339				0,230	9.90
4.572	3,505	5,588	7,620	1,219	3,048	0,229	0,457				0.230	17.00
6,096	4,267	7,315	9,144	1,829	3,658	0,305	0,686				0.280	28.00
7,620	5,029	8,941	10,668		3,962						0.450	34.00
9,144	5,791	10,566	12,313		4,267						0.450	42.50
12,192	7,315	13,818	15,481		4,877						0.560	56.50
15,240	8,839	17,272	18,519	1,829	6,096	0.305	0,686		0,229	0,305	0.700	85.00

Parshall-Kanäle werden im freien Abfluß

$$\frac{h_b}{h_a} \leqslant 0{,}67$$

oder im eingestauten Abfluß

$$\frac{h_b}{h_a} \geqslant 0{,}67$$

betrieben. Der normale Anwendungsbereich der Parshall-Kanäle liegt zwischen $W = 0{,}3$ m und $W = 2{,}5$ m. In dem Bereich gilt die Abflußbeziehung

$$Q = 0{,}37\, W \left(\frac{h_a}{0{,}3048}\right)^{1{,}57\, W^{0{,}026}} \tag{VI.17}$$

Für Parshall-Kanäle größerer Dimensionen gibt diese Formel Abflußmengen, die größer sind als die tatsächlichen. Für $W > 2{,}5$ m sollte deshalb die Formel

$$Q = (2{,}2927\, W + 0{,}47)\, h_a^{1{,}6} \tag{VI.18}$$

benutzt werden. Beide Formeln gelten für metrische Einheiten. Im eingestauten Regime beträgt der Durchfluß Q_s.

$$Q_s = Q - f \cdot Q_E \tag{VI.19}$$

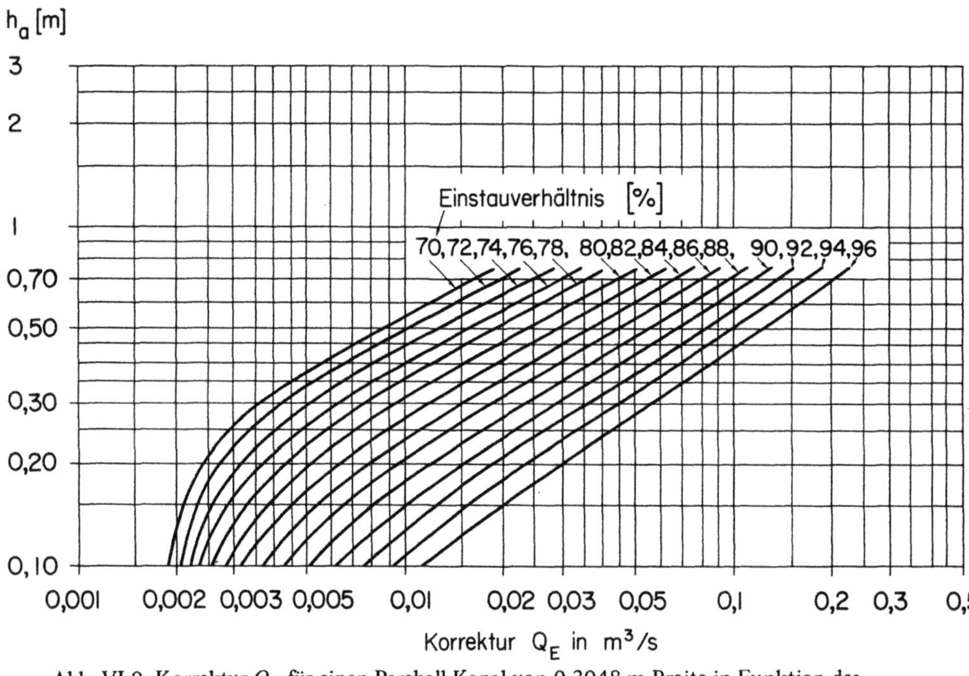

Abb. VI.9. Korrektur Q_E für einen Parshall-Kanal von 0,3048 m Breite in Funktion des Einstauverhältnisses

Q_E ist die Reduktion von Q in einem Kanal der Breite $W = 0{,}3048$ m (1 ft), bzw. in einem Kanal der Breite 3,048 m (10 ft). f ist ein Korrekturfaktor für Kanäle größerer Breiten.

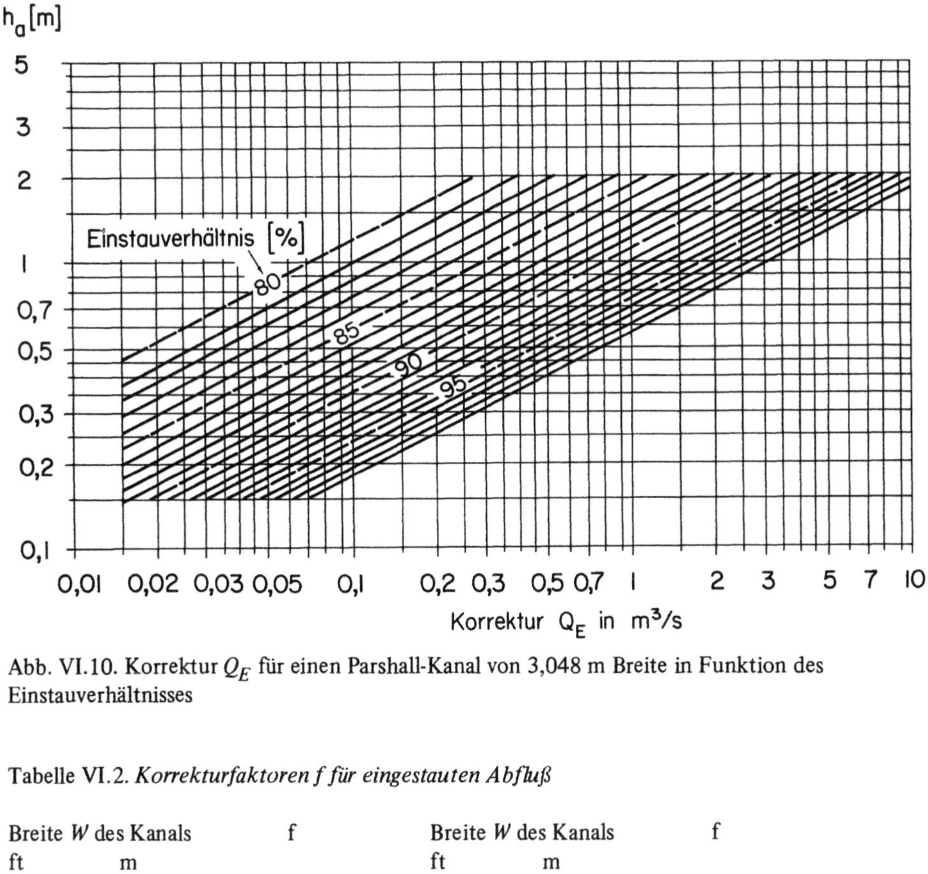

Abb. VI.10. Korrektur Q_E für einen Parshall-Kanal von 3,048 m Breite in Funktion des Einstauverhältnisses

Tabelle VI.2. *Korrekturfaktoren f für eingestauten Abfluß*

Breite *W* des Kanals ft	m	f	Breite *W* des Kanals ft	m	f
1	0,3048	1,0	10	3,048	1,0
1.5	0,4572	1,4	12	3,658	1,2
2	0,6096	1,8	15	4,572	1,5
3	0,9144	2,4	20	6,096	2,0
4	1,2191	3,1	25	7,620	2,5
5	1,5240	3,7	30	9,144	3,0
6	1,8288	4,3	40	12,192	4,0
7	2,1336	4,9	50	15,240	5,0
8	3,4384	5,4			

Q_E (0,3048) ist in Abb. VI.9 und Q_E (3,048) in Abb. VI.10 für verschiedene Einstauverhältnisse und Meßhöhen h_a angegeben. Die Korrekturfaktoren f sind in Tab. VI.2 zusammengestellt.

VI.4 Die Messung des Wasserstandes

Der Wasserstand ist die Größe, die an jeder Meßstation gemessen und wenn möglich kontinuierlich registriert werden muß.

VI.4.1 Der Lattenpegel und der Stechpegel

Das einfachste Gerät, das aber an keiner Meßstation fehlen darf, ist der Lattenpegel. Es besteht aus einer Latte, meistens aus Metall, mit Zentimetereinteilung. Beispiele solcher Einteilungen sind in Abb. VI.11 dargestellt. Die Ablesegenauigkeit eines Lattenpegels liegt bei ± 0,005 m.

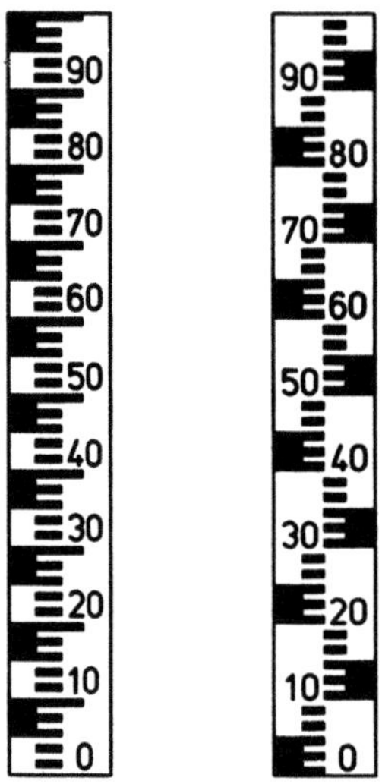

Abb. VI.11. Einteilungen von Lattenpegeln

Lattenpegel werden vertikal oder geneigt befestigt. Sie können am Ufer oder an Brückenpfeilern angebracht werden. Wenn der Wasserspiegel unruhig ist, stellt man den Pegel mit Vorteil in eine geschützte Nische oder in einen mit dem Gewässer kommunizierenden Schacht. Dadurch werden die durch die Wellen erzeugten Wasserspiegelschwankungen gedämpft.

Der Pegelnullpunkt sollte tiefer als der tiefste Wasserstand liegen und seine Höhenlage genau eingemessen werden. Bei Messungen an natürlichen oder künstlichen Kontrollquerschnitten muß die Höhenlage der Kante des Kontrollquerschnittes über dem Pegelnullpunkt genau angegeben werden.

Für genaue Wasserstandsmessungen werden *Stechpegel* benutzt. Es gibt zwei Arten von Stechpegeln (Abb. VI.12), die geraden Stechpegel und die Hakenpegel. Letztere sind nur für die Messung des Wasserstandes in ruhendem Wasser geeignet.

Die Ablesegenauigkeit der Stechpegel beträgt ± 0,001 m. Wenn der Pegel mit einem Nonius ausgerüstet wird, kann sie auf ± 0,0001 m erhöht werden.

VI.4.2 Registrierende Wasserstand-Meßgeräte

An Abfluß-Meßstationen ist eine kontinuierliche Aufnahme des Wasserstandes erwünscht. Aus dem Grund wurden registrierende Wasserstand-Meßgeräte entwickelt. Es gibt verschiedene Typen solcher Geräte. Die gebräuchlichsten sind:

Wasserstand-Meßgeräte mit Schwimmer: Der Wasserstand wird mit einem Schwimmer gemessen, welcher der Bewegung des Wasserspiegels genau folgt. Die

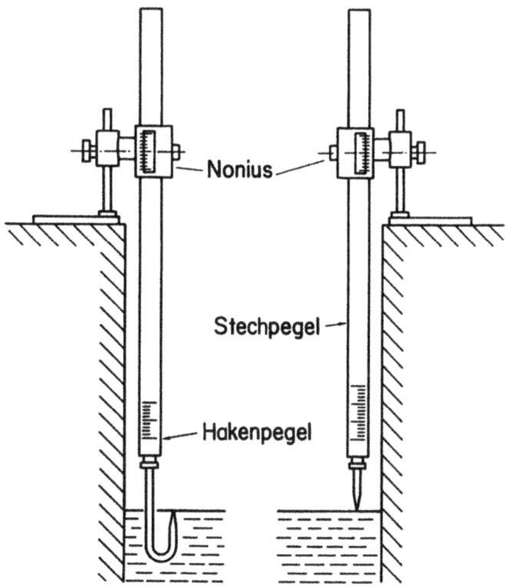

Abb. VI.12. Stechpegel

Bewegung des Schwimmers wird über ein Kabel mechanisch auf eine Feder übertragen, die diese Bewegung auf ein Papier mit geeigneter Skala schreibt. Das Papier wird auf eine Trommel gespannt, die von einem Uhrmechanismus gedreht wird. Die Geschwindigkeit, mit der die Trommel sich dreht, bestimmt den Zeitmaßstab der Aufzeichnung. Die Bewegung des Schwimmers kann auch elektrisch aufgenommen und zusammen mit einer Zeitbasis entweder analog oder digital registriert werden und, wenn erwünscht, ferngemeldet werden. Obschon das Prinzip sehr einfach ist, ist es wichtig, die Geräte auf ihre Zuverlässigkeit, Robustheit und Genauigkeit gründlich zu prüfen.

Schwimmer müssen in einen Schacht eingebaut werden. In Abb. VI.13 ist das Schema einer Schachtkonstruktion dargestellt.

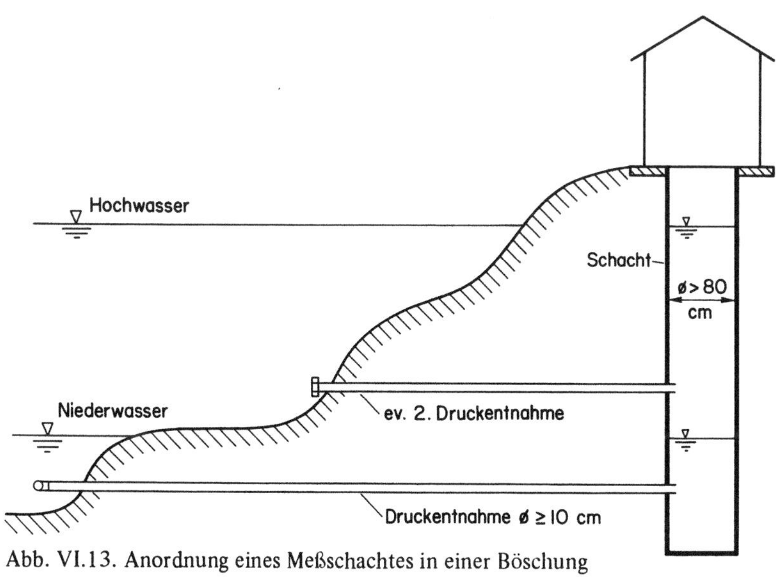

Abb. VI.13. Anordnung eines Meßschachtes in einer Böschung

In künstlichen Kontrollquerschnitten werden in der Regel die Wasserstände in Schächten gemessen. Der Schacht muß sich über den ganzen Variationsbereich des Wasserstandes erstrecken. Die Verbindung des Schachtes mit dem Fluß oder der Meßstelle in einem Bauwerk wird meistens mit einem Rohr hergestellt. Der Durchmesser des Rohres ist nicht vorgeschrieben. Empfohlen werden Rohre mit $\phi \geqslant 100$ mm. Das Flächenverhältnis des Rohres zum Schacht bestimmt die Dämpfung der durch Wellen hervorgerufenen Schwankungen des Wasserspiegels, führt aber gleichzeitig zu einer Zeitverschiebung, die nicht zu groß werden darf. Ein besonderes Augenmerk ist der Verstopfung des Rohres und dem Versanden des Schachtes zu schenken. Es ist eine Möglichkeit zur Entfernung von Ablagerungen aus dem Schacht vorzusehen. Wenn die Gefahr der Verstopfung groß ist, sollte dem Schacht ein Sandfang vorgelagert werden.

Pneumatische Wasserstandgeber: Die verbreitetsten pneumatischen Wasserstandgeber sind Geräte mit kontinuierlicher Luftzufuhr und Blasenbildung (ca. 20 Blasen pro Min.). Das Funktionsprinzip dieser Geber ist in Abb. VI.14 angegeben.

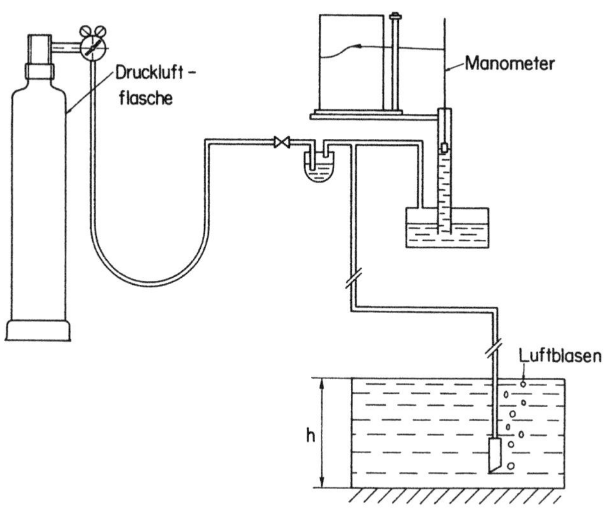

Abb. VI.14. Funktionsprinzip eines pneumatischen Wasserstandgebers mit Luftblasen

Gemessen wird der Druck, der benötigt wird, um kleine Einzelblasen aus einem Röhrchen in das Wasser austreten zu lassen, dessen Wasserstand gemessen werden soll. Dieser Druck entspricht, bis auf die vernachlässigbar kleinen Druckverluste in der Luftzuleitung, dem Wasserstand bzw. dem Druck an der Stelle, an der die Blasen ins Wasser austreten. Dieser Druck wird graphisch bzw. elektrisch analog oder digital aufgezeichnet.

Pneumatische Wasserstandgeber können direkt im Fluß oder in Schächten installiert werden. Sie haben eine Registriergenauigkeit von ca. 0,003 m bis 0,01 m. Sie lassen sich einfach installieren, benötigen aber eine leicht intensivere Wartung als die Schwimmergeräte.

VI.5 Eichmessungen

Zur Bestimmung der Beziehung zwischen Wasserstand und Abfluß sind vor allem bei natürlichen Kontrollquerschnitten und Kontrollstrecken Eichmessungen notwendig. Solche Messungen müssen für verschiedene Wasserstände durchgeführt werden, um die Wasserstand-Abflußbeziehung über den ganzen Meßbereich mit genügender Genauigkeit zu ermitteln. Die Extrapolation dieser Beziehung, sowohl gegen niedrige als auch gegen hohe Werte, sollte wenn möglich vermieden werden. Von den verschiedenen Möglichkeiten zur Durchführung solcher Messungen werden anschließend die gebräuchlichsten besprochen. Im wesentlichen handelt es sich um Verfahren, die auf der punktweisen Messung der Geschwindigkeit beruhen und um solche, in welchen direkt die Wassermenge ermittelt wird.

VI.5.1 Punktmessungen der Geschwindigkeit

Die Geschwindigkeit in Flüssen und Kanälen wird in der Regel mit Flügeln gemessen. Meßflügel bestehen aus einer drehbaren Flügelschraube, einem mechanisch oder elektrisch funktionierenden Drehzahlmesser und einer Haltevorrichtung (Abb. VI.15). Flügelschrauben werden mit verschiedenen Ganghöhen zwischen 0,05 m und 0,5 m für verschiedene Geschwindigkeitsbereiche konstruiert.

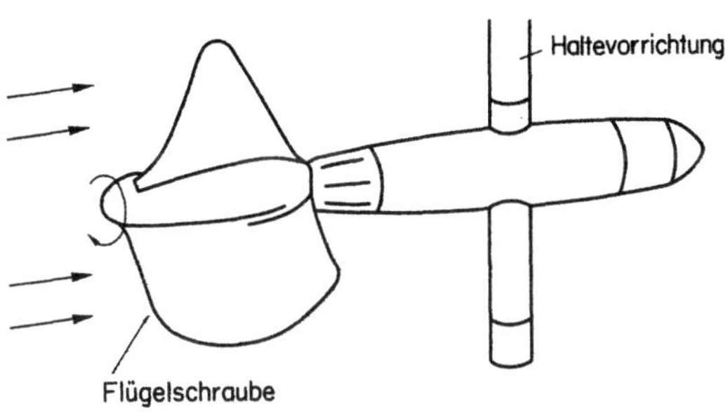

Abb. VI.15. Schema eines Meßflügels

In den Vereinigten Staaten werden oft anstelle von Schrauben rotierende Schalen-Flügel benutzt.

Im Idealfall der reibungsfreien Lagerung und keinen den Lauf der Schraube beeinflussenden hydraulischen Störungen, wäre der Zusammenhang zwischen der Drehzahl n des Flügels und der Geschwindigkeit v linear und nur von der Ganghöhe b der Schraube abhängig. Praktisch beginnt der Flügel wegen der Lagerreibung erst nach Überschreiten eines Schwellwertes a der Geschwindigkeit zu drehen, sodaß

$$v = a + bn \tag{VI.20}$$

gesetzt werden kann. Es hat sich aber gezeigt, daß auch für Geschwindigkeiten $v > a$ die Beziehung zu n nicht linear ist.

Aus dem Grund muß für jeden Flügel die Beziehung

$$v = f(n) \tag{VI.21}$$

experimentell ermittelt werden. Diese Beziehung wird in speziellen Kanälen bestimmt, in welchen der auf einem Wagen samt seiner Halteeinrichtung montierte Flügel mit konstanter Geschwindigkeit durch ruhendes Wasser gezogen wird.

Die Genauigkeit der Geschwindigkeitsmessung ist bei höheren Geschwindigkeiten größer als bei kleineren und liegt zwischen ± 1% und ± 3%.

Zur Durchführung der Messung werden die Flügel an Stangen oder fischförmigen Körpern mit Flossen befestigt. Letztere werden mit Seilwinden von Brücken, Flößen und anderen Einrichtungen abgesenkt und an die gewünschte Stelle gebracht. Permanente Meßstationen werden oft mit festen Seilanlagen ausgerüstet, die eine rasche und exakte Positionierung solcher fischförmiger Körper, an welchen der Meßflügel angebracht ist, erlauben.

VI.5.2 Ermittlung des Durchflusses aus punkteweise durchgeführten Geschwindigkeitsmessungen

Zur Bestimmung des Durchflusses muß neben der Geschwindigkeit auch die benetzte Fläche F gemessen werden. Zu dem Zweck ist eine genaue Aufnahme des Querprofils des Flusses oder Kanals an der Stelle, an der die Geschwindigkeitsmessung durchgeführt wird, vorzunehmen. Für die Bestimmungen der Anzahl N der Meßpunkte in einem Querschnitt mit der benetzten Fläche F wird empfohlen [8] folgende Beziehung zu benutzen:

$$14\sqrt{F} \leqslant N \leqslant 25\sqrt{F} \tag{VI.22}$$

Gleichzeitig sollte während der Durchführung der Geschwindigkeitsmessung der Wasserstand nicht ändern. Um diese Bedingung einigermaßen einhalten zu können, muß die Messung in einer möglichst kurzen Zeit durchgeführt werden. Oft wird aus dem Grund die Anzahl der Meßpunkte reduziert. Umgekehrt kann es bei unregelmäßiger Geschwindigkeitsverteilung notwendig werden, die Anzahl der Meßpunkte zu erhöhen.

Die Größe der vom Flügelpropeller bestrichenen Kreisfläche sollte in einem gewissen Verhältnis zur benetzten Fläche F und zur Anzahl der Meßstellen N stehen. Wenn D der Durchmesser des Propellers ist, dann sollte

$$0{,}10 \geqslant \frac{\left(\frac{\pi D^2}{4}\right)}{F/N} \tag{VI.23}$$

sein.

Gemessen wird die Geschwindigkeit in einzelnen Vertikalen. Die SIA-Norm 109 [8] empfiehlt 6 Meßpunkte pro Vertikale. Die Abstände der Meßpunkte von der Sohle, den Wänden oder Böschungen und der Oberfläche sollten möglichst klein gehalten werden. Die Abstände zwischen den Meßpunkten – sowohl in vertikaler als auch in horizontaler Richtung – sollten kleiner in der Nähe der festen Berandung und der Oberfläche, als in der Mitte des Querschnittes sein.

Vom SIA wird für rechteckige Kanalquerschnitte die in Abb. VI.16 dargestellte Anordnung der Meßpunkte empfohlen.

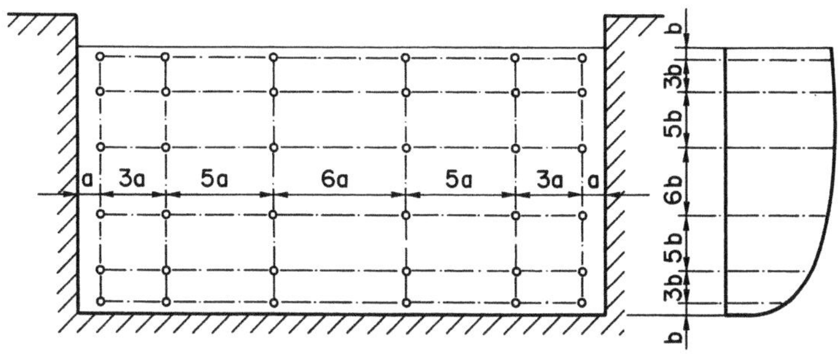

Abb. VI.16. Anordnung der Meßpunkte der Geschwindigkeit in einem Rechteckquerschnitt [8]

Bei der Anordnung der Meßpunkte läßt sich der Mittelwert $\bar{v_i}$ in der Vertikalen i wie folgt berechnen:

$$\bar{v_i} = \frac{v_1 + 2v_2 + 3v_3 + 3v_4 + 2v_5 + v_6}{12} \qquad \text{(VI.24)}$$

Die mittlere Geschwindigkeit $\bar{v}$ über den ganzen Querschnitt ist,

$$\bar{v} = \frac{\bar{v}_{\mathrm{I}} + 2\bar{v}_{\mathrm{II}} + 3\bar{v}_{\mathrm{III}} + 3\bar{v}_{\mathrm{IV}} + 2\bar{v}_{\mathrm{V}} + \bar{v}_{\mathrm{VI}}}{12} \qquad \text{(VI.25)}$$

und der Durchfluß wird

$$Q = \bar{v} \cdot F \qquad \text{(VI.26)}$$

In nicht rechteckigförmigen Querschnitten wird empfohlen, in jeder Vertikalen die Geschwindigkeit nach Möglichkeit an 6 Punkten nach dem obigen Schema zu messen.

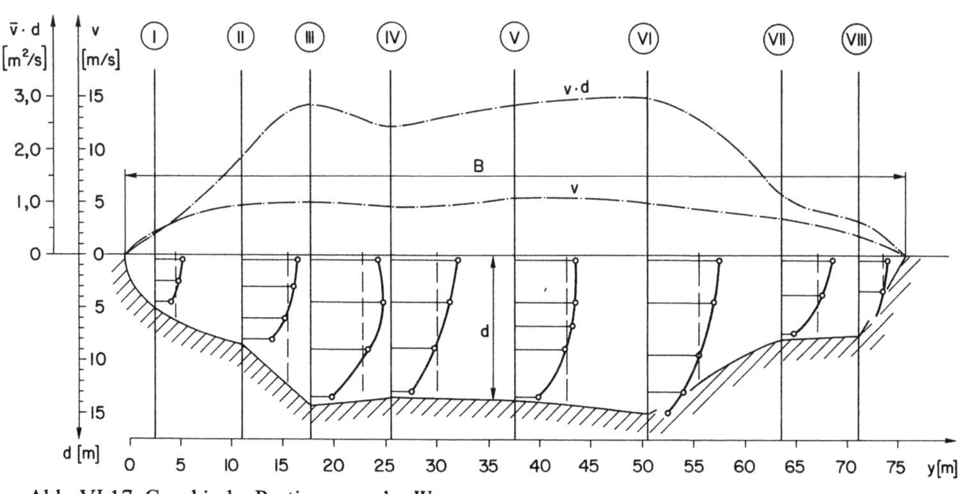

Abb. VI.17. Graphische Bestimmung der Wassermenge

Nach dem graphischen Verfahren (Abb. VI.17) kann die Wassermenge wie folgt bestimmt werden. Man zeichnet – gestützt auf die gemessenen Werte – die Geschwindigkeitsverteilungen in den einzelnen Vertikalen auf und ermittelt den Inhalt der Flächen f_i dieser Profile. Diese Flächeninhalte trägt man über die Breite B an den entsprechenden Stellen als Ordinaten auf und verbindet die so erhaltenen Punkte mit einer Linie. Der Inhalt der dadurch entstehenden Fläche ist gleich der Abflußmenge.

Wenn die Anzahl der Meßpunkte auf ein Minimum reduziert werden muß, kann man sich mit zwei Meßpunkten pro Vertikale begnügen, die in einer Tiefe von 0,2 h bzw. 0,8 h unter dem Wasserspiegel angeordnet werden müssen. Die mittlere Geschwindigkeit über der Vertikale wird gleich dem arithmetischen Mittel der zwei Meßwerte genommen und die Fläche $f_i = \bar{v}_i\, h$ gesetzt. Die weitere Konstruktion bleibt gleich.

Für die Bestimmung des Abflusses aus Einzelmessungen der Geschwindigkeit mit Hilfe elektronischer Rechenanlagen wurden geeignete Berechnungsverfahren entwickelt [2] [11].

VI.5.3 Bestimmung des Abflusses nach dem Verdünnungsverfahren

Diese Methoden werden dort angewandt, wo eine gute Durchmischung eines an einem Punkt eingeführten Markierungssroffes mit dem Wasser des Flusses erwartet wird. Dies trifft meistens in Bächen mit sehr unruhigen Abflußverhältnissen, die für Flügelmessungen ungeeignet sind, zu. Im wesentlichen unterscheidet man zwei Verfahren:

– *Das Integrationsverfahren:* An der Stelle I entlang eines Gerinnes kippt man ein bekanntes Volumen V einer Lösung eines Markierungsstoffes mit der bekannten Konzentration C_{I} in das Wasser ein. An der Stelle II, in genügend großer Entfernung von der Stelle I, werden während der Dauer T des Durchgangs der entstehenden Wolke des Markierungsstoffes in kurzen Zeitabständen Wasserproben entnommen. Im Laboratorium werden anschließend die Konzentrationen C_i des Markierungsstoffes in diesen Proben bestimmt.

Unter den Annahmen, daß

– der Abfluß Q während der Zeit T unverändert blieb,

– die Masse M des Markierungsstoffes im Flußwasser erhalten blieb (keine Absorbtion oder chemische Reaktion mit anderen Stoffen),

– eine gute Durchmischung des Markierungsstoffes mit dem Flußwasser gefunden hat, folgt

$$M = VC_{\mathrm{I}} = Q \int_0^T C_{\mathrm{II}}\, dt \tag{VI.27}$$

und daraus

$$Q = \frac{VC_{\mathrm{I}}}{\int_0^T C_{\mathrm{II}}\, dt} \tag{VI.28}$$

Beachtet man noch, daß die mittlere Konzentration $\bar{C}_{II}$ an der Stelle II

$$\bar{C}_{II} = \frac{1}{T} \int_0^T C_{II}\, dt$$

beträgt, so erhält man

$$Q = \frac{V C_I}{\bar{C}_{II} T} \tag{VI.29}$$

T muß gemessen werden und $\bar{C}_{II}$ kann aus den entnommenen Proben bestimmt werden.

– *Verfahren der kontinuierlichen Injektion:* Man führt an der Stelle I während einer genügend langen Zeit eine konstante Menge q pro Zeiteinheit einer Lösung eines Markierungsstoffes mit der Konzentration C_I ein. An der Stelle II, die genügend weit von der Stelle I entfernt ist, um eine vollständige Mischung des Markierungsstoffes mit dem Flußwasser zu gewährleisten, bleibt die Konzentration während einer bestimmten Zeit konstant gleich C_{II}.

In dem Fall gilt, wenn die ursprüngliche Konzentration des Markierungsstoffes im Flußwasser vernachlässigbar klein ist,

$$q C_I = (Q + q)\, C_{II} \tag{VI.30}$$

und für

$$C_I >> C_{II}$$

$$Q = q \frac{C_I}{C_{II}} \tag{VI.31}$$

Bei diesem Verfahren ist darauf zu achten, daß die Injektionsrate q der Lösung während der ganzen Zeit konstant bleibt, was mit einer Mariotte'schen Flasche erreicht werden kann.

In beiden Verfahren kommen als Markierungsstoffe in Frage:

a) Salze oder organische Stoffe

Diese müssen folgende Bedingungen erfüllen:

– im Wasser leicht löslich sein

– im Wasser des Flusses oder Baches nicht oder in sehr geringer Konzentration vorkommen

– sich nicht zersetzen und nicht absorbiert werden

– auch in sehr geringer Konzentration sich leicht bestimmen lassen

– nicht schädlich für die Lebewesen sein

Die wichtigsten Markierungsstoffe dieser Art sind: Kochsalz, Rodamin B und Natrium-Bichromat. Letzeres ist in größeren Konzentrationen toxisch. Weiteres über die beschriebenen Methoden findet man in [11] [12].

b) Radioaktive Markierungsstoffe

Bevorzugt werden Stoffe, die γ-Strahlen mit kurzer Halbwertzeit ausstrahlen, wie Brom-82 oder Natrium-24. In diesem Fall werden die Konzentrationen nicht durch chemische Analysen von Wasserproben, sondern durch Messung der Intensität der γ-Strahlung mittels Szintillationsrohren oder Geigerzählern bestimmt.

Das Resultat liegt sofort vor. Die Messung verlangt aber besondere Vorsichtsmaßnahmen während des Transportes und der Eingabe des Markierungsstoffes sowie den in situ Einsatz komplizierter elektronischer Meßeinrichtungen.

Die Verdünnungsverfahren setzen eine gute Durchmischung des Markierungsstoffes mit dem Flußwasser voraus. Um dies zu gewährleisten, ist der Abstand L zwischen der Eingabestelle I und der Entnahmestelle der Wasserproben II genügend groß zu wählen. Um einen Anhaltspunkt über die Länge dieser Strecken zu haben, wurden in Tab. VI.3 einige Richtwerte angegeben.

Tabelle VI.3. *Einige Richtwerte über die Mischstrecke L* [2]

Breite b	Abstand L
0 bis 10 m	50 bis 500 m
10 bis 50 m	500 bis 2500 m
50 bis 200 m	2500 bis 15000 m

Innerhalb dieser Strecke sollten keine nennenswerten, seitliche Zuflüsse auftreten.

VI.6 Direkte Durchflußmessung mit der Ultraschall-Methode

In den letzten Jahren wurden in mehreren Ländern Pilot-Meßstationen installiert, in welchen eine direkte und kontinuierliche Bestimmung des Abflusses nach der Ultraschallmethode durchgeführt wird. Diese Methode ist noch im Erprobungsstadium. Ihr Prinzip ist folgendes [13]:

An den zwei Ufern eines Flusses (Abb. VI.18) werden in gleicher Tiefe Z unter dem Wasserspiegel zwei Geber eingebaut, die gleichzeitig Schallpulse ausstrahlen und empfangen können. Die gerade Verbindungslinie zwischen den zwei Gebern hat die Länge L und bildet einen Winkel θ zwischen 30° und 60° mit der

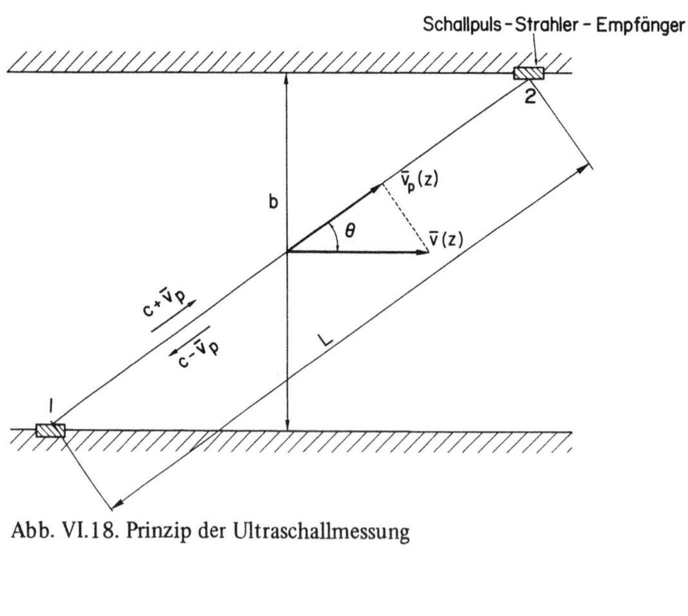

Abb. VI.18. Prinzip der Ultraschallmessung

mittleren Strömungsrichtung im Fluß. Die Zeit, die ein Schallpuls braucht, um vom Strahler 1 zum Empfänger 2 zu gelangen, ist:

$$t_1 = \frac{L}{c + \bar{v}_p\ (z)} \tag{VI.32}$$

c ist die Schallgeschwindigkeit im Wasser und $\bar{v}_p\ (z)$ die Komponente in Richtung 1–2 der mittleren Geschwindigkeit über die Breite b in der Tiefe z unter dem Wasserspiegel.
Analog erhält man

$$t_2 = \frac{L}{c - \bar{v}_p\ (z)} \tag{VI.33}$$

für die Zeit, die ein Schallpuls benötigt, um vom Punkt 2 zum Punkt 1 zu gelangen.
Aus den zwei Gleichungen folgt

$$\frac{1}{t_1} - \frac{1}{t_2} = \frac{2\,\bar{v}_p\ (z)}{L} \tag{VI.34}$$

und

$$\bar{v}_p\ (z) = \frac{L}{2}\left(\frac{1}{t_1} - \frac{1}{t_2}\right) \tag{VI.35}$$

und da $\bar{v}\,(z) = \dfrac{\bar{v}_p\ (z)}{\cos\theta}$ ist,

$$\bar{v}\,(z) = \frac{L}{2\cos\theta}\left(\frac{1}{t_1} - \frac{1}{t_2}\right) \tag{VI.36}$$

Installiert man an der Stelle 1 einen Schallstrahler, der Pulse mit der Frequenz $F_1 = \dfrac{M}{t_1}$ aussendet und an der Stelle 2 einen solchen mit der Frequenz $F_2 = \dfrac{M}{t_2}$, so erhält man die Koinzidenzfrequenz F_c als Differenz dieser Frequenzen und daraus

$$\frac{F_c}{M} = \frac{F_1 - F_2}{M} = \frac{1}{t_1} - \frac{1}{t_2} \tag{VI.37}$$

Einsetzen in (VI.5.18) ergibt:

$$\bar{v}\,(z) = \frac{L\,F_c}{2\,M\cos\theta} \tag{VI.38}$$

M ist eine Konstante, die am Gerät eingestellt werden kann, F_c wird gemessen. Die Zeit, über die v gemittelt wird, ist gleich der Zeit, die zwischen zwei Koinzidenzen verstreicht, also gleich $1/F_c$. Durch Bewegen des Systems der Geber in vertikaler Richtung erhält man die mittlere Geschwindigkeit in verschiedenen Tiefen. Multipliziert man diese Geschwindigkeiten mit den dazugehörenden Teilflächen, was elektronisch geschehen kann, so erhält man direkt den Durchfluß Q. Oft wird versucht, eine Tiefe zu finden, in der die mittlere Geschwindigkeit dem Mittel der Geschwindigkeit über dem ganzen Querschnitt entspricht. In dem Fall genügt die Multiplikation mit der benetzten Fläche, um direkt den Abfluß Q zu erhalten.

VI.7 Genauigkeit der Abflußmessungen

Wie jede Messung, ist auch die Messung des Abflusses in Gerinnen mit Fehlern behaftet. Die wichtigsten Fehlerquellen sind:

– Die nicht exakte Befolgung der Konstruktionsvorschriften der Meßbauwerke.

– Die schlechte Ausführung und Benützung qualitativ ungeeigneter Materialien für die Konstruktion der Bauwerke.

– Fehler in der Messung der Geometrie des Meßquerschnittes.

– Ungenauigkeiten in der Bestimmung des Pegelnullpunktes.

– Fehler in der Pegelmessung.

– Fehler in der Eichkurve der Meßstation bzw. in den Abflußkoeffizienten der Formeln.

Die ersten zwei Fehlerquellen können durch sorgfältige Ausführung und Qualitätskontrolle weitgehend eliminiert werden. Die übrigen Fehler sind Meßfehler, die – abgesehen von groben Fehlern – unvermeidbar sind.

Der Gesamtfehler der Abflußmessung kann geschätzt werden, wenn die einzelnen Meßfehler bekannt sind [14].

Literatur

1. Use of Weirs and Flumes in Stream Gauging. W. M. O. Nr. 280, 1971.
2. André, H., Audinet, M., Mazeran, G., Richter, C., Hydrométrie pratique des cours d'eau. Paris: Eyrolles. 1976.
3. Ackers, P., Whrite, W. R., Perkins, J. A., Harrison, A. J. M., Weirs and Flumes for Flow Measurement. London: J. Wiley & Sons. 1978.
4. British Standards Institution, Part 4 B: Methods of Measurement of Liquid Flow in Open Channels. BS 3680, BSI, London 1969.
5. Bos, M. G., Discharge Measurement Structures. Int. Inst. for Land Recl. and Improv. (ILRI), Netherlands 1976.
6. Crump, E. S., A Method of Gauging Stream Flow with Little Afflux by Means of a Submerged Weir of Triangular Profile. Proc. Inst. Civ. Eng., Part 1, *1*, 223–242 (1972).
7. Rehbock, Th., Wassermessung mit scharfkantigen Überfallwehren. V.D.I. Zeitschrift *73*, 817–823 (1929).
8. Schweiz. Ing. und Arch. Verein: Normen für Wassermessungen bei Durchführung von Abnahmeversuchen an Wasserkraftmaschinen. SIA Norm 109, 1924.
9. Parshall, R. L., Improving the Distribution of Water to Farmers by Use of the Parshall Measurement Flume. Soil Cons. Serv., Bulletin 488, U.S. Dep. of Agriculture, 1945.
10. Water Measurement Manual. U.S. Dep. of the Interior, Bureau of Reclamation, Denver 1967.
11. Int. Org. for Standardization: Liquid Flow Measurement in Open Channels. – Dilution Methods for Measurement of Steady Flow. – Constant-Rate Injection Method. ISO 555, 1973.
12. Int. Org. for Standardization: Liquid Flow Measurement in Open Channels. – Dilution Methods for Measurement of Steady Flow. Part II. Integration Method. ISO 555/II, 1974.
13. Herschy, R. W., New Methods of River Gauging. In: Facets of Hydrology (I. D. Rodda, ed.). London: J. Wiley & Sons. 1976.
14. Int. Org. for Standardization: Measurement of Fluid Flow. Estimation of Uncertainly of a Flow-Rate Measurement. ISO 5168, 1978.

VII. Einfluß des Einzugsgebietes auf die Beziehung zwischen Niederschlag und Abfluß

VII.1 Allgemeines über die Beziehung zwischen Niederschlag und Abfluß

Um den Zusammenhang zwischen Niederschlag und Abfluß zu erfassen, werden die Vorgänge im Einzugsgebiet eines Flußquerschnittes während eines Regenereignisses beschrieben. Man muß sich dabei einer vereinfachten Modellvorstellung bedienen. Hier wird die schon im ersten Kapitel eingeführte Darstellung benutzt und in Bezug auf den Einfluß der Vegetationsdecke erweitert (Abb. VII.1).

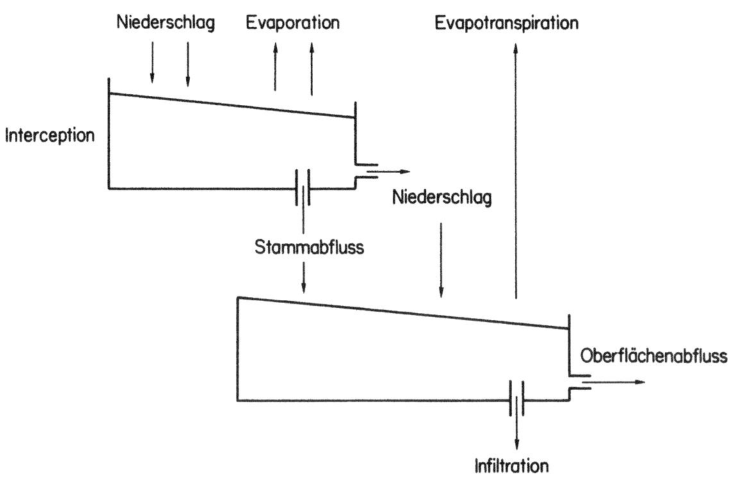

Abb. VII.1. Erweiterung des lokalen Modells des hydrologischen Kreislaufes (vgl. Abb. 1.2.)

Niederschlag, der auf eine Vegetationsdecke fällt, wird zunächst durch das Laub und die Blätter zurückgehalten. Man nennt diesen Rückhalt *Interception.* Erst wenn das Rückhaltevermögen überschritten wird, tropft das Wasser auf den Boden oder fließt entlang der Stämme oder Halme zur Bodenoberfläche. Das durch die Interception zurückgehaltene Wasser verdunstet größtenteils. Die Interception ist am Anfang eines Regens groß und nimmt mit der Zeit ab. Der Teil des Regens, der durch Interception zurückgehalten wird, steuert nichts zum Abfluß bei und muß deshalb vom Regen abgezogen werden.

Der Teil des Niederschlages, der die Bodenoberfläche erreicht, wird *wirksamer Niederschlag* genannt. Er infiltriert zum Teil im Boden oder füllt alle kleineren oder größeren Depressionen auf. Erst wenn die Depressionen gefüllt sind und solange die Niederschlagsintensität größer als die potentielle Infiltrationsrate ist, findet ein Oberflächenabfluß gegen das natürliche Drainagesystem des Einzugsgebietes statt.

Das in den Boden infiltrierte Wasser perkoliert durch den ungesättigten Bereich. Ein Teil dieses Wassers speist das Grundwasser. Ein anderer Teil tritt nach Zurücklegen kürzerer oder längerer Distanzen an die Oberfläche aus und speist den Abfluß im natürlichen Drainagesystem des Einzugsgebietes. Die Verweilzeit des infiltrierten Wassers im Boden hängt vom Aufbau der Bodenschichten und von der Dichte des natürlichen Drainagesystems ab. Künstliche Drainagesysteme üben auch ihren Einfluß aus und erhöhen den Beitrag des Bodenwassers an den Abfluß. Diese Art Abfluß wurde Interflow genannt. In der Literatur findet man auch die Bezeichnungen Zwischenabfluß, hypodermischer Abfluß oder Throughflow.

Der Grundwasserstrom ist selbstverständlich auch an diesen Vorgängen beteiligt. Einerseits wird er von einem Teil des infiltrierenden Wassers gespeist, andererseits findet eine Wechselwirkung zwischen Oberflächengewässern und Grundwasserstrom statt. Bei steigenden Pegelständen kann eine Infiltration und Alimentation des Grundwassers stattfinden. Bei fallenden Pegelständen hingegen tritt meistens Grundwasser aus, das den Abfluß speist. Der direkt vom Grundwasser abhängige Teil des Abflusses wurde in Kapitel V Basisabfluß genannt.

In Gebieten mit relativ mächtigen Bodenschichten und dichter Vegetationsdecke tritt ein Oberflächenabfluß nicht immer oder nur in begrenztem Maße auf. Der hypodermische Abfluß, d.h. der Interflow, hingegen ist hauptverantwortlich für den auf den Niederschlag rasch reagierenden Teil des Abflusses, den *Direktabfluß*. Volumenmäßig ist in solchen Gebieten, die den Verhältnissen in Mittel- und Nord-Europa entsprechen, der Basisabfluß von der gleichen Größenordnung wie der Direktabfluß (vgl. Abb. I.3 und Abb. VII.4). Die Verhältnisse sind in

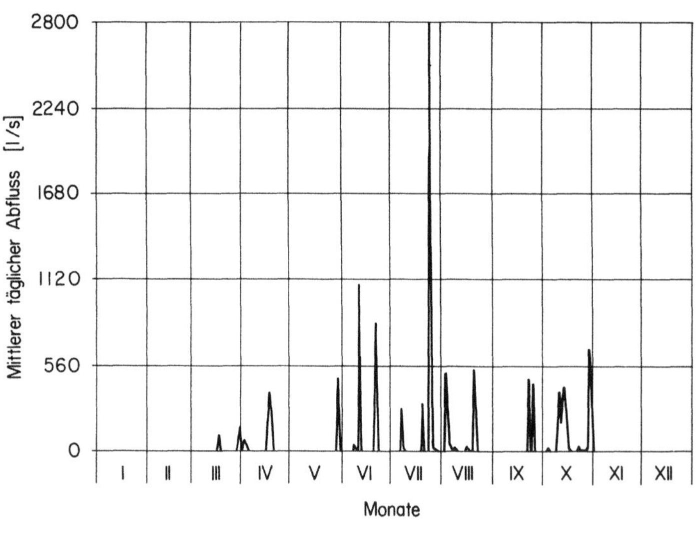

Abb. VII.2. Beispiel einer Jahresganglinie eines ephemeren Flusses. Templeton Gap Floodway in Colorado Springs, Colorado 1970. Einzugsgebiet: 22 km^2 [1]

Gebieten mit anderem Klima sehr verschieden. In diesem Zusammenhang können folgende Flußtypen unterschieden werden:

Ephemere Flüsse (Abb. VII.2), die nur bei Regen Wasser führen und keinen Basisabfluß aufweisen. Aus solchen Flüssen findet, wenn sie Wasser führen, eine Infiltration statt. Der Grundwasserspiegel liegt aber so tief, daß kein Rückfluß vom Grundwasser gegen den Fluß erfolgen kann.

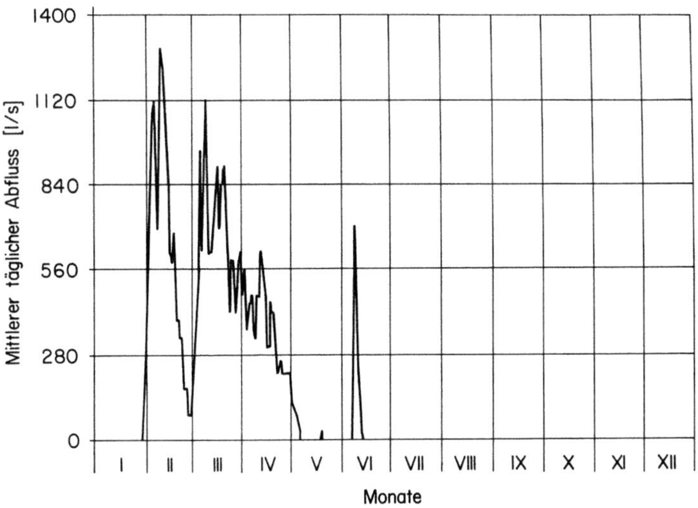

Abb. VII.3. Beispiel einer Jahresganglinie eines intermittierenden Flusses. Cherry Creek bei Melvin, Colorado 1962. Einzugsgebiet: 860 km^2 [1]

Intermittierende Flüsse (Abb. VII.3), die während der Niederschlagsperiode einen Basisabfluß aufweisen, aber in der Trockenzeit kein Wasser führen. Solche Flüsse sind im Süden Europas anzutreffen.

Perennierende Flüsse (Abb. VII.4), die das ganze Jahr Wasser führen und in welchen der Basisabfluß einen wesentlichen Teil des Abflusses bildet.

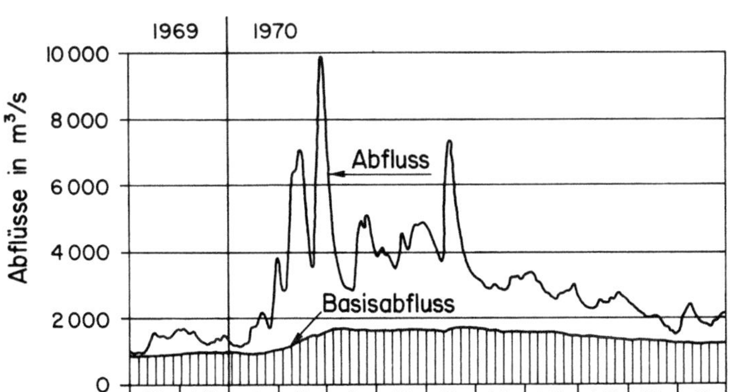

Abb. VII.4. Beispiel einer Jahresganglinie eines perennierenden Flusses. Rhein bei Lobith. Einzugsgebiet 160 ' 800 km^2 [2]

VII.2 Interception und Depressionsspeicherung

Die Interception hängt von verschiedenen Faktoren ab. Die wichtigsten sind:

- die Art und Dichte der Vegetationsdecke,
- die Art, Intensität und Dauer des Niederschlages,
- die Windverhältnisse

In Gebieten mit geschlossener Vegetationsdecke werden ca. 10–20% des Jahresniederschlages durch Interception zurückgehalten und über die Verdunstung in den Wasserkreislauf zurückgeführt.

Für ein einzelnes Regenereignis beträgt die Interception ca. 0,5–2,5 mm. Erst nach Überschreiten dieses Wertes erreicht die Intensität des wirksamen Regens angenähert diejenige des Bruttoregens. Generell kann gesagt werden, daß die Interception in Wald und Wiese von der gleichen Größenordnung ist. Nadelbäume bewirken eine höhere Interception als Laubwald. Letzterer hat vor allem im Winter eine stark reduzierte Wirkung. Die Interception wird stark durch den Wind reduziert, dafür erfolgt die Evaporation aus dem Laub rascher, sodaß der Wind bei lang andauerndem Regen keine Starke Reduktion des Interceptionsverlustes hervorruft.

Die Interception in einem kleinen Einzugsgebiet kann mit Hilfe der Diagramme Abb. VII.5 geschätzt werden [3]. Das Diagramm VII.5(a) gibt die Interception einer Baumkrone in Prozent des Monatsmittels des Regens an. Um die Interception eines bewaldeten Einzugsgebietes zu erhalten, muß man die aus dem Diagramm abgelesenen Werte mit dem Beschirmungsgrad multiplizieren.

Der Interceptionsverlust bei Schneefall wird in der Abb. VII.5 (b) in Prozent des Wasseräquivalents der total akkumulierten Schneedecke in Funktion des Beschirmungsgrades angegeben. Die zwei Geraden grenzen den Bereich ab, in dem diese Werte normalerweise liegen. Die eingezeichneten Meßwerte zeigen, daß dieser Verlust in gewissen Fällen wesentlich höher sein kann.

Die Interception ist zu Beginn eines Regens am wirksamsten. Zu Beginn eines Regens werden auch die Depressionen an der Oberfläche mit Wasser gefüllt. Das Wasser, das sich in solchen Depressionen ansammelt, verdunstet oder infiltriert im Boden.

Die in den Depressionen gespeicherte Wassermenge während eines Regenereignisses ist gleich der wirksamen Regenintensität i, minus der Infiltrationsrate f und minus der Oberflächenabflußrate a [3].

$$d = (i-f) - a \qquad \text{(VII.1)}$$

Daraus folgt

$$\frac{a}{a+d} = \frac{a}{i-f} \qquad \text{(VII.2)}$$

Dieses Verhältnis scheint einigermaßen der Beziehung

$$\frac{a}{i-f} = 1 - e^{-k\,N_e} = 1 - e^{-\frac{N_e}{S_d}} \qquad \text{(VII.3)}$$

zu genügen, wobei N_e der Netto-Niederschlag, $k = \frac{1}{S_d}$ und S_d die totale Speicherkapazität der Depressionen sind.

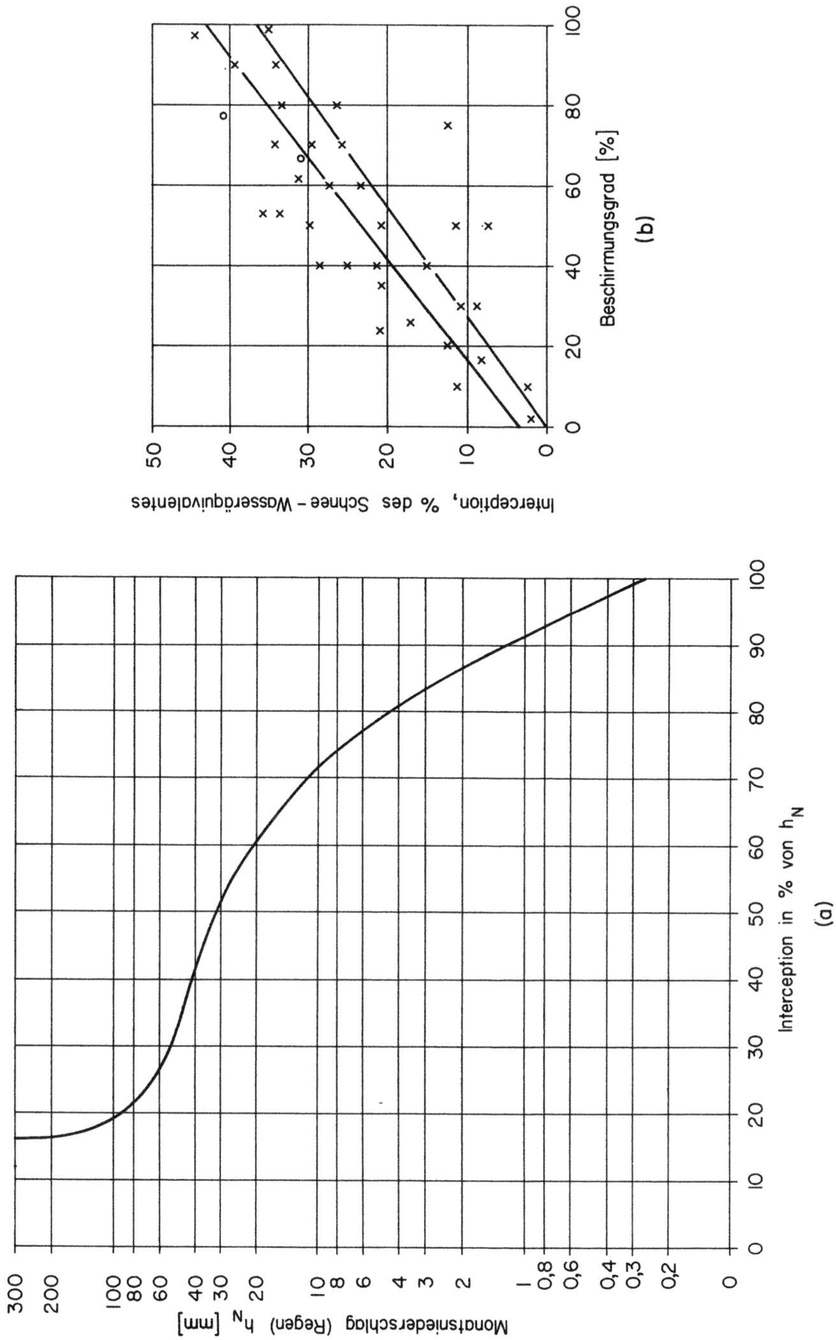

Abb. VII.5. Interceptionsverlust in kleinen bewaldeten Einzugsgebieten (a) bei Regen, (b) bei Schnee

In erster Näherung kann angenommen werden, daß die Depressionen gefüllt werden, bevor ein merklicher Oberflächenabfluß stattfinden kann.

Als Richtwerte für S_d gelten: Flächen mit Belag 1,6 mm, Rasenflächen 6,3 mm.

VII.3 Der Einfluß des Charakters des Einzugsgebietes auf den Abfluß

Der Abfluß setzt sich, wie gezeigt, im wesentlichen aus drei Komponenten zusammen:

Dem Oberflächenabfluß, dem hypodermischen Abfluß und dem Basisabfluß.

Die letzten zwei Komponenten beinhalten unterirdische Abflüsse. Da die oberirdischen und unterirdischen Wasserscheiden nicht unbedingt zusammenfallen, ist es unerläßlich, die Grenzen des ober- und unterirdischen Einzugsgebietes getrennt zu bestimmen (Abb. VII.6).

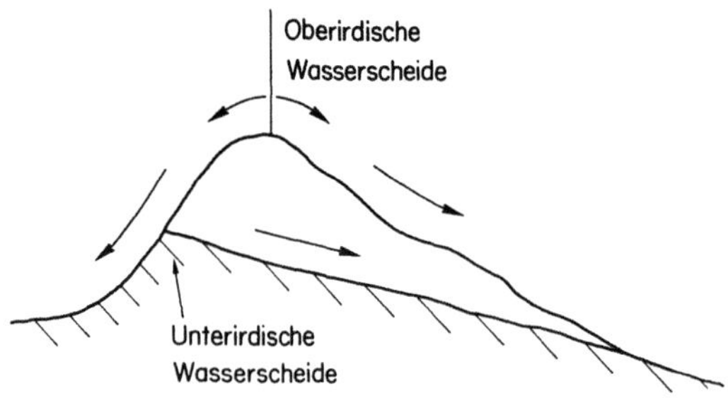

Abb. VII.6. Topographische und hydrologische Grenze eines Einzugsgebietes

Die unterirdische Wasserscheide kann bewirken, daß Niederschlag, der auf ein oberirdisches Einzugsgebiet gefallen ist, in ein benachbartes Einzugsgebiet abfließt (Abb. VII.7).

Unter der Voraussetzung, daß die Grenzen des Einzugsgebietes richtig erfaßt wurden, sind die wichtigsten Faktoren, die es charakterisieren:

a) Die Größe des Einzugsgebietes

Im allgemeinen stellt man fest, daß

– der maximale spezifische Abfluß $q_H = \dfrac{Q_H}{F_E}$ mit wachsender Größe des Einzugsgebietes abnimmt. Als Gründe dafür kann man einerseits die Zunahme der Konzentrationszeit, bzw. der Phasenverschiebung Niederschlag – Abfluß, und andererseits die Zunahme der Inhomogenität in der Verteilung der Regenintensität über das Einzugsgebiet angeben (Tab. VII.1).

– der minimale spezifische Abfluß $q_N = \dfrac{Q_N}{F_E}$ wegen der zunehmenden Speisung des Abflusses aus der unterirdischen Strömung zunimmt.

b) Die Neigung und Exposition des Einzugsgebietes

Diese können aus einer topographischen Karte ermittelt werden. Die Neigung kann in Form von Summenhäufigkeiten dargestellt werden; die Exposition in einem polaren Koordinatensystem, in dem die radiale Richtung die Häufigkeit und die azimutale Richtung die Exposition (ähnlich einer Windrose) angibt (Abb. VII.8).

Je steiler ein Einzugsgebiet ist, um so kürzer werden die Konzentrationszeiten und somit die Phasenverschiebung zwischen Niederschlag und Abfluß. Die

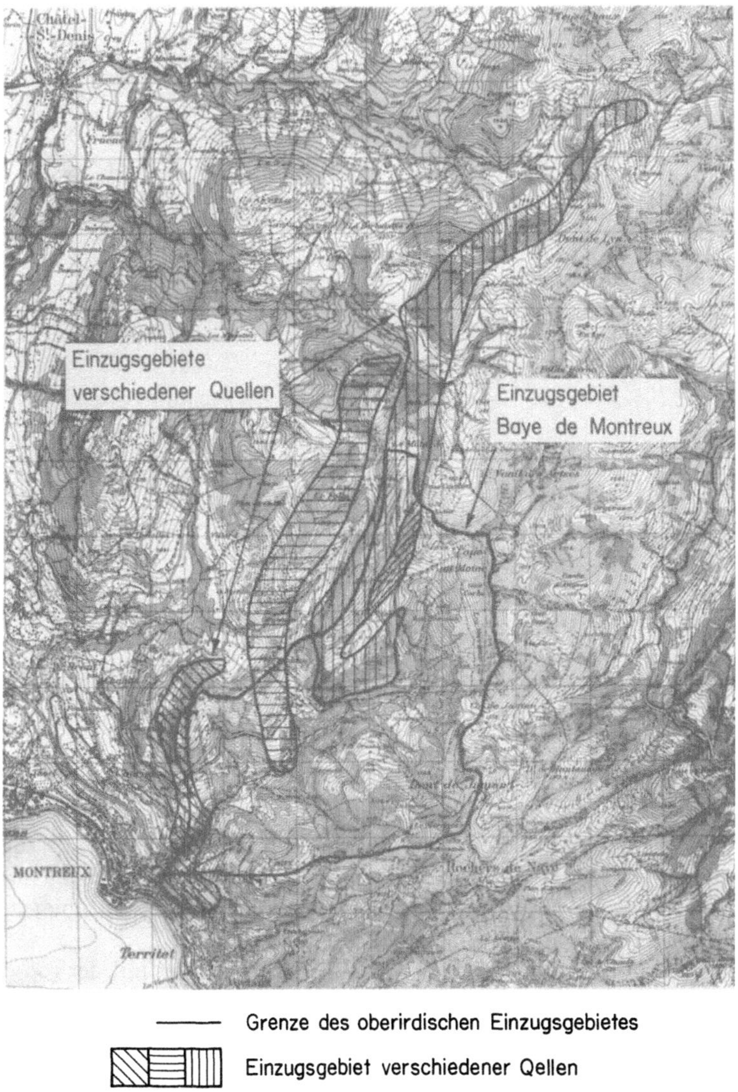

Abb. VII.7. Ober- und unterirdisches Einzugsgebiet der Baye de Montreux (Reproduziert mit Bewilligung der Eidgen. Landestopographie vom 20.7.1979)

spezifischen Abflußmaxima nehmen dementsprechend zu. Der spezifische mittlere Abfluß nimmt ebenfalls zu, weil die Infiltration reduziert wird.

Die Exposition hat auf die Niederschlagsverteilung einen Einfluß, der sich auch im Abfluß bemerkbar macht.

c) Die Höhenlage

Diese kann aus einer topographischen Karte ermittelt werden. Man teilt das Gebiet nach Höhenstufen, z.B. von 100 m, ein und bestimmt durch Planimetrieren die Flächenteile, die zwischen zwei Höhenstufen liegen, dividiert diese Flächen

Tabelle VII.1. *Abflußverhältnisse entlang des Rheins*

Rhein bei	F_E km²	h_N mm	h_E mm	h_A mm	$c = \frac{h_A}{h_N}$	$q_m = \frac{Q_m}{F_E}$ l/s · km²
Ilanz	776	1697	288	1409	0,83	44,7
Tardisbrücke	4 260	1583	494	1089	0,69	34,6
Konstanz	11 000	1376	568	908	0,66	28,8
Basel	35 929	1210	405	805	0,665	25,5
Wesel	154 528	900	475	425	0,48	13,5

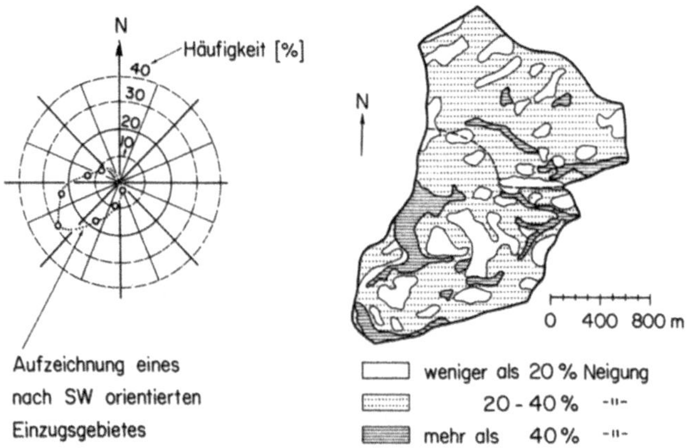

Abb. VII.8. Neigung und Exposition eines Einzugsgebietes [5], [6]

durch die totale Fläche und erhält die hypsometrische Kurve (Abb. III.13). Daraus läßt sich leicht die mittlere Höhe des Gebietes ermittlen. Diese Kurven geben einen guten Eindruck über den hypsometrischen Charakter eines Einzugsgebietes und erlauben Vergleiche mit anderen Einzugsgebieten.

Die Niederschlagshöhe – und damit auch der Abfluß – nimmt mit der geodätischen Höhe in einem Einzugsgebiet zu. Demgegenüber wirkt die Temperatur mit zunehmender Höhenlage des Einzugsgebietes abflußhemmend. Wie schon

Tabelle VII.2. *Höhenlage der 0°-Isotherme und mittlerer Temperaturgradient in den Schweizer-Alpen* [7]

	J	F	M	A	M	J	J	A	S	0	N	D
Mittlere Höhenlage 0°-Isotherme in m ü.M.	–	715	1170	1907	2560	3116	3690	3665	3350	2370	1320	–
Mittlere Temperaturabnahme in °C/100 m	0,40 min.	0,49	0,58	0,63 max.	0,62	0,60	0,56	0,51	0,48	0,46	0,44	0,40

früher gesagt, nimmt die Temperatur mit zunehmender Höhe ab. Der Temperaturgradient beträgt ca. −0,4 bis −0,6°C pro 100 m. In genügend hoch gelegenen Gebieten wird demnach die Temperatur unter 0°C fallen. Es ist deshalb wichtig, die Höhenlage der Null-Isotherme zu kennen. Für die Schweiz hat Lugeon [7] die in Tab. VII.2 zusammengestellten Werte angegeben.

Diese Werte sind selbstverständlich starken Schwankungen unterworfen. Oberhalb der Null-Isotherme fällt der Niederschlag in Schneeform, was zumindest einen temporären Rückhalt bewirkt. Der Einfluß der Temperatur wird mit zunehmender Höhenlage des Einzugsgebietes stärker.

In Gebieten, in welchen die mittlere Jahrestemperatur unter 0°C liegt, ist der Zuwachs der Schneeablagerung größer als der Abbau, d.h. die Ablation derselben. Der liegengebliebene Schnee erleidet sukzessiv eine Metamorphose, die ihn zuerst zu Firnschnee und schließlich zu Eis umwandelt. Unter der Wirkung des Eigengewichtes bewegt sich dieses Eis talabwärts und bildet die Eisströme oder Gletscher.

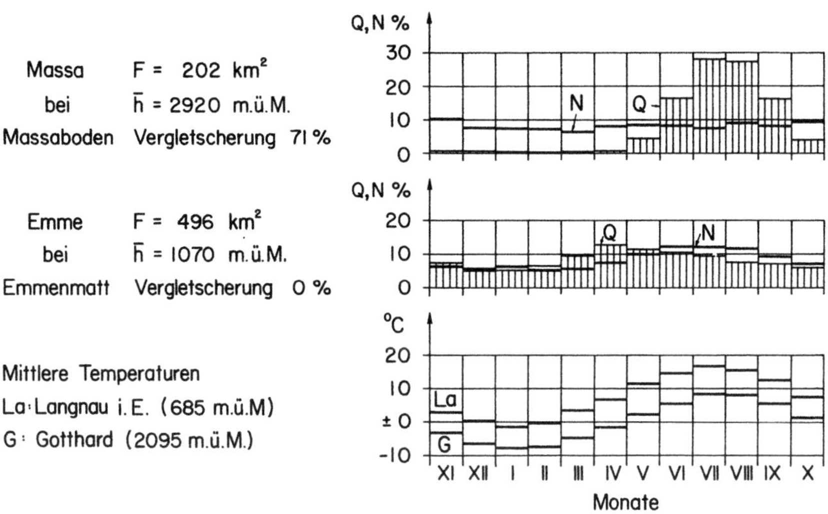

Abb. VII.9. Einfluß der Vergletscherung auf den Abflußcharakter eines Einzugsgebietes

In den Gletschern wird der Niederschlag über längere Perioden gespeichert. In stark vergletscherten Gebieten hängt der Abfluß praktisch nur vom Temperaturverlauf und nicht von der Verteilung des Niederschlages ab. Als Beispiel können die Niederschlags- und Abflußmessungen der Massa bei Massaboden (71,2% Vergletscherung) und der Emme bei Emmenmatt (keine Vergletscherung) dienen (Abb. VII.9 und Abb. VII.10). Dabei ist zu beachten, daß sich neben der Wirkung der jährlichen Temperaturschwankung auch die Schwankung des Jahresmittels der Temperatur bemerkbar macht. Diese Schwankungen haben eine lange Periode.

d) Die Form des Einzugsgebietes

Die Form des Einzugsgebietes hat einen großen Einfluß auf die Konzentrationszeit und somit auch auf die Form des Abfluß-Hydrographen, der einem Regen folgt. Am besten kann das anhand eines Beispieles demonstriert werden.

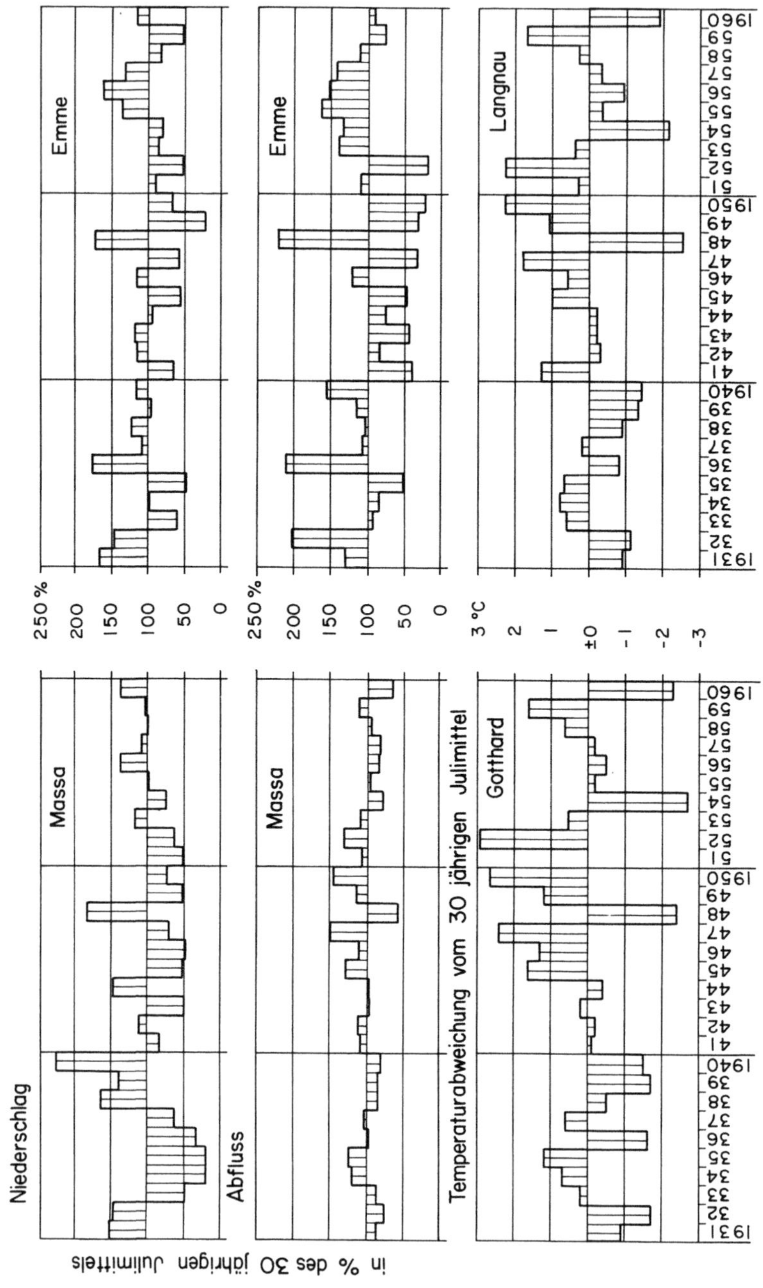

Abb. VII.10. Beziehung zwischen Abfluß, Niederschlag und Temperatur im Monat Juli in zwei Gebieten, mit bzw. ohne Gletscher

Man betrachte drei Einzugsgebiete von gleicher Größe, Neigung und Oberflächenbeschaffenheit, aber verschiedener Form (Abb. VII.11), verbinde alle Punkte, die gleiche Konzentrationszeiten aufweisen und nehme an, daß auf allen drei Gebieten ein Niederschlag von gleicher Intensität und Dauer gefallen sei. Aus den Kurven gleicher Konzentrationszeit erkennt man leicht, daß das Maximum des Abflusses im Gebiet der Form *A* nach 10 Zeiteinheiten, im Gebiet der Form *B* nach 5 Zeiteinheiten und im Gebiet der Form *C* nach 8 Zeiteinheiten auftreten wird. Die Dichte des Drainagesystems in Gebieten derselben Form und Größe verkürzt im allgemeinen die Konzentrationszeit.

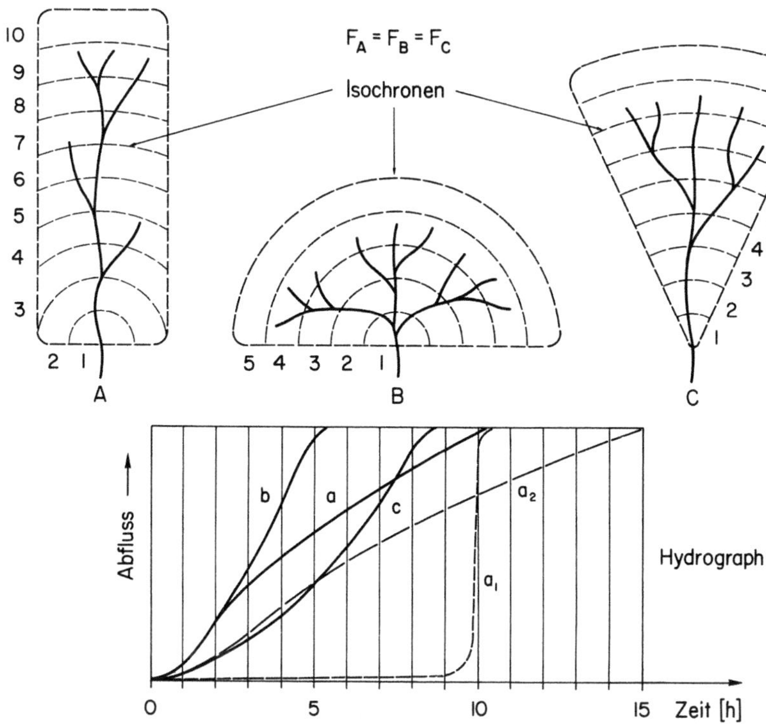

Abb. VII.11. Einfluß der Form des Einzugsgebietes auf den Hydrographen [5]

Eine bedeutende Rolle spielt auch die Richtung, in der sich der Niederschlag-Schwerpunkt bewegt. In Gebieten der Form *A* ist dieser Einfluß am ausgeprägtesten, wenn die Richtung, in der sich der Schwerpunkt des Niederschlages bewegt, mit der Längsachse des Gebietes zusammenfällt. Falls sich dieser Schwerpunkt von den höher gelegenen gegen die tieferen Regionen bewegt, erreicht das Wasser aus den verschiedenen Segmenten gleicher Konzentrationszeit das Tor

Abb. VII.12. Typische Verteilung der relativen Flächen gleicher Konzentrationszeit eines kleinen Einzugsgebietes

fast gleichzeitig. Der Abfluß hat in dem Fall einen sehr steilen zeitlichen Anstieg (Abb. VII.11: Kurve a_1). Bewegt sich hingegen der Schwerpunkt des Niederschlages in der umgekehrten Richtung, so ist der Anstieg sehr langsam (Abb. VII. 11: Kurve a_2).

Natürliche Einzugsgebiete haben im allgemeinen eine Birnenform, mit dem schmaleren Teil gegen das Tor des Einzugsgebietes. Ein Histogramm, in dem die relativen Flächen gleicher Konzentrationszeit aufgetragen werden, ist dementsprechend schief auf die Seite der höher gelegenen Regionen mit großer Konzentrationszeit (Abb. VII.12).

e) Retensionsvermögen des Einzugsgebietes

Das Retensionsvermögen des Einzugsgebietes hat einen großen Einfluß auf das Abflußregime. Von besonderer Bedeutung ist selbstverständlich die Untergrundspeicherung. M. Roche [8] gibt die in Abb. VII.13 dargestellten Abflußganglinien zweier Flüsse an, deren pluviometrisches Regime sehr ähnlich ist, deren Einzugsgebiete sich aber bezüglich ihrer Durchlässigkeit stark unterscheiden. Im allgemeinen kann gesagt werden, daß in perennierenden Flüssen das Abflußregime umso ausgeglichener ist, je durchlässiger das Einzugsgebiet ist.

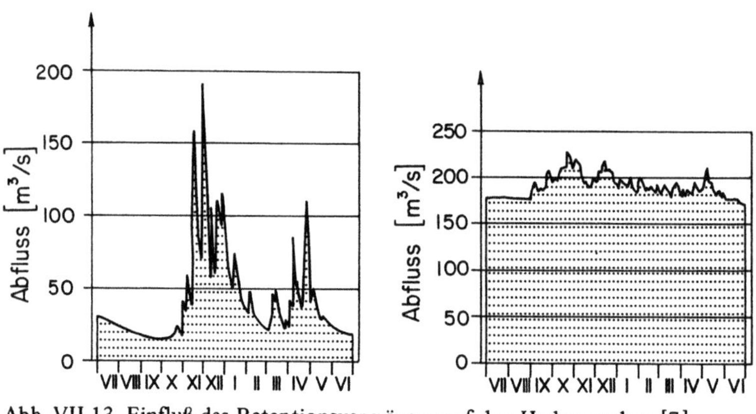

Abb. VII.13. Einfluß des Retentionsvermögens auf den Hydrographen [7]

Literatur

1. Schulz, E. F., Problems in Applied Hydrology. Fort Collins: Water Resources Publications. 1973.
2. Das Rheingebiet, hydrologische Monographie, Internationale Kommission für die Hydrologie des Rheingebietes.
3. Snow Hydrology, Report US Army, Corp. of Engrs., North Pacific Div., Portland, Oregon, 1956.
4. Viessman, W., jr., Harbaugh, T. E., Knapp, J. W., Introduction to Hydrology. New York: Intext Educational Publishers. 1972.
5. Wilson, E. M., Engineering Hydrology. London: Macmillan. 1969.
6. Keller, H., Hydrologische Beobachtungen im Flyschgebiet beim Schwarzsee (Kt. Freiburg), Eidg. Anstalt für das forstliche Versuchswesen, Mitt. Bd. 41, H. 2. 1965.
7. Lugeon, J., Le cycle des précipitations atmosphériques, Diss. No. 496, ETH Zürich. 1928.
8. Roche, M., Hydrologie de surface. Paris: Gauthier Villars. 1963.

VIII. Der Abfluß im Drainagesystem eines Einzugsgebietes

VIII. 1 Allgemeine Betrachtungen

Wo durch geologische Vorgänge eine Landmasse entsteht, setzt unter dem Einfluß der Witterung und des an der Oberfläche abfließenden Wassers die Erosion ein. Allmählich bildet sich ein Drainagesystem, das eine doppelte Funktion zu erfüllen hat. Es muß einerseits das Wasser und andererseits die Erosionsprodukte, die nicht im Einzugsgebiet abgelagert werden, d.h. das Sediment, wegtransportieren.

Im geologischen Zeitmaßstab entwickelt sich das Drainagesystem rasch. Es kann sich zudem im Zeitraum von einigen 10 000 Jahren, etwa unter dem Einfluß von Klimaschwankungen (z.B. Eiszeiten), stark verändern.

Im historischen Zeitmaßstab hingegen erscheinen diese Vorgänge als quasi stationäre Gleichgewichtszustände. Während dieser Zeit erfolgt ein im Mittel „stationärer" Transport der anfallenden Sedimentfracht bei einer im gleichen Sinn „stationär" bleibenden Abflußmenge und Abflußgeschwindigkeit. Die im historischen Zeitmaßstab stationär erscheinenden, in der Tat aber einer Evolution unterworfenen Vorgänge werden durch natürliche Ereignisse und zivilisatorische Eingriffe (Erdbeben, hervorgerufen durch tektonische Bewegungen der Erdkruste, Erdrutsche, Veränderungen der Vegetationsdecke, Bau von Speicheranlagen, Flußkorrektionen, Übernutzung des Bodens, u.a.) unterbrochen. Das Gleichgewicht zwischen Sedimentproduktion im Einzugsgebiet und Transportkapazität des Drainagesystems des Einzugsgebietes wird dadurch gestört. Das Drainagesystem kann als Folge davon in eine rasche Veränderungsphase eintreten, bis sich ein neuer quasi-stationärer Gleichgewichtszustand eingestellt hat.

Zwischen der Produktionsrate des Sedimentes und der Dichte des Drainagesystems besteht ein enger Zusammenhang. Je größer die Sedimentproduktion ist, umso dichter wird in der Regel das Drainagesystem des Einzugsgebietes, um seine Transportkapazität zu erhöhen. Die Erosion und somit auch die Sedimentproduktion ist groß in steilen Gebieten, in Gebieten mit spärlicher Vegetation sowie in Gebieten mit „schwachen" und/oder schlecht durchlässigen Untergrundformationen. Die auf die Flächeneinheit bezogene Sedimentfracht, die ein Einzugsgebiet verläßt, nimmt normalerweise mit zunehmender Größe des Einzugsgebietes ab. Messungen an über 1000 Einzugsgebieten in verschiedenen Gegenden der USA [1] haben diese Feststellung bestätigt (Tab. VIII.1).

Die mittlere Korngröße der Sedimente nimmt mit der Transportdistanz ab. Ebenso nimmt auch das mittlere Sohlengefälle in einem natürlichen Gerinne mit der Distanz von seinem Ursprung ab. Alle diese Vorgänge beeinflussen den Abfluß im Drainagesystem eines Einzugsgebietes.

Tabelle VIII.1. *Mittlere Sedimentproduktionsrate in Funktion der Größe der Einzugsgebiete in den USA*

Größe des Einzugsgebietes in km^2	Anzahl Einzugsgebiete	Mittlere Sedimentproduktionsrate in m^3/km^2 und J.
unter 26	650	1810
26 – 260	205	762
260 – 2600	123	481
über 2600	118	238

VIII.2 Die Berechnung des Abflusses in natürlichen Gerinnen

Für gleichförmige Strömungen in natürlichen Gerinnen kann bei bekannter Abflußtiefe die Durchflußmenge Q mit Hilfe der Kontinuitätsgleichung

$$Q = \bar{v} F \tag{VIII.1}$$

und einer Geschwindigkeitsformel der Art

$$\bar{v} = C J^{\alpha} R^{\beta} \tag{VIII.2}$$

berechnet werden.

Darin bedeuten:

$\bar{v}$ die über den Querschnitt des Gerinnes gemittelte Geschwindigkeit

J das Energieliniengefälle, das bei gleichförmiger Gerinneströmung gleich dem Sohlengefälle ist

$R = \frac{F}{P}$ den hydraulischen Radius, gleich der benetzten Fläche F dividiert durch den benetzten Umfang P

C einen Reibungskoeffizienten.

Für $\alpha = \beta = \frac{1}{2}$ ist diese Formel als Formel von Chezy bekannt. In dem Fall kann nach Darcy-Weisbach

$$C = \sqrt{\frac{8g}{\lambda}} \tag{VIII.3}$$

gesetzt werden, wobei λ ein dimensionsloser Reibungsbeiwert ist. Dieser Beiwert wurde für Rohrleitungen von Colebrook [2] angegeben. Er kann für offene Gerinne übernommen werden, wenn an Stelle des Durchmessers der Rohrleitung D in der Formel von Colebrook $4\,R$ gesetzt wird.

$$\frac{1}{\sqrt{\lambda}} = -\,2 \log\left(\frac{k_s}{14{,}83\,R} + \frac{0{,}63}{\sqrt{\lambda}} \cdot \frac{\nu}{R\,\bar{v}}\right) \tag{VIII.4}$$

k_s ist die äquivalente Sandrauhigkeit nach Nikuradse [3]. An ihrer Stelle wird meistens der maßgebende Korndurchmesser d_M des im Flußbett vorkommenden Sedimentes eingeführt.

Im rauhen Bereich wird λ unabhängig von der Reynolds-Zahl $Re = \frac{R\bar{v}}{\nu}$.
Keulegan [4] hat für breite Gerinne mit rauher Sohle für die mittlere Geschwindigkeit $\bar{v}$

$$\frac{\bar{v}}{v_T} = \frac{2,3}{\kappa} \log\left(\frac{12,2R}{d_M}\right) \tag{VIII.5}$$

und für die Geschwindigkeitsverteilung

$$\frac{v\,(y)}{v_T} = \frac{2,3}{\kappa} \log\left(\frac{30,2 \cdot y}{h}\right) \tag{VIII.6}$$

angegeben, wobei h die Abflußtiefe, v_T die Schubspannungsgeschwindigkeit

$$v_T = \sqrt{\frac{\tau_0}{\rho}} \tag{VIII.7}$$

und $\kappa = 0,4$ die v. Karman'sche Konstante sind. Die Wandschubspannung in einem Gerinne ist gleich der Gewichtskomponente des Wassers in Strömungsrichtung pro Längeneinheit $\rho \cdot g \cdot J \cdot F$ dividiert durch den benetzten Umfang P,

$$\tau_0 = \rho \cdot g \cdot J \cdot R \tag{VIII.8}$$

Nach Keulegan ist ferner

$$\frac{1}{\sqrt{\lambda}} = 2 \log\left(\frac{12,62 \cdot R}{d_M}\right) \tag{VIII.9}$$

Für die Berechnung der mittleren Geschwindigkeit im rauhen Bereich eignet sich besonders gut die Formel von Strickler [5]

$$\bar{v} = k\, J^{1/2}\, R^{2/3} \tag{VIII.10}$$

mit

$$k = \frac{26}{\sqrt[6]{d_M}} \tag{VIII.11}$$

d_M in m, k in $m^{1/3}\ s^{-1}$

In Flüssen mit natürlicher Pflästerung ist $d_M = d_{60}$, d.h. gleich der Korngröße,bei der 60% der Masse des Materials der Pflästerung gleich oder feiner ist. Wird hingegen die Kornverteilung des anstehenden Materials des Flußbettes unter der Pflästerung genommen, dann ist für d_M d_{90} einzusetzen.

Stricklers k und C in Formel (VIII.2) hängen wie folgt zusammen:

$$C = k \cdot R^{1/6} = 26 \cdot \left(\frac{R}{d_M}\right)^{1/6} \tag{VIII.12}$$

Aus (VIII.2), (VIII.3) und (VIII.12) folgt auch

$$\frac{\bar{v}}{v_T} = \frac{C}{\sqrt{g}} = \sqrt{\frac{8}{\lambda}} = \frac{26}{\sqrt{g}} \left(\frac{R}{d_M}\right)^{1/6} \tag{VIII.13}$$

Alle diese Beziehungen gelten für breite Gerinne mit ebener Sohle ohne Sedimenttransport und mit gleicher Rauhigkeit über den ganzen benetzten Umfang.

VIII.3 Berücksichtigung einer unterschiedlichen Rauhigkeit in der Abflußbeziehung

In natürlichen Gerinnen haben die Böschungen meistens eine andere Rauhigkeit als die Sohle. Einstein [6] hat eine Methode zur Berechnung eines mittleren Rauhigkeitskoeffizienten eines Gerinnes angegeben, das entlang des benetzten Umfanges abschnittsweise verschiedene Rauhigkeiten aufweist. Diese Methode beruht auf folgenden Annahmen (Abb. VIII.1)

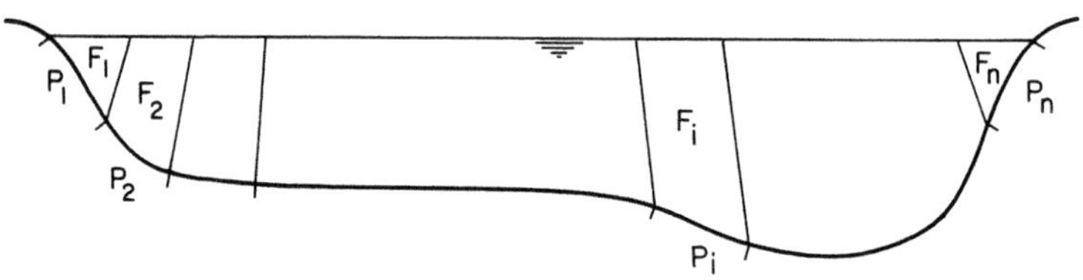

Abb. VIII.1. Definitionsskizze zur Berechnung des mittleren Reibungsbeiwertes nach Einstein

$$\bar{v}_1 = \bar{v}_2 = \ldots = \bar{v}_n = \bar{v} \qquad \text{(VIII.14)}$$

$$J_1 = J_2 = \ldots = J_n = J \qquad \text{(VIII.15)}$$

Einsetzen von (VIII.2) in (VIII.14) unter Berücksichtigung von (VIII.15) ergibt

$$C_1\left(\frac{F_1}{P_1}\right)^{\beta} = C_2\left(\frac{F_2}{P_2}\right)^{\beta} = \ldots = C_n\left(\frac{F_n}{P_n}\right)^{\beta} = C\left(\frac{F}{P}\right)^{\beta} \qquad \text{(VIII.16)}$$

mit

$$F = \sum_1^n F_i \text{ und } P = \sum_1^n P_i \qquad \text{(VIII.17)}$$

daraus folgt

$$F_i = \left(\frac{C}{C_i}\right)^{1/\beta} \cdot F \cdot \frac{P_i}{P}, \; i = 1, 2, \ldots, n \qquad \text{(VIII.18)}$$

$$\sum_{i=1}^{n} F_i = C^{1/\beta} \frac{F}{P} \sum_{i=1}^{n} \frac{P_i}{C_i^{1/\beta}}$$

oder

$$C = \frac{P^{\beta}}{\left\{\sum_{i=1}^{n} \frac{P_i}{C_i^{1/\beta}}\right\}^{\beta}} \qquad \text{(VIII.19)}$$

Ist C und alle C_i bis auf eines bekannt, so kann daraus das unbekannte C_k berechnet werden:

$$C_k = \frac{P_k{}^{\beta}}{\left\{\frac{P}{C^{1/\beta}} - \sum_{i=1}^{k-1} \frac{P_i}{C_i^{1/\beta}}\right\}^{\beta}} \qquad k=n \qquad \text{(VIII.20)}$$

Mit $\beta = \frac{1}{2}$ und $C = \sqrt{\frac{8g}{\lambda}}$ erhält man aus (VIII.18) und (VIII.19)

$$F_i = F \frac{\lambda_i}{\lambda} \cdot \frac{P_i}{P} \frac{P_i}{P} \quad \text{und} \quad \lambda = \frac{\sum_{i=1}^{n} (P_i \lambda_i)}{P} \qquad \text{(VIII.21)}$$

Die Formel von Strickler hingegen ergibt

$$F_i = F \left(\frac{k}{k_i}\right)^{3/2} \frac{P_i}{P} \quad \text{und} \quad k = \frac{P^{2/3}}{\left\{\sum_{i=1}^{n} \frac{P_i}{k_i^{3/2}}\right\}^{2/3}} \qquad \text{(VIII.22)}$$

Wenn alle P_i und C_i bekannt sind, können mit (VIII.18) F_i und mit (VIII.2) $\bar{v}$ berechnet werden. Aus (VIII.14) folgt:

$$Q_i = F_i \bar{v} \;, \quad i = 1, \ldots n$$

und

$$Q = F \bar{v}$$

Die Wandschubspannung entlang der einzelnen Abschnitte P_i beträgt:

$$\tau_{0i} = \rho g J \frac{F_i}{P_i} = \rho g J \frac{Q_i}{Q} \frac{F}{P_i}, i = 1, \ldots, n \qquad \text{(VIII.23)}$$

Mit dieser Formel kann abschnittsweise entlang des benetzten Umfanges die Schubspannung berechnet werden.

VIII.4 Der Abfluß in sedimentführenden Gerinnen

In natürlichen Gerinnen findet im allgemeinen ein Sedimenttransport in Form von Geschiebe und Suspension statt. Dabei entstehen verschiedene Bettformen, die wie folgt mit zunehmender Strömungsgeschwindigkeit zugeordnet werden können.

Unteres Regime

– *Ebene Sohle:* zu Beginn des Geschiebetransportes.

– *Riffeln:* kleine unregelmäßig verteilte Erhebungen, die langsam in Strömungsrichtung wandern.

– *Bänke:* alternierende in Strömungsrichtung wandernde Sedimentablagerungen von großen Dimensionen (Länge von der Größenordnung der Gerinnebreite, Höhe von der Größenordnung der Abflußtiefe bei der sie entstehen).

– *Dünen:* große unregelmäßig verteilte Erhebungen der Sohle, die langsam in Strömungsrichtung wandern.

Oberes Regime

– *Abgeflachte Übergangsformen und ebene Sohle*

– *Antidünen:* Wellenförmige, in Gruppen auftretende Erhebungen der Sohle,

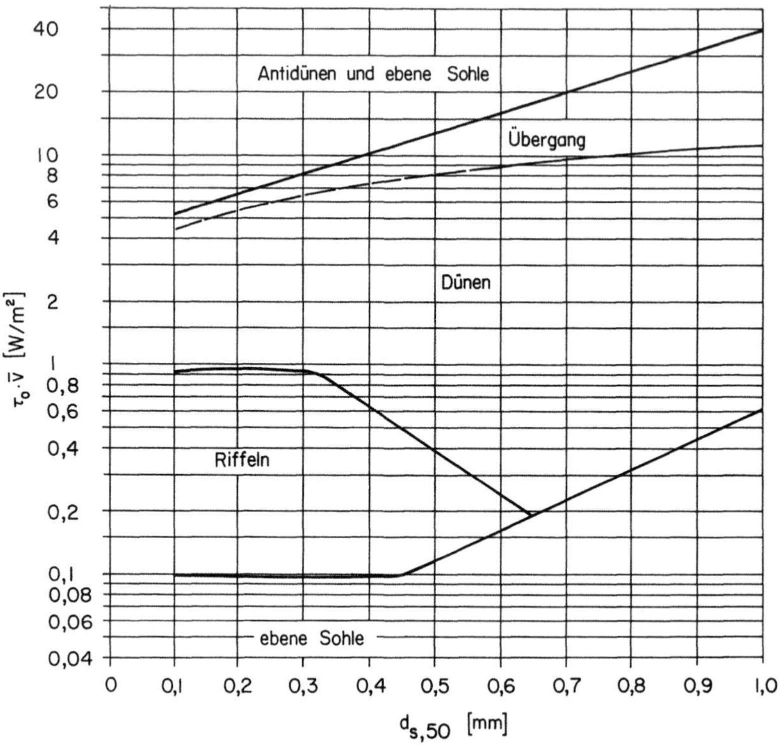

Abb. VIII.2. Beziehung zwischen Bettform, Leistung der Strömung $\tau_0\,\bar{v}$ und Sinkdurchmesser $d_{s,50}$ des Sedimentes

die in Phase mit Oberflächenwellen sind und entweder stillstehen oder stromaufwärts resp. stromabwärts wandern.

Simons und Richardson [7] haben, gestützt auf eine Vielzahl von Messungen in Flüssen, Kanälen und Laborrinnen, die in Abb. VIII.2 dargestellten Bereiche für das Auftreten der verschiedenen Bettformen in Funktion des Sink-Durchmessers $d_{s,50}$ des Sedimentes und der Leistung $\tau_0\,\bar{v}$ der Strömung angegeben.

Der Sink-Durchmesser eines Kornes ist der Durchmesser einer Kugel von gleicher spezifischer Dichte ρ_s, die in einer ruhenden Flüssigkeit gleicher Temperatur, Dichte und Zähigkeit dieselbe Sinkgeschwindigkeit wie das Korn hat.

Aus dieser Abbildung ist ersichtlich, daß Riffeln nur in feinem Geschiebe mit $d_{s,50} < 0{,}6$ mm entstehen und daß sich die ebene Sohlenform in Flüssen mit grobem Geschiebe über große Leistungsbereiche der Strömung erstreckt.

Die Bettformen beeinflussen die Strömungsverhältnisse in den Gerinnen und ändern den Reibungsbeiwert. Die Abb. VIII.3, die von Alan und Kennedy [8], gestützt auf Messungen von Nordin [9], angefertigt wurde, zeigt wie sich der Reibungsbeiwert λ mit zunehmender Strömungsgeschwindigkeit in zwei Querprofilen des Rio Grande, New Mexico, ändert. In derselben Abbildung wird angegeben, welche Bettformen in den verschiedenen Geschwindigkeitsbereichen beobachtet wurden. Man erkennt daraus, daß im selben Fluß der Reibungswert im unteren Regime größer ist als im oberen Regime.

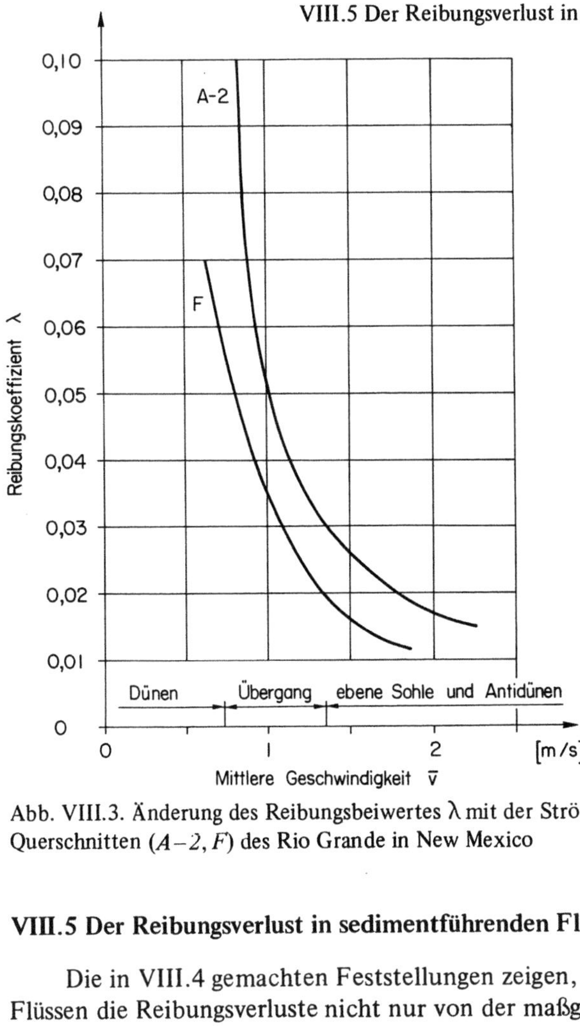

Abb. VIII.3. Änderung des Reibungsbeiwertes λ mit der Strömungsgeschwindigkeit an zwei Querschnitten ($A-2, F$) des Rio Grande in New Mexico

VIII.5 Der Reibungsverlust in sedimentführenden Flüssen

Die in VIII.4 gemachten Feststellungen zeigen, daß in sedimentführenden Flüssen die Reibungsverluste nicht nur von der maßgebenden Korngröße d_M des Geschiebes sondern auch von den entstehenden Bettformen abhängig sind. Einstein und Müller [10] nehmen an, daß man den Energieverbrauch J der Strömung in einen Rauhigkeitsanteil J_r und einen Formanteil J_f zerlegen kann. Die Form des Bettes erzeugt nach ihrer Vorstellung zusätzliche Verluste durch örtliche Änderungen des Querschnittes (Borda-Carnot-Verluste) und durch Krümmung der Stromfäden (Krümmungsverluste). Beide Verluste sind proportional $\bar{v}^2/2g$. Engelund und Hansen [11] haben ausgehend von dieser Vorstellung

$$J_f = \alpha \frac{\bar{v}^2}{8g\,L} \cdot \left(\frac{h_s}{R}\right)^2 \tag{VIII.24}$$

angesetzt, wobei h_s die Höhe und L die Wellenlänge der Bettformen, R der hydraulische Radius und α eine Konstante sind. Aus (VIII.2) und (VIII.3) folgt andererseits

$$J_r = \lambda_r \frac{\bar{v}^2}{8g} \cdot \frac{1}{R} \tag{VIII.25}$$

so daß

$$\lambda = \lambda_r + \lambda_f = \lambda_r + \alpha \frac{h_s^2}{R \cdot L} \tag{VIII.26}$$

Die Bettformen werden durch den Geschiebetransport hervorgerufen. Die Kräfte, die die Bewegung des Geschiebes bestimmen, sind:

- Die Wandschubspannung, die auf das Korn wirkt $c_1\, \tau_0\, d_m^2$
- Das Gewicht des Kornes unter Wasser $c_2 g\, (\rho_s - \rho)\, d_m^3$

$c_1\, d_m^2$ ist die Fläche, die ein Korn mit dem Durchmesser d_m auf der Sohle einnimmt, und $c_2\, d_m^3$ ist das Volumen dieses Kornes. Der Durchmesser d_m ist der wirksame Korndurchmesser und wird aus der Kornverteilungskurve wie folgt bestimmt.

$$d_m = \sum_{i=1}^{n} p_i\, d_i \tag{VIII.27}$$

p_i ist die gewichtsmäßig bestimmte relative Häufigkeit der Körner der Klasse d_i. Bei Berücksichtigung von (VIII.15) läßt sich die Schubspannung in dimensionsloser Form schreiben:

$$\tau_* = \frac{\tau_0}{\rho g \left(\frac{\rho_s}{\rho} - 1\right) d_m} = \frac{R \cdot J}{\left(\frac{\rho_s}{\rho} - 1\right) d_m} \tag{VIII.28}$$

Diese Schubspannung wird in zwei Teile zerlegt. Einen Teil τ_{*r}, der durch die Kornrauhigkeit und einen Teil τ_{*f}, der durch die Formrauhigkeit verursacht wird

$$\tau_* = \tau_{*r} + \tau_{*f} = \frac{R \cdot J_r}{\left(\frac{\rho_s}{\rho} - 1\right) d_m} + \frac{Fr^2}{8} \cdot \frac{\alpha\, h_s^2}{\left(\frac{\rho_s}{\rho} - 1\right) d_m L} \tag{VIII.29}$$

Fr ist die Froude Zahl

$$Fr = \frac{\bar{v}}{\sqrt{g R}} \tag{VIII.30}$$

Engelung und Hansen haben zwei Ähnlichkeitshypothesen gemacht:

a) daß in zwei dynamisch ähnlichen Strömen τ_{*r} den gleichen Wert hat.

b) daß in zwei dynamisch ähnlichen Strömen das Verhältnis λ_i/λ gleich groß ist.

Aus diesen zwei Hypothesen folgt, daß τ_* eine Funktion von τ_{*r} allein sein muß. Diese Annahme wurde durch die Auswertung verschiedener Messungen in Flüssen bestätigt und führte zum Diagramm der Abb. VIII.4.

Die Schubspannung τ_{*r} kann für bekanntes Gefälle J wie folgt berechnet werden:

$$\tau_{*r} = \frac{R\, J_r}{\left(\frac{\rho_s}{\rho} - 1\right) d_m} = \frac{R_r\, J}{\left(\frac{\rho_s}{\rho} - 1\right) d_m} \tag{VIII.31}$$

Diese Gleichung ist als Definition von R_r aufzufassen.

Engelund und Hansen haben R_r aus der Geschwindigkeitsformel

$$\frac{\bar{v}}{\sqrt{g R_r J}} = 6 + \frac{1}{\kappa} \ln \frac{R_r}{2\, d_{65}} \qquad \kappa = 0{,}4 \tag{VIII.32}$$

bestimmt.

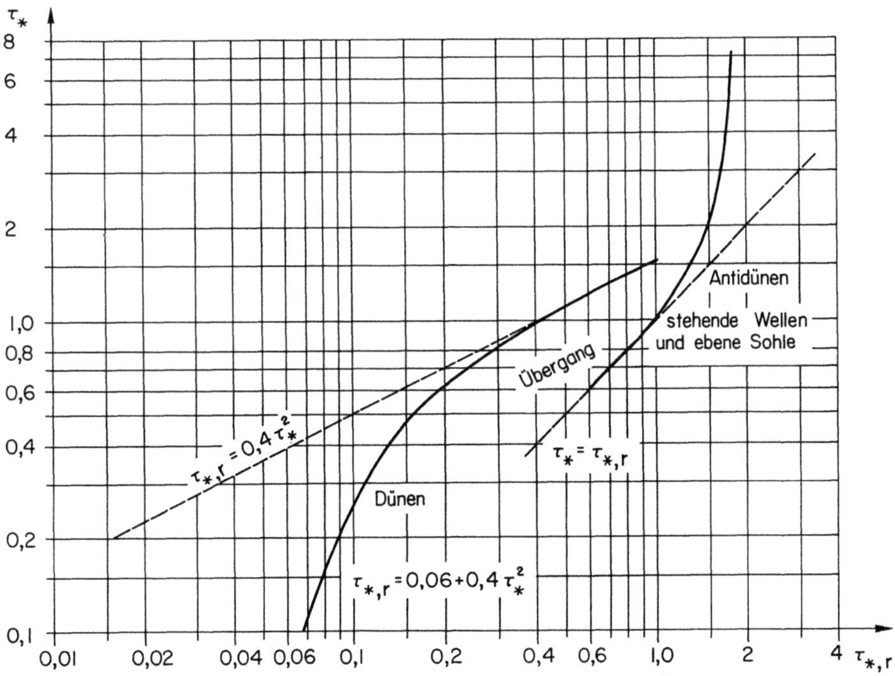

Abb. VIII.4. Universelle Beziehung zwischen τ_* und τ_{*r} nach Engelund und Hansen

In breiten Gerinnen kann R durch die Abflußtiefe h ersetzt werden. Die Berechnung wird in folgenden Schritten durchgeführt:

- Wahl von R_r und Berechnung von τ_{*r} mit (VIII.31) für d_m
- Berechnung von $\bar{v}$ aus (VIII.32)
- Ablesen von τ_* aus Abb. VIII.4
- Berechnung von R aus (VIII.28)
- Ermittlung von F für das bekannte R und den Gerinnungsquerschnitt
- Berechnung der Abflußmenge $Q = \bar{v}\,F$

Die beschriebene Methode erlaubt diskontinuierliche Pegel-Abflußbeziehungen, wie sie von Nordin [9] festgestellt wurden, zu ermitteln (Abb. VIII.5).

Weitere Methoden für die Berechnung der Reibungsverluste in sedimentführenden Flüssen sind in [12] angegeben. Alle diese Methoden sind nicht allgemein gültig und vermögen deshalb nicht zu befriedigen.

VIII.6 Einfluß des suspendierten Sedimentes auf die Reibungsverluste in Gerinnen

Die Reibungsverluste in Gerinnen werden durch das suspendierte Sediment beeinflußt. In der Regel stellt man eine Abnahme der Reibungsverluste mit zunehmender Konzentration der Suspension fest. Dies wird auf eine dämpfende Wirkung der Suspension auf die Turbulenz zurückgeführt. Dadurch wird das Geschwindigkeitsprofil beeinflußt, was sich als eine Abnahme der v. Karman-Konstante κ äußert.

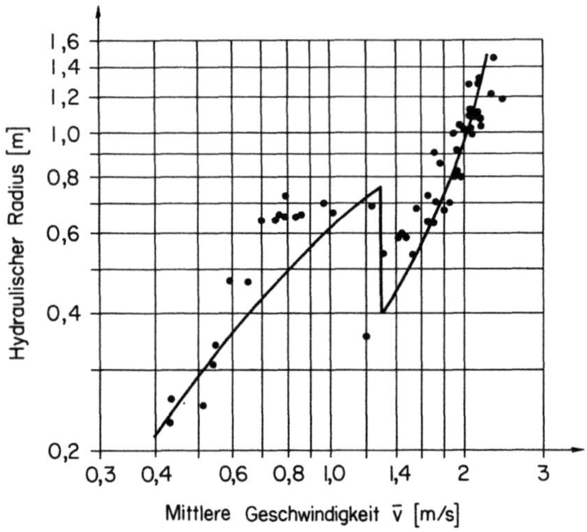

Abb. VIII.5. Abflußbeziehung des Rio Grande bei Bernalillo, New Mexico. Ausgezogene Linie. Berechnung nach Engelund und Hansen

Einstein und Chien [13] haben, gestützt auf Messungen in Versuchsrinnen und Flüssen, eine Beziehung zwischen κ und der Größe

$$\frac{P_s}{P_f} = \sum_{i=1}^{n} \frac{\bar{C}_i w_i}{\rho g J \bar{v}} \left(\frac{\rho_s}{p} - 1\right), \quad n\text{: Anzahl Kornfraktionen} \qquad \text{(VIII.33)}$$

gefunden. Darin bedeuten $\bar{C}_i$ die mittlere Suspensionskonzentration der i-ten Kornfraktion und w_i die Sinkgeschwindigkeit des Kornes der i-ten Kornfraktion. Diese Beziehung ist in der Abb. VIII.6 dargestellt.

Man kann daraus bei bekanntem $\frac{P_s}{P_f}$, κ ablesen und die Gl. (VIII.5), (VIII.6) und (VIII.32) entsprechend korrigieren.

VIII.7 Der Geschiebetransport

Das Drainagesystem eines Einzugsgebietes muß neben der anfallenden Wassermenge auch das durch die Erosion entstehende Sediment transportieren. Je nach Korngröße und Strömungsverhältnissen wird das Sediment als Geschiebe an der Sohle oder als Suspension transportiert. Eine konsistente Theorie für die Berechnung dieser Transportvorgänge existiert zur Zeit nicht. Die bestehenden Berechnungsmethoden sind meistens empirisch oder halbempirisch. Im folgenden werden einige der gängigsten Methoden für die Berechnung des Geschiebetransportes angegeben. Der größte Teil dieser Methoden geht davon aus, daß der Geschiebetransport nach Überschreiten eines Schwellwertes τ_c der Sohlenschubspannung beginnt. Nimmt man an, daß neben der kritischen Sohlenschubspannung

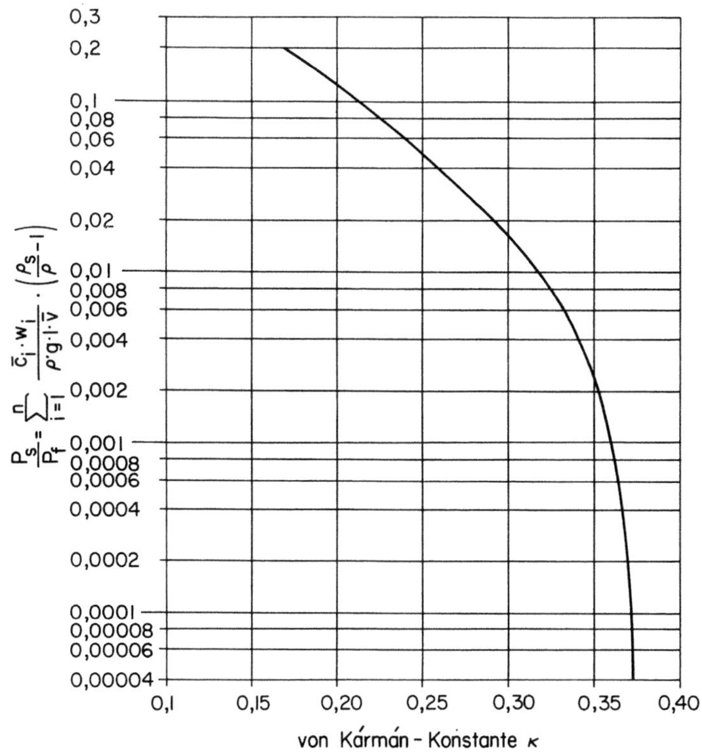

Abb. VIII.6. Beziehung zwischen κ und $\frac{P_s}{P_f}$

τ_c der Beginn des Geschiebebetriebes von den Größen $g\,(\rho_s-\rho)$, d_m, ρ und ν, die das Geschiebe und die Flüssigkeit charakterisieren, abhängig ist, so erhält man durch eine einfache Dimensionsbetrachtung den Ausdruck:

$$\tau_{*c} = \frac{\tau_c}{g\,(\rho_s-\rho)\,d_m} = f\left(\frac{v_T\,d_m}{\nu}\right) \tag{VIII.34}$$

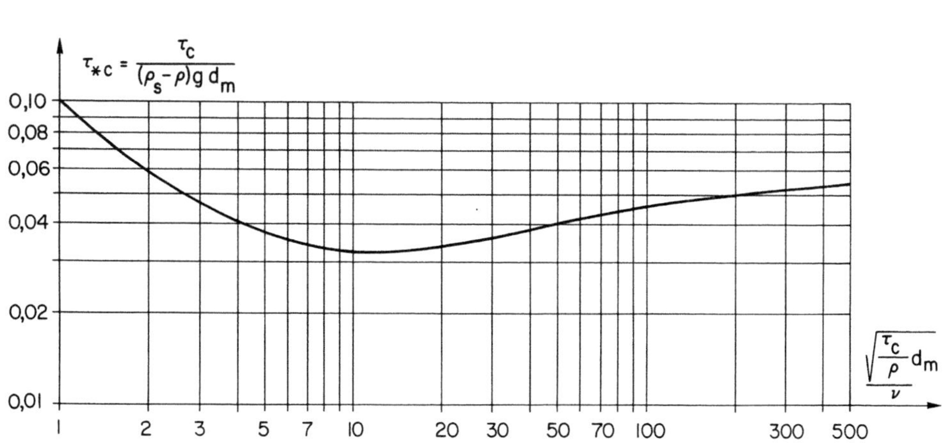

Abb. VIII.7. Diagramm von Shields für die kritische Sohlenschubspannung

Shields [14] hat durch Extrapolation der Beziehung zwischen Sedimenttransportrate und Schubspannung in Richtung Sedimenttransport Null aus verschiedenen Experimenten die in Abb. VIII.7 angegebene Abhängigkeit zwischen τ_{*c} und $\frac{v_T\, d_m}{\nu}$ ermittelt. Die Werte von τ_{*c} liegen zwischen 0,03 und 0,06. Für $\tau_0 > \tau_c$ entsteht ein Geschiebetransport. Aus seinen Versuchen hat Shields

$$q_m = 10\, q\, J \frac{\tau_0 - \tau_c}{g\left(\frac{\rho_s}{\rho} - 1\right)^2 d_{50}} \qquad \text{(VIII.35)}$$

gefunden, wobei q_m die pro Zeiteinheit und Breiteneinheit transportierte Geschiebemasse, und q der Durchfluß pro Breiteneinheit sind. Diese Formel gilt nur für flaches Bett.

Meyer-Peter und Müller [15] nehmen an, daß für den Geschiebetransport nur der Teil τ_r der Sohlenschubspannung τ_0 verantwortlich ist, der durch das Korn erzeugt wird. Aus ihren Versuchen haben sie als Schwellwert von τ_r für den Beginn des gesetzmäßigen Geschiebetriebes

$$\tau_{rc} = 0{,}047\, g\, (\rho_s - \rho)\, d_m \qquad \text{(VIII.36)}$$

erhalten.

Für $\tau_r > \tau_{rc}$ findet ein Geschiebetrieb statt, der pro Breiteneinheit des Gerinnes aus der Formel

$$\tau_r - \tau_{rc} = 0{,}25\, \rho^{1/3}\, g^{2/3}\, (\rho_s - \rho)^{2/3}\, q_s^{\,2/3} \qquad \text{(VIII.37)}$$

berechnet werden kann. q_s ist der pro Zeiteinheit stattfindende Volumenfluß an Festsubstanz. τ_r ist für einen Gerinneabschnitt mit der Teilfläche F_i und dem dazugehörenden hydraulischen Radius R_i

$$\tau_r = \rho g R_{r,i}\, J \qquad \text{(VIII.38)}$$

da

$$\bar{v} = C_i\, J^{\alpha} R_i^{\beta} = C_{r,i}\, J^{\alpha} R_{r,i}^{\beta} \qquad \text{(VIII.39)}$$

folgt

$$R_{r,i} = R_i \left(\frac{C_i}{C_{r,i}}\right)^{1/\beta} \qquad \text{(VIII.40)}$$

und bei Berücksichtigung der Beziehung (VIII.23)

$$\tau_r = \rho g \frac{Q_i}{Q} \left(\frac{C_i}{C_{r,i}}\right)^{1/\beta} \frac{F}{P_i}\, J \qquad \text{(VIII.41)}$$

Einsetzen von (VIII.36) und (VIII.41) in (VIII.37) ergibt

$$\frac{Q_i}{Q} \left(\frac{C_i}{C_{r,i}}\right)^{1/\beta} \frac{F}{P_i}\, J = 0{,}047 \left(\frac{\rho_s}{\rho} - 1\right) d_m + 0{,}25\, \frac{1}{g^{1/3}} \left(\frac{\rho_s}{\rho} - 1\right)^{2/3} q_s^{\,2/3} \qquad \text{(VIII.42)}$$

Für $C = \sqrt{\frac{8g}{\lambda}}$ und $\beta = 1/2$ wird

$$\frac{C_i}{C_{r,i}} = \frac{\lambda_{r,i}}{\lambda_i} \tag{VIII.43}$$

Wird dagegen die Formel von Strickler benutzt, so erhält man:

$$\frac{C_i}{C_{r,i}} = \frac{k_i}{k_{r,i}}^{3/2} \tag{VIII.44}$$

λ_i und k_i sind meistens für die Sohle konstant, sodaß $\lambda_i = \lambda_s$ beziehungsweise $k_i = k_s$ gesetzt werden kann. λ_{ri} und k_{ri} sind ihrerseits über die Beziehungen (VIII.12) und (VIII.13) verknüpft.

Die totale Geschiebemenge Q_s beträgt

$$Q_s = \int_0^B q_s \, dB \tag{VIII.45}$$

Die Formel von Meyer-Peter und Müller gibt gute Resultate solange das Geschiebe nicht zu fein wird.

Engelund und Hansen [11] haben speziell für den Fall des unteren Regimes mit Dünenbildung folgende Überlegung gemacht:

Die Energie, die benötigt wird um ein Korn um die Höhe h_s der Bettform zu heben, ist gleich $g\,(\rho_s - \rho)\, q_s\, h_s$. Diese Energie muß gleich der Arbeit sein, die die Schubkraft in der gleichen Zeit auf die sich bewegenden Körner leistet. Die auf die bewegten Körner wirkende Schubkraft wird gleich $\tau_r - \tau_{r,c}$ und die mittlere Geschwindigkeit der Körner proportional zu v_T gesetzt. Man kann somit schreiben

$$g\,(\rho_s - \rho)\, q_s\, h_s = \alpha\,(\tau_r - \tau_{r,c})\, L\, v_T \tag{VIII.46}$$

wobei L die Länge der Bettform ist. Aus der Abb. VIII.4 erhält man für das untere Regime

$$\tau_{*r} = 0{,}06 + 0{,}4\, \tau_*^2 \tag{VIII.47}$$

Nimmt man ferner $\tau_{r,c} = 0{,}06\, g\,(\rho_s - \rho)\, d_s$ an, so folgt aus (VIII.46)

$$q_s \cdot \lambda \cdot \left(\frac{h_s}{\lambda \cdot L}\right) = \alpha\, \frac{\tau_r - \tau_{r,c}}{g\,(\rho_s - \rho)\, d_s}\, v_T\, d_s = \alpha \cdot 0{,}4\, \tau_*^2\, v_T\, d_s \tag{VIII.48}$$

Engelund und Hansen stellten auf Grund von Messungen fest, das $\frac{h_s}{\lambda \cdot L}$ konstant bleibt, sodaß sich mit

$$v_T = \sqrt{\frac{\tau_0}{\rho}} = \sqrt{\frac{\tau_*}{\rho}}\, \sqrt{g\,(\rho_s - \rho)\, d_s} \tag{VIII.49}$$

aus (VIII.56) die Beziehung

$$\frac{q_s}{\sqrt{g\left(\frac{\rho_s}{\rho} - 1\right) d_s^3}} = \frac{0{,}1}{\lambda}\, \tau_*^{5/2} \tag{VIII.50}$$

ergibt. Die Konstante 0,1 wurde aus Messungen bestimmt. Zur Bestimmung von q_s müssen die Gln. (VIII.32), (VIII.47) und (VIII.50) simultan gelöst werden.

Einstein [15] hat das Problem des Geschiebetransportes auf Grund eines probabilistischen Modells behandelt. Er postulierte, daß die Körner sich in Sprüngen bewegen, deren Länge L_1 proportional zu ihrer Größe d_s ist.

$$L_1 = \lambda_0 \cdot d_s \tag{VIII.51}$$

λ_0 ist der Proportionalitätsfaktor. Die Anzahl der Körner, die pro Breiteneinheit einen Querschnitt durchqueren, ist gleich der Anzahl Körner in einer Fläche der Breite eins und Länge L_1 mal die Wahrscheinlichkeit p_s, daß innerhalb dieser Fläche zu jedem Zeitpunkt die durch die Strömung auf ein Korn ausgeübten dynamischen Kräfte groß genug sind, um das Korn in Bewegung zu setzen. Der Geschiebetransport q_m pro Breiteneinheit und Zeiteinheit kann auf Grund dieser Vorstellung wie folgt berechnet werden

$$q_m = \frac{C_2\, d_s^3 \rho_s}{C_1\, d_s^2} \cdot L_1 P_s = \frac{C_2}{C_1} \cdot \rho_s \cdot \lambda_0 \cdot d_s^2 \cdot P_s \tag{VIII.52}$$

Die Wahrscheinlichkeit p_s hat hier die Dimension einer Zeit hoch Minus eins und wird mit der Größe $\frac{d_s}{w}$, w Sinkgeschwindigkeit des Korns, dimensionslos gemacht, sodaß

$$q_m = \frac{C_2}{C_1} \cdot \rho_s \cdot \lambda_0 \cdot d_s \cdot w \cdot p \tag{VIII.53}$$

Die Wahrscheinlichkeit $p = p_s \cdot \frac{d_s}{w}$ gibt die Anzahl Sprünge innerhalb der Fläche L_1 in der Zeit $\frac{d_s}{w}$ an. Ein Sprung findet stat, wenn der Auftrieb, der auf ein Korn wirkt und proportional zu $\tau_0\, d_s^2$ ist, größer als das Gewicht $(\rho_s - \rho)\, d_s^3$ des Kornes unter Wasser wird. p ist somit eine Funktion der Größe ψ, die die Inverse der dimensionslosen Schubspannung τ_* ist.

$$\psi = \frac{1}{\tau_*} = \frac{g\,(\rho_s - \rho)\, d_s}{\tau_0} \tag{VIII.54}$$

$$p = f\left(\frac{g\,(\rho_s - \rho)\, d_s}{\tau_0}\right) \tag{VIII.55}$$

Aus (VIII.53) erhält man

$$\phi = f(\psi) \tag{VIII.56}$$

mit

$$\phi = \frac{q_m}{\rho_s\, d_s\, w} \tag{VIII.57}$$

w kann mit der Formel

$$w = \left[\sqrt{\frac{2}{3} + \frac{36\,\nu^2}{g\, d_s^3\left(\frac{\rho_s}{\rho} - 1\right)}} - \sqrt{\frac{36\,\nu^2}{g\, d_s^3\left(\frac{\rho_s}{\rho} - 1\right)}}\right]\sqrt{\left(\frac{\rho_s}{\rho} - 1\right) g\, d_s} \tag{VIII.58}$$

berechnet werden.

Die Beziehung zwischen ϕ und ψ muß mit Hilfe von Messungen ermittelt werden. Die einfachste Art, dies zu machen, ist $d_s = d_m$ zu setzen und die Beziehung für ein Korngemisch zu suchen. Diese Beziehung wurde von Brown [17] ermittelt und ist in der Abb. VIII.8 angegeben.

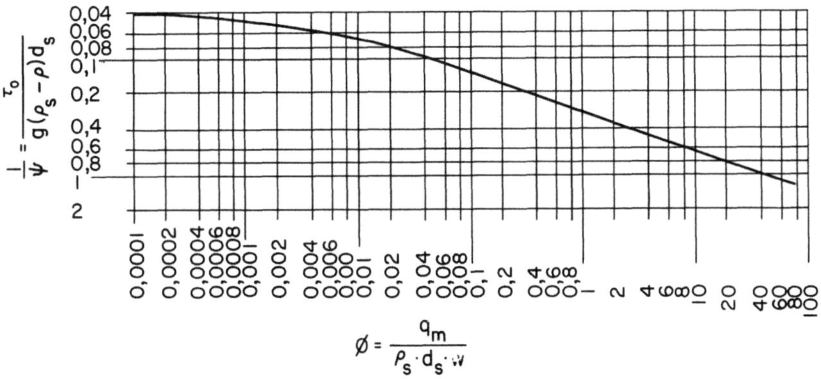

Abb. VIII.8. Darstellung der Funktion $\phi = f(\psi)$ in der Einstein-Brown Formel

Man erkennt daraus, daß für $\frac{1}{\psi} > 0{,}09$ zwischen ϕ und ψ die Beziehung

$$\phi = 40\left(\frac{1}{\psi}\right)^3 \tag{VIII.59}$$

besteht.

Die Theorie von Einstein zeigt, daß ein geringer Transport auch bei sehr kleinen τ_*-Werten stattfinden kann, was gegen die Einführung eines Schwellwertes der Schubspannung spricht.

Zu ähnlichen Schlüssen kam auch Kalinske [18] auf Grund anderer Überlegungen.

Die Theorie von Einstein bildet die Basis für eine Anzahl weiterer Berechnungsmethoden als auch für die Berechnung des totalen Sedimenttransportes inklusive des suspendierten Teils. Auf diese Methode wird hier nicht eingegangen. Eine Zusammenstellung findet man in [12] [19].

Literatur

1. Gottschalk, L. C., Reservoir Sedimentation. In: Handbook of Applied Hydrology (V. T. Chow, ed.) New York: McGraw-Hill. 1964.
2. Colebrook, C. F., Turbulent Flow in Pipes, with Particular Reference to the Transition Region Between the Sunooth and Rough Pipe Laws. J. Instn. civ. Engrs. London *11*, 133–156 (1938).
3. Nikuradse, J., Strömungsgesetze in rauhen Rohren. VDI-Forschungsheft 361, 1933.
4. Keulegan, G. H., Laws of Turbulent Flow in Open Channels. J. Res. nat. Bur. Stand. *21*, 707–741 (1938).
5. Strickler, A., Beiträge zur Frage der Geschwindigkeitsformel und der Rauhigkeitszahlen für Ströme, Kanäle und geschlossene Leitungen. Eidg. Amt für Wasserwirtschaft, Mitt. No. 16. Bern, 1923.

6. Einstein, H. A., Der hydraulische oder Profil-Radius. Schweiz. Bauz. *103*, 89–91 (1934).
7. Simons, D. B., Richardson, E. V., Resistance to Flow in Alluvial Channels. U.S. Geol. Survey, Prof. Paper 422 J, 1966.
8. Alam, A. M. Z., Kennedy, J. F., Friction Factors for Flow in Sand Bed Channels. ASCE, J. of Hydr. Div. *95*, HY 6, 1973–1992 (1969).
9. Nordin, C. F., jr., Aspects of Flow Resistance and Sediment Transport: Rio Grande near Bernalillo. New Mexico, U.S. Geol. Survey, Water-Supply Paper 1498-H, 1964.
10. Einstein, H. A., Müller, R., Über die Ähnlichkeit bei flußbaulichen Modellversuchen. Schweiz. Arch. angew. Wiss. H. 8, 226–239 (1939).
11. Engelund, F., Hansen, E., A Monograph on Sediment Transport in Alluvial Streams. Copenhagen: Teknisk Vorlag. 1967.
12. ASCE-Sedimentation Engineering, ASCE Manual No. 54, 1975.
13. Einstein, H. A., Chien, N., Effects of Heavy Sediment Concentration near the Bed on Velocity and Sediment Distribution, MRD Series No. 8, Univ. of Ca., Inst. of Eng. Research and U.S. Army Eng. Div. Missouri River, Corps of Eng., Omaha, Nebr., 1955.
14. Shields, A., Anwendung der Ähnlichkeitsmechanik und der Turbulenzforschung auf die Geschiebebewegung. Mitt. der Preuss. Versuchsanstalt für Wasserbau und Schiffbau, Berlin, 1936.
15. Meyer-Peter, E., Müller, R., Formulas for Bed-Load Transport. Report on Second Meeting of IAHR, Stockholm, 39–64 (1948).
16. Einstein, H. A., Formulas for the Transportation of Bed-Load. Trans. ASCE *107*, 561–573 (1942).
17. Brown, C. B., Sediment Transportation, Chap. XII, Engineering Hydraulics (H. Rouse, ed.) New York: J. Wiley & Sons. 1950.
18. Kalinske, A. A., Movement of Sediment as Bed-Load in Rivers. Trans. Amer. geophys. Un. *28*, 615–620 (1947).
19. Simons, D. B., Sentürk, F., Sediment Transport Technology. Fort Collins: Water Resources Publications. 1977.

IX. Analyse von Abflußganglinien

IX.1 Form der Abflußganglinie

Die Aufzeichnung des Pegelstandes einer Abfluß-Meßstation kann mittels der Pegel-Abfluß-Beziehung in eine Abflußganglinie umgewandelt werden. Letztere gibt die zeitliche Verteilung des Abflusses an der Meßstelle an. Sie wird auch Hydrograph genannt.

Bei der Betrachtung von Abflußganglinien stellt man fest, daß in Perioden großer Niederschläge die Ganglinie steigt, eine oder mehrere Spitzen aufweist und nach Ende des Niederschlages wieder fällt. Zwischen solchen Ereignissen hat die Ganglinie eine mehr oder weniger stark abfallende Tendenz (Abb. IX.1).

Der auf einen Niederschlag folgende Verlauf der Abflußganglinie ist eine integrale Antwort des Einzugsgebietes auf das Niederschlagsereignis und widerspiegelt den physiographischen und klimatischen Charakter des Gebietes.

Im folgenden wird die Ganglinie eines einfachen Ereignisses mit einer Spitze (Abb. IX.2) analysiert. Es sei dabei bemerkt, daß man sich auf Vorgänge in kleinen bis mittleren Einzugsgebieten beschränken wird.

– *Ansteigender oder Konzentrations-Abschnitt; A–B*

Die Form dieses Abschnittes hängt von der Geometrie des Einzugsgebietes und der örtlichen und zeitlichen Verteilung, sowie der Intensität des Niederschlages ab. Sie kann deshalb von Ereignis zu Ereignis sehr verschieden sein. Dieser Abschnitt ist meistens konkav nach oben. Grund dafür sind die am Anfang eines Niederschlages auftretenden „Verluste" in Form von Interception, Depressionsspeicherung und Infiltration, die zunächst einen langsamen Anstieg der Ganglinie bewirken, der im Maße der Abnahme dieser Verluste bei weiter andauerndem Niederschlag beschleunigt wird.

– *Der Spitzenabschnitt; B–C–D*

Von einem gewissen Zeitpunkt an, der früher oder später auftreten kann, wird die Ganglinie konvex nach oben. Der Punkt B ist der entsprechende Wendepunkt. Sie erreicht einen maximalen Wert C, die Spitze, und fällt wieder bis zum Wendepunkt D ab. Der Wendepunkt B tritt zum Zeitpunkt der Ankunft des Abflusses aus dem Gebiet auf, das den größten Beitrag zum Abfluß an der betreffenden Meßstelle liefert. Die Spitze tritt zu jenem Zeitpunkt auf, zu dem der Abfluß aus dem entferntesten Teil des Einzugsgebietes an die Meßstelle gelangt, vorausgesetzt, der Niederschlag dauert bis zu diesem Zeitpunkt. Dies trifft meistens nur bei kleinen Einzugsgebieten zu.

– *Der abfallende Ast D–E–F oder Rezessionsteil*

Dieser Ast ist wieder konkav nach oben. Er entspricht, nach der im Kapitel I eingeführten Modellvorstellung des Kreislaufes, der Entleerung der zum Abfluß beisteuernden Speicher und ist deshalb hauptsächlich durch den Charakter des Einzugsgebietes und seinen Zustand geprägt.

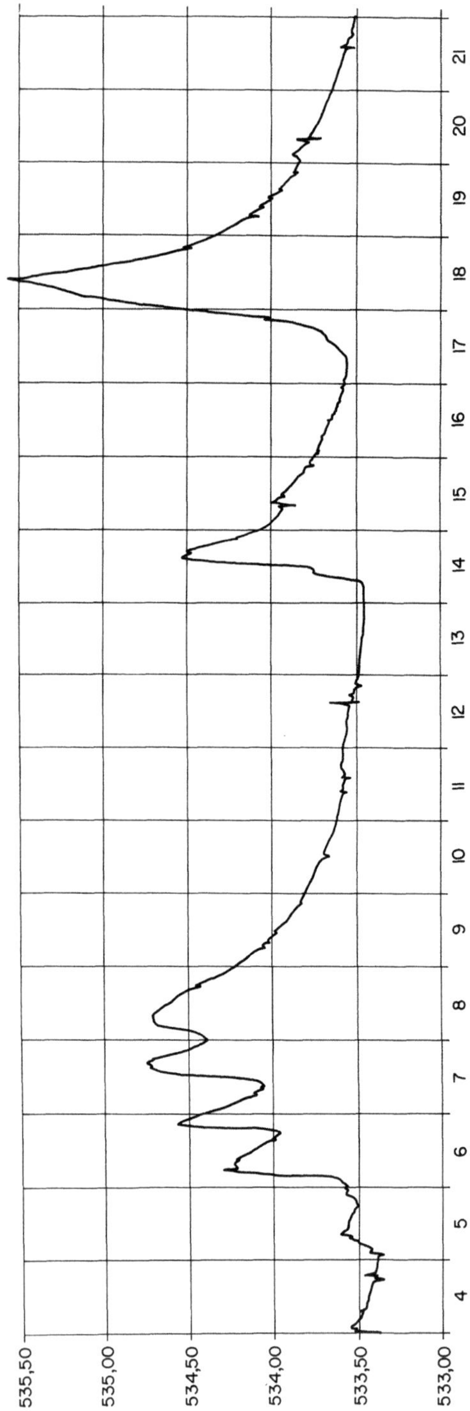

Abb. IX.1. Beispiel einer Pegelganglinie (Thur bei Jonschwil, vom 4.7. bis 22.7.1966)

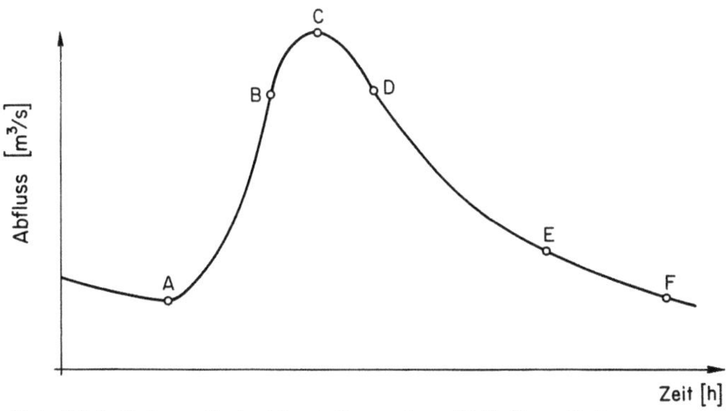

Abb. IX.2. Schematische Darstellung einer Abflußganglinie

IX.2 Analyse des Rezessionsteils einer Abflußganglinie

Nach der erwähnten Modellvorstellung kann der Rezessionsvorgang des Abflusses als die Entleerung von Speichern interpretiert werden [1], [2], [3].

Der lineare Speicher

$$S = -k \cdot Q \tag{IX.1}$$

ist das einfachste Modell eines Speichers. Man nehme nun an, daß zur Zeit $t = 0$ der Zufluß zum Speicher aufhört, dann ist

$$Qdt = -dS$$

oder

$$dt = -k \frac{dQ}{Q}$$

$$t = -k \ln Q + C$$

und mit $Q = Q_0$ für $t = t_0$

$$Q = Q_0 \, e^{-\frac{t - t_0}{k}} \tag{IX.2}$$

Man erkennt leicht, daß diese Beziehung im wesentlichen der in Kapitel V angegebenen Lösung von Boussinesq (Gl. V.68) entspricht.

Nach diesem Ergebnis ist es naheliegend, die Rezessionskurve als eine Überlagerung von Kurven mit einem exponentiellen Verlauf der Form

$$Q_i = Q_{0i} \, e^{-\alpha_i t} \tag{IX.3}$$

anzusetzen.

Mit

$$K_i = e^{-\alpha_i} \tag{IX.4}$$

ergibt sich daraus

$$Q_i = Q_{0i} \, K_i^t \tag{IX.5}$$

Die Größen K_i sind die Rezessionskonstanten des Gebietes. Wird $Q_i\,(t_1)$ und $Q_i\,(t_2)$ zu den Zeiten t_1 und t_2 gemessen, so läßt sich aus (IX.5) die Rezessionskonstante K_i wie folgt berechnen:

$$K_i = \sqrt[t_2-t_1]{\frac{Q_i\,(t_2)}{Q_i\,(t_1)}} \tag{IX.6}$$

Gestützt auf diese Vorstellung kann der Rezessionsast einer Abflußganglinie wie folgt analysiert werden:

Der Rezessionsast der Ganglinie wird halblogarithmisch dargestellt, wobei der Abfluß in logarithmischem Maßstab aufgetragen wird.

Als Ursprung der Zeitachse wählt man etwas willkürlich den Zeitpunkt, zu dem der Wendepunkt D auftritt.

In einem ersten Schritt legt man eine Gerade durch die Punkte, die die größten Zeiten und kleinsten Abflüsse aufweisen. Diese Gerade wird bis $t = 0$ extrapoliert. Man subtrahiert die Werte

$$Q_1 = Q_{01} \cdot K_1^t$$

von den gemessenen Werten Q und wiederholt die Prozedur mit den Werten

$$Q - Q_1 = f_1\,(t)$$

bestimmt eine neue Gerade, die zur Beziehung

$$Q_2 = Q_{02}\,K_2^t$$

führt, bildet die Differenz

$$Q - Q_1 - Q_2 = f_2\,(t)$$

usw. Auf diese Art lassen sich die Rezessionskonstanten K_1, K_2, usw. bestimmen.

Man stellt im allgemeinen fest, daß die Rezessionskurve als eine Überlagerung von drei solchen Exponentialkurven dargestellt werden kann [5], die auf Grund des eingeführten Modells als die Anteile

- des Basisabflusses $Q_1 = Q_{01}\,K_1^t$
- des hypsodermischen Abflusses $Q_2 = Q_{02}\,K_2^t$ und
- des Oberflächenabflusses $Q_3 = Q_{03}\,K_3^t$

interpretiert werden können

$$Q = Q_{01}\,K_1^t + Q_{02}\,K_2^t + Q_{03}\,K_3^t \tag{IX.7}$$

Das Integral

$$S_{0i} = \int_0^\infty Q_i\,dt = \int_0^\infty Q_{0i}\,e^{-\alpha_i t}\,dt = -\frac{Q_{0i}}{\alpha_i} \tag{IX.8}$$

gibt den Inhalt des entsprechenden Speichers zur Zeit $t = 0$ an und erlaubt eine Schätzung der im Einzugsgebiet vorhandenen Retention S_{0i}. Hier müssen die Zeit in Q und die Zeit t in derselben Einheit angegeben werden. Wird Q als Volumen pro Sekunde und α_1 in d^{-1} angegeben, so gilt

$$S_{0i} = -86\,400\,\frac{Q_{0i}}{\alpha_i} \tag{IX.9}$$

IX.3 Die charakteristische Rezessionskurve eines Einzugsgebietes

Für die Beantwortung gewisser wasserwirtschaftlicher Fragen ist es wichtig, den charakteristischen Verlauf der Rezessionskurven in einem Einzugsgebiet zu ermitteln. Eine graphische Methode wurde von Wisler und Brater [4] [5] angegeben. Man zeichnet auf Transparentpapier die Rezessionskurven einzelner Ereignisse, legt sie übereinander und verschiebt sie so lange, bis sie möglichst gut aufeinander fallen. Kurven, die stark von den übrigen abweichen, werden ausgeschieden. Man zeichnet dann von dem Auge eine mittlere Kurve ein, die als die charakteristische Kurve des Gebietes bezeichnet wird. Eine objektive Ausgleichmethode zur Bestimmung der charakteristischen Rezessionskurve hat Pereira [2] vorgeschlagen. In Abb. IX.3 ist die charakteristische Rezessionskurve eines kleinen Einzugsgebietes dargestellt und nach der im vorangegangenen Paragraphen beschriebenen Methode analysiert worden.

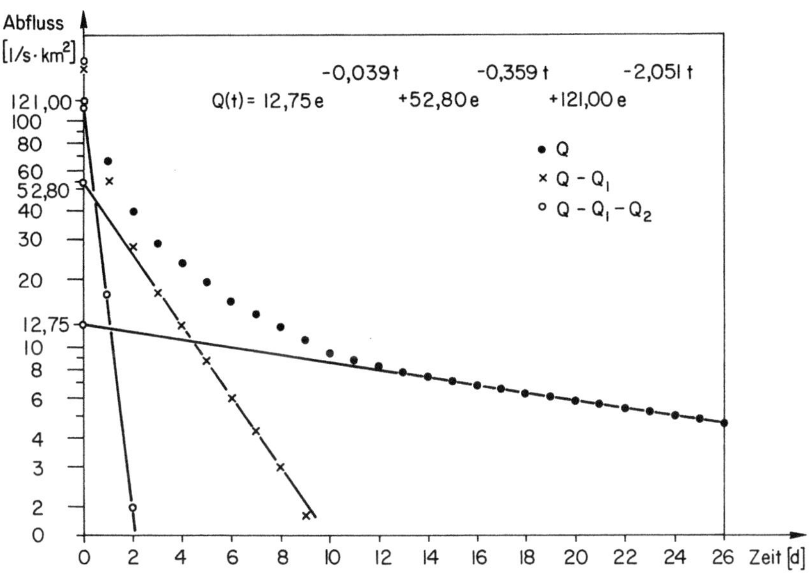

Abb. IX.3. Charakteristische Rezessionskurve und deren Aufteilung in einzelne Teilkurven

Eine andere Methode wurde von Langbein [6] angegeben. Man trägt auf einem doppellogarithmischen Papier Wertpaare Q_n, Q_{n+1} auf, die während abfallenden Wasserständen gemessen werden. Q ist im allgemeinen das Tagesmittel des Abflusses und n der Tag an dem er gemessen wurde. Man zeichnet die Gerade ein, die die entstehende Punktschar in Richtung Q_n begrenzt (Abb. IX.4).
Die Gleichung der Geraden lautet

$$\log Q_{n+1} = a + b \log Q_n \tag{IX.10}$$

und daraus folgt

$$Q_{n+1} = Q_n \, Q_n^{b-1} \, e^a \tag{IX.11}$$

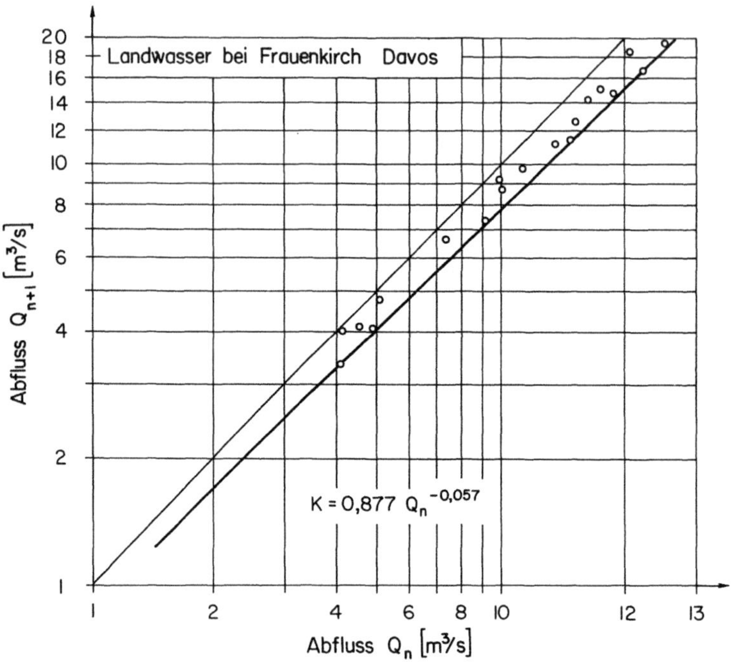

Abb. IX.4. Bestimmung des charakteristischen Rezessionskoeffizienten eines alpinen Einzugsgebietes für die Schneeschmelzperiode

Ein Vergleich mit Gl. (IX.5) ergibt

$$K^t = e^a\, Q_n^{b-1} \tag{IX.12}$$

und

$$K = \alpha\, Q_n^{\beta} \tag{IX.13}$$

mit

$$\alpha = e^{\frac{a}{t}} \quad , \; \beta = \frac{b-1}{t} \tag{IX.14}$$

t wird normalerweise gleich 1 Tag gewählt. Gl. (IX.13) ergibt Rezessionskoeffizienten, die eine variable Größe haben und in der Regel von Q_n abhängig sind. Dies trifft zu, solange $b < 1$ ist. Für $b = 1$ wird $\beta = 0$. K ist in dem Fall für alle Q konstant und gleich α.

Bei der Bestimmung von charakteristischen Rezessionskurven stellt man allgemein fest, daß verschiedene Jahresabschnitte auch verschiedene Rezessionskurven aufweisen. Aus dem Grund sollten zur Bestimmung dieser Rezessionskurven nur die Werte benutzt werden, die in die entsprechenden Jahresabschnitte fallen.

IX.4 Abtrennung des Basisabflusses

Für die Behandlung verschiedener Ingenieurprobleme genügt es, die Ganglinie in zwei Komponenten zu separieren, den Basisabfluß und den direkten Abfluß.

Die Herkunft des Wassers der zwei Komponenten ist unwichtig. Mit diesem Vorgehen will man den Teil des Abflusses, der als schnelle und direkte Antwort auf den Niederschlag oder andere Eingaben, z.B. die Schneeschmelze, auftritt, vom Gesamtabfluß trennen.

Eine objektive Methode zur Durchführung dieser Trennung existiert leider nicht. Fest steht nur der Anfangspunkt A der Trennlinie, der mit dem Beginn des ansteigenden Astes der Ganglinie zusammenfällt.

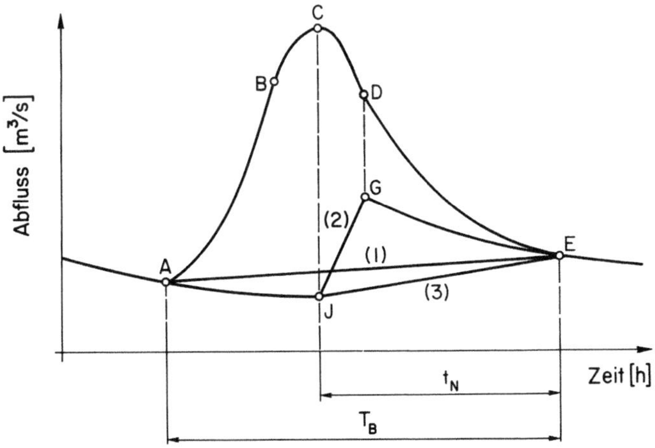

Abb. IX.5. Abtrennen des Basisabflusses

Das Ende E der Trennlinie (Abb. IX.5) kann aus einer halblogarithmischen Darstellung der Ganglinie nach der bereits beschriebenen Methode bestimmt werden. Falls eine solche Bestimmung nicht befriedigend ist, kann der empirische Ansatz von Linsley u.a. [7] benutzt werden

$$t_N = 19{,}2\, F_E^{0{,}2} \qquad \text{(IX.15)}$$

t_N: Zeitabstand zwischen Spitze und Endpunkt der Separationslinie in Stunden
F_E : Fläche des Einzugsgebietes in km².

Der Zeitabschnitt, der zwischen den Punkten A und E liegt, wird *Basiszeit* T_B genannt. Für die Konstruktion der Verbindungslinie zwischen diesen zwei Punkten gibt es eine große Anzahl von Vorschlägen [8].

– Der einfachste und meistens genügende Vorschlag ist die Verbindung der zwei Punkte mit einer Geraden (1) (Abb. IX.5)

– Ein weiterer Vorschlag stützt sich auf folgende Überlegung: Bei ansteigender Wasserführung ist mit einem Rückgang der Grundwasseraustritte und einer Zunahme der Infiltration zu rechnen. Bei fallender Wasserführung hingegen tritt eine verstärkte Speisung des Abflusses durch Grundwasseraustritte auf. Gestützt auf diese Vorstellung konstruiert man die Trennlinie wie folgt:
Verlängerung der Rezessionskurve des Basisabflusses EF bis zum Punkt G unter dem Punkt D. Verlängerung der Rezessionskurve durch A bis zum Punkt J unter

dem Punkt C. Verbindung der Punkte J und G durch Gerade (2) in Abb. IX.5 oder als Variante dazu, Verbindung von J mit E durch Gerade (3) in Abb. IX.5.

– Eine abgeschwächte Variante dieses Vorschlages ist die Verbindung der Punkte A und E mit einer Kurve dritten Grades, die in A und E eine horizontale Tangente hat [9].

IX.5 Beziehung zwischen Hyetogramm und Abflußganglinie

Zwischen Niederschlag und direktem Abfluß besteht eine enge Beziehung, aber nur ein kleiner Teil des Niederschlages gelangt zum direkten Abfluß. Bei der Untersuchung des Zusammenhanges Niederschlag – direkter Abfluß ist es wichtig zu wissen, welcher Teil des Niederschlages abflußwirksam ist. Die einzelnen Abzüge, die berücksichtigt werden müssen, wurden schon behandelt. In einem einfachen Schema zusammengefaßt sind sie in Abb. IX.6 dargestellt. Angenommen wird dabei, daß der Niederschlag eine begrenzte Dauer und konstante Intensität hat.

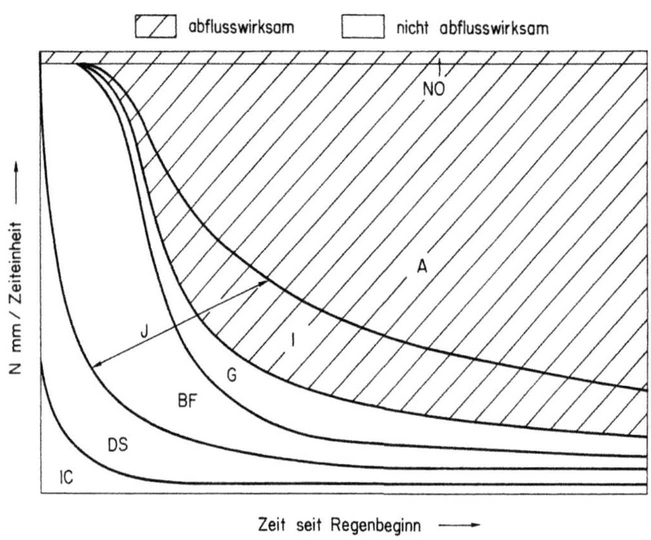

Abb. IX.6. Beziehung Niederschlag – Abfluß, *NO* Niederschlag auf Oberflächengewässer, *A* Oberflächenabfluß, *I* Interflow, *G* Grundwasser, *BF* Bodenfeuchtigkeit, *J* Infiltration, *DS* Depressionsspeicherung, *IC* Interception

Aus dieser Darstellung erkennt man, daß am Anfang eines Niederschlages der größte Teil nicht abflußwirksam ist, hingegen nach einer Anfangsperiode der nicht abflußwirksame Teil einen praktisch konstanten Wert erreicht. Diese Aussagen sind rein qualitativ, können aber zur Abtrennung des abflußwirksamen Niederschlages beitragen.

Aus den Niederschlagsmessungen in einem Einzugsgebiet kann mit einer der beschriebenen Methoden (Thiessen, Isohyeten) das Hyetogramm, d.h. die Niederschlagshöhe pro Flächeneinheit und Zeiteinheit für die Niederschlagsdauer ermittelt werden. Ebenso kann aus der Abflußmessung nach Abtrennung des Basisabflusses die Ganglinie des direkten Abflusses bestimmt werden (Abb. IX.7).

Die Abtrennung des abflußwirksamen, bzw. des Netto-Niederschlages, kann wie folgt vorgenommen werden:

– Der Teil des Hyetogrammes bis zum Zeitpunkt des Beginns des Anstiegs

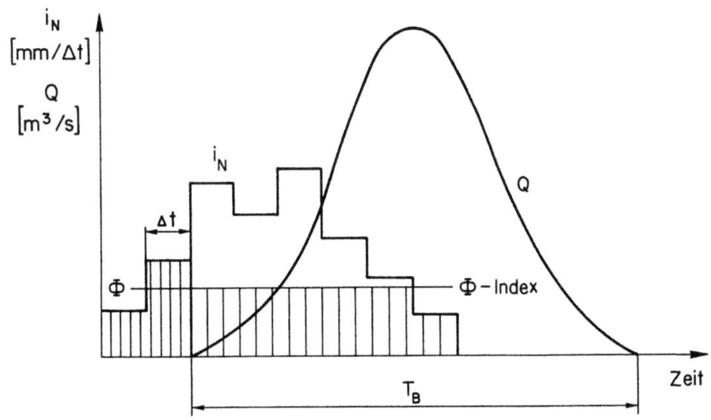

Abb. IX.7. Netto-Niederschlag und Ganglinie des direkten Abflusses

der Ganglinie wird als nicht abflußwirksam abgetrennt. Er beinhaltet die Interception, die Depressionsspeicherung und den ersten Teil der Infiltration. Oft wird auf diese Abtrennung verzichtet.

– Mit der $\emptyset$-Index-Methode wird der Netto-Niederschlag vom verbleibenden Teil des Hyetogrammes bestimmt.

Die Kontinuitätsbedingung verlangt, daß der Inhalt des Hyetogramms des Netto-Niederschlages mal die Fläche des Einzugsgebietes gleich dem Inhalt der Ganglinie des Direktabflusses ist. Gestützt auf diese Feststellung kann der $\emptyset$-Index bestimmt werden.

$$\emptyset = \frac{1}{t_N} (N-A) \tag{IX.16}$$

wobei N der Niederschlag nach Abtrennung des nichtwirksamen Anfangsteiles, in mm oder m^3, und A der Direktabfluß auch in mm oder m^3 sind. Dies läuft darauf hinaus, die Linie $\emptyset - \emptyset$ (Abb. IX.7) zu bestimmen, oberhalb der der Inhalt des Hyetogramms gleich dem Direktabfluß ist.

Im wesentlichen entspricht die Fläche unterhalb der Linie $\emptyset - \emptyset$ der Summe von Infiltration, Oberflächenspeicherung und Evapotranspiration. In der Methode wird angenommen, daß die Summe dieser Größen von einem bestimmten Zeitpunkt an konstant bleibt. Dominierend ist während der Niederschlagsdauer die Infiltration. Wie im Kapitel V festgestellt wurde, stimmt diese Annahme für die Infiltration nur bedingt. Die Abweichung von einer konstanten Infiltrationsrate hängt vom Anfangszustand des Bodens und von den bodenphysikalischen Kenngrößen ab.

Eine weitere Möglichkeit zur Bestimmung des Netto-Niederschlages ist vom U.S. Soil Conservation Service entwickelt worden. Die Anwendung dieser Methode setzt eine genaue Kenntnis der hydrologischen Eigenschaften der Böden und der Beschaffenheit der Vegetationsdecke des Einzugsgebietes voraus. Eine Beschreibung dieser Methode, die den Verlauf der Infiltrationsrate besser approximiert, findet man in [10].

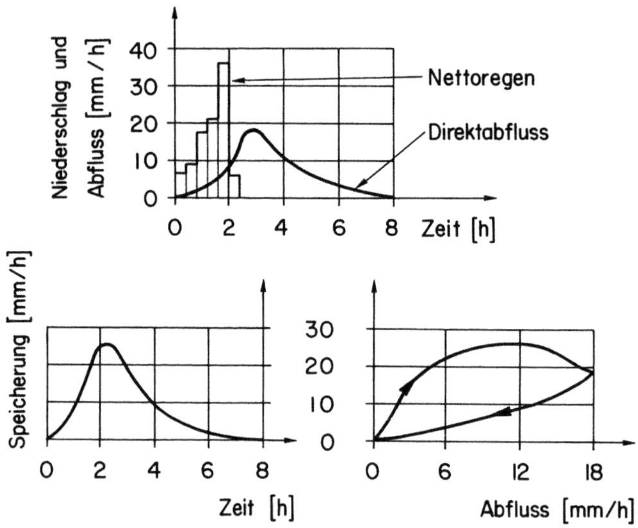

Abb. IX.8. Beziehungen zwischen Niederschlag, Abfluß und Speicherung. Ereignis vom 28.6.57 im Einzugsgebiet des Coshocton, Ohio [11]

Die Ordinaten der Ganglinie des Direktabflusses können nach Division durch die Fläche des Einzugsgebietes in der gleichen Einheit wie der Nettoregen, d.h. in mm/Zeiteinheit, dargestellt werden. Bildet man die Summenlinien des Nettoregens und des Abflusses, so gibt die Differenz zwischen Summenniederschlag und Summenabfluß zu jedem Zeitpunkt die im Einzugsgebiet momentan gespeicherte Wassermenge als Höhe pro Zeiteinheit an (Abb. IX.8). Am Ende ist aus Kontinuitätsgründen die Speicherung gleich Null. Ebenso kann eine Beziehung zwischen Abfluß und Speicherung, beides in Höhen ausgedrückt, ermittelt werden. Diese Beziehung ist nicht eindeutig, weil der Vorgang nicht stationär ist. Wie aus Abb. IX.8 ersichtlich ist, entsteht das Maximum der Speicherung vor Erreichen der Abflußspitze.

Literatur

1. Larras, J., Prévision et prédétermination des étrages et des crues. Paris: Eyrolles. 1972.
2. Pereira, L.A.S., Etudes de tarissement sur de petits bassins versants de montagne. Mitt. Inst. für Hydromechanik und Wasserwirtschaft, ETH, No. R 12–77 (1977).
3. Roche, M., Hydrologie de surface. Paris: Gauthier Villars. 1963.
4. Wisler, C. O., Brater, E. F., Hydrology. New York: Wiley. 1949.

5. Toebes, C., Ouryvaev, V., Representative and Experimental Basics, an International Guide for Research and Practice, UNESCO, Paris, 1970.
6. Langbein, W. B., Channell-storage and Unit-hydrograph Studies. Trans. Amer. geophys. Un. *21*, 620–627 (1940).
7. Linsley, R. K., Kohler, M. A., Paulhus, H. L. H., Hydrology for Engineers. New York: McGraw-Hill. 1975.
8. Hursh, C. R., Brater, E. F., Separating Strom-Hydrographs from Small Drainage-Areas into Surface and Subsurface-Flow. Trans. Amer. geophys. Un. Part III, H. 22, 863–871 (1941).
9. Wittenberg, H., Der Einfluß zunehmender Bebauung auf den Hochwasserabfluß. Mitt. Inst. Wasserbau III, T.U. Karlsruhe, H. 4, 1974.
10. Design of Small Dams, U.S. Bureau of Reclamation, U.S. Government Printing Office, Washington, 1977.
11. Chow, V. T., Runoff. In: Handbook of Applied Hydrology. New York: McGraw-Hill. 1964.

X. Niederschlag – Abfluß – Modelle

Eine der wichtigsten Aufgaben der Ingenieur-Hydrologie ist die Rekonstruktion vergangener Niederschlags-Abflußereignisse und die Vorhersage zukünftiger Ereignisse, d.h. das Schätzen der hydrologischen Größe und der Zeit deren Auftretens. Aus dem bis jetzt Gesagten ist es klar, daß die natürlichen Vorgänge, die vom Niederschlag zum Abfluß führen, sehr komplex sind. Es besteht kaum die Möglichkeit, sie in allen Einzelheiten zu erfassen und zu behandeln. Man ist deshalb gezwungen zu abstrahieren und den natürlichen Vorgang durch ein Modell zu ersetzen, das eine ähnliche, aber viel einfachere Struktur hat. Ein Modell kann materiell oder formal sein. Materielle Modelle sind physikalische oder Analogiemodelle. Formale Modelle hingegen sind symbolische Darstellungen der idealisierten, vereinfachten Situation (mathematische Modelle) [1].

In der Hydrologie wurden verschiedene Wege zur Entwicklung formaler Modelle begangen. Im folgenden werden einige der heute gebräuchlichsten Methoden beschrieben und die ihnen zugrundeliegenden Modellvorstellungen angegeben.

X.1 Methode der Einheitsganglinie (Unit Hydrograph)

X.1.1 Modellvorstellung und Annahmen

Die Methode der Einheitsganglinie stützt sich auf eine Systembetrachtung. System ist [2] der Zusammenhang zwischen:

– Einer Eingabe (Input), Ursache oder Anregung von Materie, Energie oder Information, und

– einer Ausgabe (Output), Effekt oder Antwort von Information, Energie oder Materie,

– hergestellt über irgendein Gebilde, eine Vorrichtung, Anlage oder Prozedur, reel oder abstrakt.

In dem Sinne ist ein hydrologisches System ein System, das sich mit dem Wasser in seinem natürlichen Vorkommen befaßt.

Die Antwort eines Systems hängt im allgemeinen von der Natur der Eingabe, sowie der physikalischen Vorgänge im System und deren Natur ab. In der Systembetrachtung interessiert nur die Gesamtwirkung des Systems, ohne auf die Details einzugehen. Das System gliedert sich dementsprechend in

Eingabe – Transferfunktion – Antwort

Im Fall der Methode der Einheitsganglinie wird aus einer gemessenen Eingabe, dem Niederschlag, und einer gemessenen Ausgabe, dem dazugehörenden Abfluß, die Transferfunktion, die Einheitsganglinie (UH), ermittelt. Diese Funktion kann

für die Abschätzung zukünftiger Abflußereignisse eingesetzt werden, ohne auf die internen Vorgänge Rücksicht zu nehmen.
Diese Modellvorstellung beruht auf folgenden Annahmen:

– Die Transferfunktion ist linear. Die effektiv vorhandene Nicht-Linearität des hydrologischen Systems wird durch die nicht-lineare Transformation der Eingabe, d.h. der Bestimmung des Nettoregens, und der nicht-linearen Transformation der Antwort, d.h. der Bestimmung des Direktabflusses, behoben.

– Die Transferfunktion ist zeit-invariant, d.h. die Antwort auf eine bestimmte Eingabe, den Nettoregen, ist unabhängig vom Zeitpunkt, an dem sie erfolgt.

Das setzt voraus, daß der Charakter des Einzugsgebietes durch natürliche oder anthropogene Einflüsse keine Veränderungen erfahren hat oder erfahren wird. Die Transferfunktion gibt eine integrale Beschreibung des hydrologischen Verhaltens eines Gebietes an.

Aus der Annahme der Linearität der Transferfunktion folgen die nachstehenden Grundsätze der Theorie der Einheitsganglinie [3], [4]:

– Nettoregen konstant bleibender aber verschiedener Intensität mit gleicher Dauer erzeugen Ganglinien des Direktabflusses mit der gleichen Basiszeit, aber mit verschiedenem Inhalt (Abb. X.1).

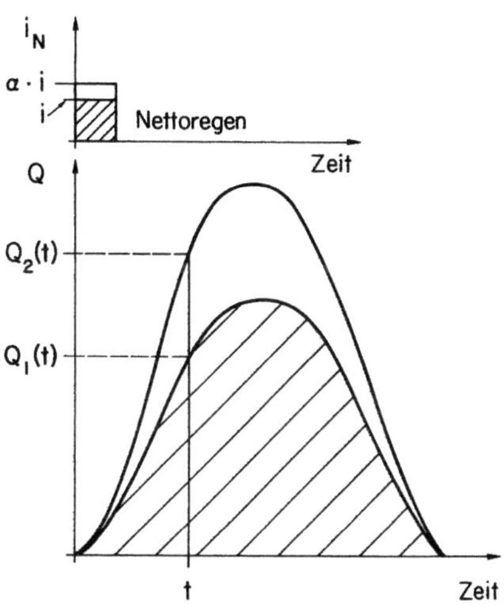

Abb. X.1. Proportionalitätsprinzip in der Theorie der Einheitsganglinie

– Die Ordinaten der unter den obigen Bedingungen entstehenden Ganglinien sind proportional der entsprechenden Intensitäten (Abb. X1)

$$Q_2(t)/Q_1\ (t) = \alpha \cdot i/i = \alpha \tag{X.1}$$

– Das Superpositionsprinzip ist gültig, d.h. Ganglinien, die durch aufeinanderfolgende oder unabhängige Regen konstanter, aber nicht gleicher Intensität entstehen, dürfen superponiert werden (Abb. X.2).

Die Transferfunktion ist der Direktabfluß, der durch einen Nettoregen gleichmäßiger Intensität und bestimmter Dauer erzeugt wird und einer totalen

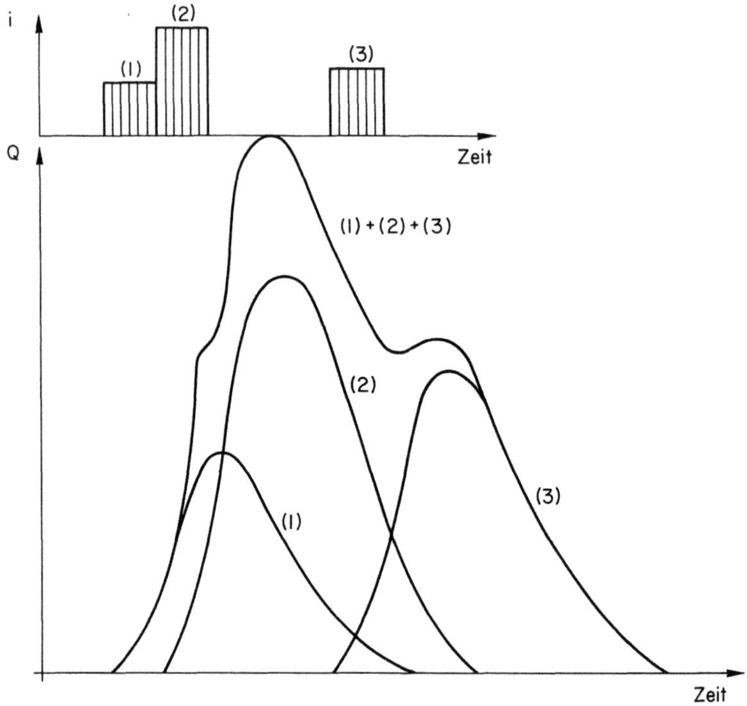

Abb. X.2. Superpositionsprinzip in der Theorie der Einheitsganglinie

Abflußhöhe von einer Einheit entspricht. Aus dem Grund wird sie Einheitsganglinie genannt.

Als Einheit wird meistens 1 cm gewählt. Da die Höhe des Direktabflusses gleich der Höhe des Nettoniederschlages sein muß, ist die Intensität des Einheits-Nettoregens

$$i_E = \frac{1 \text{ cm}}{\Delta t} \qquad \text{cm/Zeiteinheit} \qquad (X.2)$$

Aus dieser Definition der Einheitsganglinie folgt, daß jeder Dauer Δt des Einheitsregens eine andere Einheitsganglinie entspricht.

X.1.2 Ermittlung der Einheitsganglinie

Vor der Ermittlung der Einheitsganglinie sollten möglichst viele Niederschlagsereignisse, die das untersuchte Einzugsgebiet betreffen, analysiert werden, um einen Überblick über die Niederschlagsintensität und Niederschlagsverteilung zu erhalten.

Bei der Wahl der Ereignisse, die zur Ermittlung der Einheitsganglinie benutzt werden, sollte darauf geachtet werden, daß sie für das Einzugsgebiet repräsentativ sind. Erwünscht ist, daß der Niederschlag möglichst gleichmäßig verteilt und von gleicher Dauer über das ganze Einzugsgebiet ist. Diese Anforderung setzt eine obere Grenze für die Größe des Einzugsgebietes fest.

Liegen ein Nettoregen der Dauer Δt und Intensität i, sowie der dazugehörende Direktabfluß $Q(t)$, vor, so läßt sich laut Definition der Einheitsganglinie $U(t)$, letztere wie folgt berechnen:

$$\frac{U(t)}{Q(t)} = \frac{i_E}{i} = \frac{1}{i \cdot \Delta t}$$

und

$$U(t) = \frac{Q(t)}{i \cdot \Delta t} = \frac{Q(t)}{h_A} \qquad \text{(X.3)}$$

$\frac{1}{i \cdot \Delta t}$ sowie h_A sind dimensionslos.

Im allgemeinen sind die Ereignisse, aus welchen die Einheitsganglinie bestimmt werden muß, komplex. Man zerlegt in dem Fall den komplexen Nettoregen in m Blöcke verschiedener Intensität i_j, $j = 1, 2, \ldots, m$, aber gleicher Dauer Δt. Nach dem Superpositionsprinzip läßt sich der Direktabfluß als Überlagerung vom Vielfachen derselben Einheitsganglinie darstellen (Abb. X.3).

Man erkennt daraus, daß die Ordinaten des Direktabflusses wie folgt angeschrieben werden können:

$$\begin{aligned}
Q_1 &= U_1\, i_1\, \Delta t \\
Q_2 &= U_2\, i_1\, \Delta t + U_1\, i_2\, \Delta t \\
Q_3 &= U_3\, i_1\, \Delta t + U_2\, i_2\, \Delta t + U_1\, i_3\, \Delta t \qquad \text{(X.4)} \\
&\cdot \\
&\cdot \\
Q_8 &= U_8\, i_1\, \Delta t + U_7\, i_2\, \Delta t + U_6\, i_3\, \Delta t \\
Q_9 &= \qquad\qquad U_8\, i_2\, \Delta t + U_7\, i_3\, \Delta t \\
Q_{10} &= \qquad\qquad\qquad\qquad U_8\, i_3\, \Delta t \\
Q_{11} &= \qquad\qquad\qquad\qquad U_9\, i_3\, \Delta t = 0
\end{aligned}$$

und allgemein

$$Q_k = U_k\, i_1\, \Delta t + U_{K-1} i_2\, \Delta t + \ldots + U_{k-m+1} i_m\, \Delta t \qquad \text{(X.5)}$$

oder

$$Q_k = \sum_{j=1}^{m} U_{k-j+1}\, i_j\, \Delta t \qquad k = 1, 2, \ldots n-1 \qquad \text{(X.6)}$$

wobei $n = \frac{T_B}{\Delta t}$ ist.

Diese Gleichung gibt die Ordinaten der Einheitsganglinie für einen Einheitsregen der Dauer Δt in den Zeitabständen Δt an.

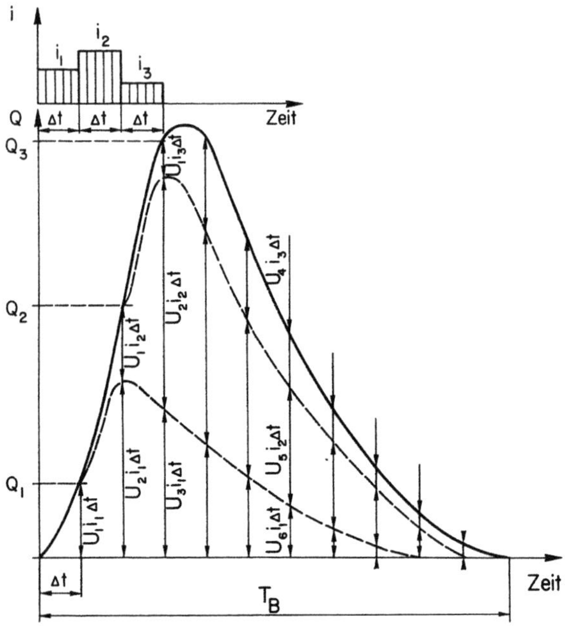

Abb. X.3. Ableitung des Unit Hydrographen aus einem Hochwasserereignis

Läßt man Δt gegen Null gehen, so erhält man die Einheitsganglinie des Einzugsgebietes für einen Einheitsregen der Dauer Null. Die Gl. (X.6) geht dabei in die Integralform

$$Q(t) = \int_0^t U(t-\tau)\, i(\tau)\, d\tau \tag{X.7}$$

über.

Die Einheitsganglinie für einen Einheitsregen der Dauer Null wird *Momentane Einheitsganglinie* (instantaneous unit hydrograph) genannt und mit IUH abgekürzt.

Aus der Beziehung (X.6) folgt, daß zur Bestimmung der $r = n - m + 1$ unbekannten Stützwerte der Einheitsganglinie U_{k-j+1}, n Gleichungen mit Maximum m Gliedern zur Verfügung stehen.

Das Gleichungssystem ist damit überbestimmt. Beachtet man, daß $i_j \cdot \Delta t = h_{Nj} = h_{Aj}$ ist und bezeichnet man mit H, U und Q die entsprechenden Vektoren und Matrizen, so kann das Gleichungssystem wie folgt geschrieben werden

$$H \cdot U = Q$$

Die Matrix H ist aber keine quadratische Matrix, sie hat n Linien und r Kolonnen. Deswegen werden beide Seiten mit der transponierten Matrix von H, H^T multipliziert

$$H^T \cdot H \cdot U = H^T Q$$

und die Lösung aus

$$U = (H^T H)^{-1}\, H^T Q \tag{X.8}$$

bestimmt.

Diese Matrizenmanipulation liefert die Schätzung der Ordinaten der Einheitsganglinie nach der Methode der kleinsten Quadrate, d.h. die Einheitsganglinie, die eine Schätzung des Hydrographen ergibt, dessen Summe der Quadrate der Abweichungen vom gemessenen Hydrographen minimal wird [5].

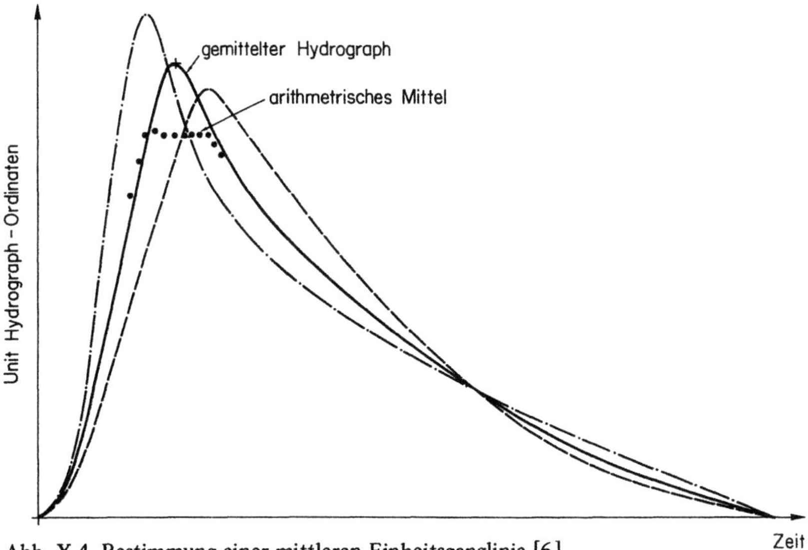

Abb. X.4. Bestimmung einer mittleren Einheitsganglinie [6]

Die Bestimmung der Einheitsganglinie aus einem einzigen Niederschlags-Abflußereignis genügt nicht. Man muß mehrere solche Ereignisse von *ähnlichem* Charakter analysieren und die daraus sich ergebenden Einheitsganglinien mitteln. Eine arithmetische Mittelung ist dabei falsch, vor allem im Bereich der Spitze der Ganglinie (Abb. X.4). Es wird unter Umständen notwendig sein, für ein Einzugsgebiet verschiedene Einheitsganglinien für die verschiedenen Jahreszeiten zu ermitteln.

Mit der Methode der Einheitsganglinie wird ein nicht-linearer Vorgang durch eine Transformation in einen angeblich linearen umgewandelt. Aus dem Grund sollten Einheitsganglinien aus Ereignissen bestimmt werden, deren Größe möglichst nahe der Größe der zu schätzenden Ganglinie liegt. Wenn nötig sollten für verschiedene Bereiche, bzw. Jahreszeiten, auch verschiedene Einheitsganglinien ermittelt werden.

X.1.3 Ermittlung der Einheitsganglinie für verschiedene Einheitszeiten

Durch die beschriebene Prozedur wird die Einheitsganglinie für eine bestimmte Einheitszeit Δt ermittelt. Es ist oft erwünscht, diese Einheitsganglinie in eine solche für eine Zeit $\Delta t' \neq \Delta t$ umzuwandeln. Diese Umwandlung wird mit der Technik der S-Kurve vorgenommen. Diese Technik beruht auf folgende Überlegung:

Die Superposition von unendlich vielen Einheitsganglinien der Einheitszeit Δt, die gegeneinander jeweils um Δt verschoben sind, ergibt die Ganglinie eines unendlich langen Niederschlages der Intensität 1 cm/Δt. Offensichtlich erreicht der Abfluß nach (n) Zeitschritten sein Maximum und bleibt von dann an konstant, was eine S-Kurve ergibt (Abb. X.5).

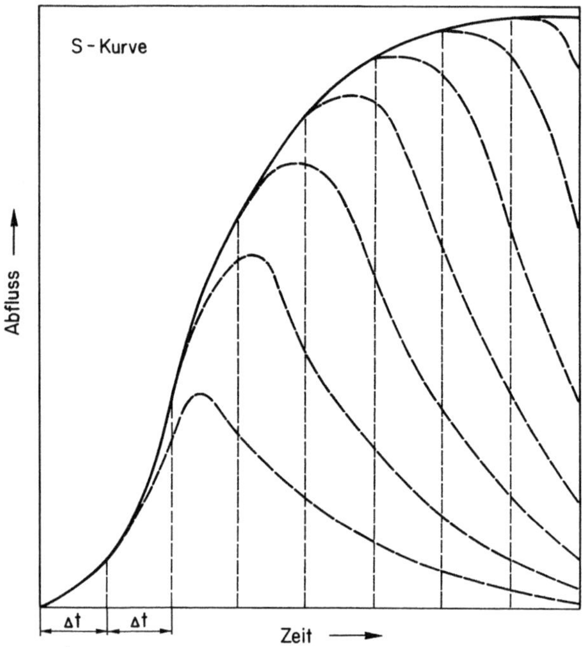

Abb. X.5. S-Kurve als Superposition von n Einheitsganglinien

Zur Bestimmung dieser Kurve genügt also die Superposition von n Einheitsganglinien. Der Maximalwert des Abflusses ist gleich

$$n \cdot \Delta t \, \frac{1 \text{ cm}}{\Delta t} \, F_E = n \cdot F_E \cdot 1 \text{ cm}$$

oder in Höhe ausgedrückt $\quad h_A = n \cdot 1$ cm.

Verschiebt man die S-Kurve um die Zeit $\Delta t'$ und subtrahiert sie von der ersteren, so entsteht daraus eine Ganglinie, die einem Regen der Dauer $\Delta t'$ und der Intensität 1 cm/Δt entspricht. Zur Umwandlung dieser Ganglinie in eine Einheitsganglinie der Einheitszeit $\Delta t'$ müssen ihre Ordinaten mit $\Delta t/\Delta t'$ multipliziert werden.

Diese Prozedur kann am einfachsten graphisch durchgeführt werden. Die Zeit $\Delta t'$ kann irgendein Vielfaches von Δt sein, d.h. $\Delta t' = a \cdot \Delta t$ mit a: irgendeine reelle Zahl größer als Null.

Auf diese Art können auch Einheitsganglinien, die verschiedenen Zeiten Δt_i entsprechen, auf eine dieser Zeiten umgewandelt und gemittelt werden.

X.2 Synthetische Einheitsganglinie

Die beschriebene Methode zur Bestimmung der Einheitsganglinie verlangt geeignete Messungen des Niederschlages und Abflusses. Solche Messungen sind nicht immer vorhanden. Es ist daher erwünscht, Einheitsganglinien synthetisch zu konstruieren. Es wurden dazu verschiedene Methoden entwickelt. Bevor auf die wichtigsten eingegangen wird, werden mit Hilfe der Abb. X.6 einige Größen definiert.

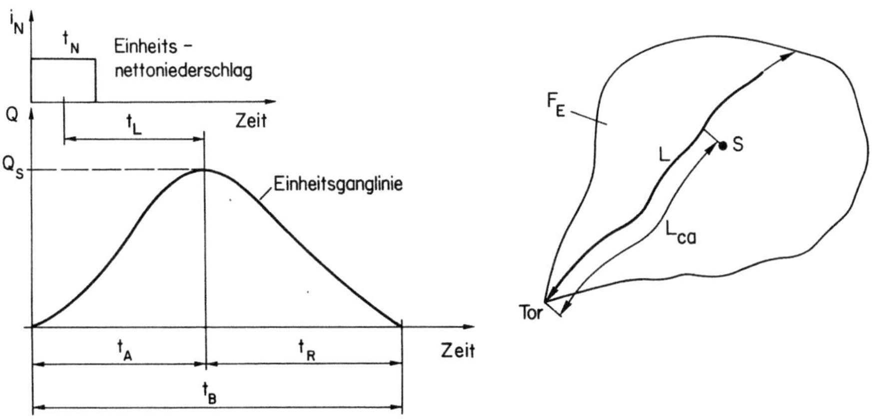

Abb. X.6. Synthetische Einheitsganglinien – Definitionen

t_N	Dauer des Einheitsniederschlages	
t_L	Verzögerungszeit des Einzugsgebietes = Zeitunterschied zwischen Schwerpunkt des Niederschlages und Abflußspitze	
t_A	Periode des Anstieges	der Einheitsganglinie
t_R	Periode der Rezession	der Einheitsganglinie
t_B	Basiszeit	der Einheitsganglinie
Q_S	Spitzenabfluß der Einheitsganglinie	
L	Länge des Hauptflusses vom Tor bis zur Wasserscheide des Einzugsgebietes	
L_{ca}	Distanz vom Tor des Einzugsgebietes bis zum Punkt des Hauptflusses, der dem Schwerpunkt der Fläche des Einzugsgebietes am nächsten liegt	
F_E	Fläche des Einzugsgebietes	

X.2.1 Methode von Snyder: (USCE)

Snyder [8] hat, gestützt auf Analysen, einer großen Anzahl von Ganglinien verschiedener Einzugsgebiete folgende Beziehungen angegeben:
Verzögerungszeit:

$$t_L = C_1 \ (L \cdot L_{ca})^{0,3} \qquad t_L \text{ in Stunden} \qquad \text{(X.9)}$$

$$C_1 = 1{,}33 \div 1{,}65 \qquad L,\ L_{ca} \text{ in km}$$

Basiszeit:

$$t_B = 3 + (t_L/8) \qquad \text{in Stunden} \qquad \text{(X.10)}$$

Spitzenabfluß:

$$Q_S = (7\ C_S\ F_E)/t_L \qquad \text{(X.11)}$$

Q_S in m^3/s, F_E in km^2, t_L in Stunden

C_S 0,4 ÷ 0,8 hängt vom Retensionsvermögen des Einzugsgebietes ab

Die angegebenen Werte gelten für einen Einheitsniederschlag der Dauer $t_N = t_0 = t_L / 5{,}5$

Für Einheitsniederschläge anderer Dauer $t_N \neq t_0$ gilt

$$t_{LN} = t_L + 0{,}25\,(t_N - t_0) \tag{X.12}$$

t_{LN}: Verzögerungszeit für Einheitsniederschlag der Dauer t_N

Mit den so bestimmten Größen wird die Ganglinie mit dem Einheitsinhalt konstruiert.

X. 2. 2 Methode der Soil Conservation Service: (USDA)

Die Ganglinie wird als Dreieck angegeben, mit Q_S als Spitze und t_B als Basis. Es werden folgende Angaben gemacht:

$$Q_S = 2{,}08\,\frac{F_E \cdot h_N}{t_A} \qquad Q_S \text{ in m}^3/\text{s},\ F_E \text{ in km}^2,\ h_N \text{ in cm},\ t_A \text{ in Stunden} \tag{X.13}$$

$$t_A = \frac{t_N}{2} + t_L \tag{X.14}$$

t_L nach Gl. (X.9) oder bei Einteilung des Einzugsgebietes in Teileinzugsgebiete

$$t_L = \frac{\sum\limits_{i=1}^{n} F_{E,i} \cdot h_{A\,i}\, t_i}{\sum\limits_{i=1}^{n} F_{E,i}\, h_{A,i}} \tag{X.15}$$

wobei

$F_{E,i}$ Fläche des i-ten Teil-Einzugsgebietes
$h_{A,i}$ Abflußhöhe für das Teil-Einzugsgebiet i
t_i Fließzeit des Wassers vom Schwerpunkt des Teil-Einzugsgebietes bis zum Tor

Mit der angegebenen Definition Q_S und t_A kann eine Einheitsganglinie konstruiert werden, wobei dazu auch die nachfolgende dimensionslose Darstellung benutzt werden kann (Tab. X.1).

Tabelle X.1. *Synthetische Einheitsganglinie in dimensionloser Form, SCS*

t/t_A	0	0,1	0,2	0,3	0,4	0,5	0,6	0,7	0,8	0,9
Q/Q_S	0	0,015	0,075	0,16	0,28	0,43	0,60	0,77	0,89	0,97
t/t_A		1,1	1,0	1,2	1,3	1,4	1,5	1,6	1,8	2,0
Q/Q_S		1,00	0,98	0,92	0,84	0,75	0,66	0,56	0,42	0,32
t/t_A		2,2	2,4	2,6	2,8	3,0	3,5	4,0	4,5	5,0
Q/Q_S		0,24	0,18	0,13	0,098	0,075	0,036	0,018	0,009	0,004

X.3 Konzeptuelle Modelle

Im Gegensatz zu Modellen, die auf einer Systembetrachtung beruhen, wird in konzeptuellen Modellen der Zusammenhang zwischen der Eingabe und der Gebietsantwort mittels eines einfachen physikalischen Konzepts gesucht. Die grundlegenden Komponenten dieser Modelle sind der lineare Speicher (vgl. Abschn. IX.2) und der lineare Kanal. Letzterer ist ein fiktiver Kanal, der einen Abfluß Q beliebiger Größe über eine Distanz x in der konstanten Zeit T transportiert. Daraus folgt, daß, wenn die Eingabe $I = f(t)$ ist, die Ausgabe Q bis auf eine Zeitverschiebung durch dieselbe Funktion gegeben wird, d.h. $Q = f(t-T)$, wobei T die sogenannte Laufzeit ist.

X.3.1 Das Laufzeitverfahren (Rationale Methode)

Das Laufzeitverfahren wurde lange vor dem Einheitsganglinienverfahren entwickelt und wird immer noch für die Berechnung des maximalen Abflusses in Kanalisationsnetzen benutzt. Das Kernstück des Verfahrens ist der lineare Kanal, kombiniert mit der Annahme, daß der Abfluß Q_j aus einer Teilfläche $F_{E,j}$ eines Einzugsgebietes proportional zu dieser Fläche ist.

$$Q_j = C \cdot F_{E,j} \tag{X.16}$$

Man denke sich das Einzugsgebiet in Teilflächen eingeteilt, die durch *Isochronen* abgegrenzt sind (Abb. X.7). Eine Isochrone ist eine Linie gleicher Laufzeit T bis

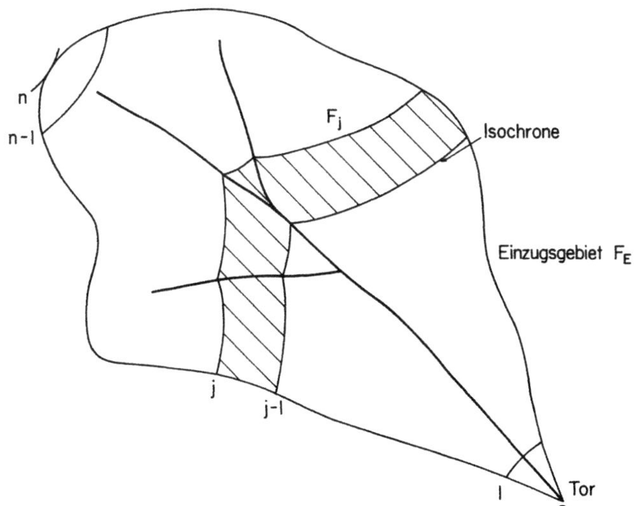

Abb. X.7. Einzugsgebiet mit Isochronen

zum Tor des Einzugsgebietes. Wasserteilchen, die gleichzeitig eine Isochrone verlassen, erreichen auch gleichzeitig das Tor.

Dementsprechend erreicht Regen, der auf die Teilfläche $F_{E,j}$ des Einzugsgebietes fällt, das Tor im Zeitabschnitt T_{j-1} bis $T_{j-1} + \Delta t$, wobei $T_{j-1} = (j-1)\,\Delta t$

und $\Delta t = T_n/n$ ist. T_n ist die Laufzeit eines Wassertropfens, der am obersten Ende des Einzugsgebietes fällt.

Man nehme nun an, daß auf das Einzugsgebiet ein Regen der Intensität i und der Dauer Δt fällt und daß aus jeder Teilfläche $F_{E,j}$ ein Anteil ψ_j des Niederschlages zum Abfluß gelangt. Der Abfluß, der aus einer Teilfläche pro Zeiteinheit zum Tor gelangt, beträgt

$$q_j = i \cdot \Delta t \cdot \psi_j \cdot F_{E,j} \cdot \delta\,(t-T, \Delta t) \tag{X.17}$$

wobei

$$\delta\,(t-T, \Delta t) = \frac{1}{\Delta t} \qquad \text{für } T \leqslant t \leqslant T + \Delta t$$

und

$$\delta\,(t-T, \Delta t) = 0 \qquad \text{für alle anderen Zeiten ist.}$$

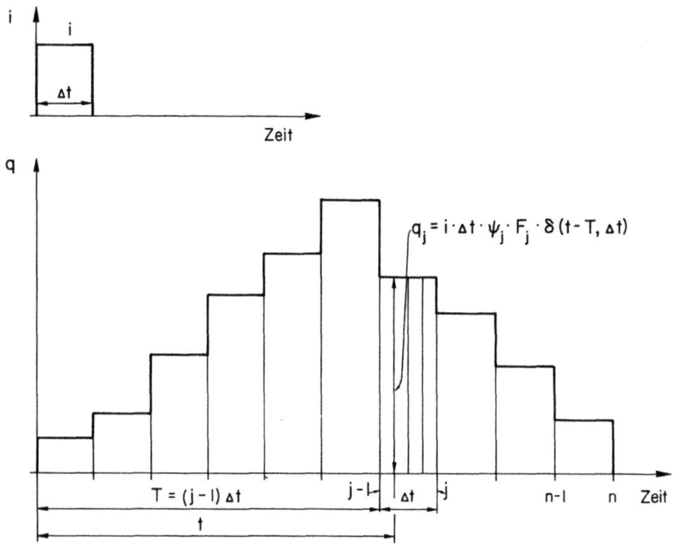

Abb. X.8. Rationale Formel $q - t$ – Diagramm

$\delta\,(t-T, \Delta t)$ ist eine Pulsfunktion mit dem Inhalt 1, die für $\Delta t \to 0$ gegen die Dirac-Delta-Funktion strebt. Trägt man die Größe q_j in ein q-t-Diagramm auf, so erhält man eine treppenförmige Ganglinie (Abb. X.8). Der Inhalt des einzelnen Blocks dieser Treppenfunktion ist für $i = 1$ (Einheitshöhe pro Zeiteinheit) gleich dem um ψ_j reduzierten Flächeninhalt der Teilfläche $F_{E,j}$. Für einen Einheitsregen hingegen, d.h. für $i = 1/\Delta t$ (Einheitshöhe/Δt) entspricht die Treppenfunktion der Einheitsganglinie für das Gebiet mit der reduzierten Fläche

$$F_{E,\text{red}} = \sum_{J=1}^{n} \psi_j F_{E,j} \neq \psi_m \sum_{J=1}^{n} F_{E,j} \tag{X.18}$$

und dem Einheitsregen der Dauer Δt. Für $\Delta t \to 0$ geht diese treppenförmige Ganglinie in eine kontinuierliche über, die die Antwort des Einzugsgebietes $F_{E,\text{red}}$ auf einen Dirac-Stoß ist und dem Instantaneous Unit Hydrograph dieses Gebietes angibt.

Die Einheitshöhe und die Fläche müssen in (X.17) in denselben Einheiten eingesetzt werden.

Durch die Superposition von m Ganglinien, die durch (X.17) gegeben und jeweils um eine Zeiteinheit nach rechts verschoben sind, erhält man die Abflußganglinie für einen Niederschlag der Intensität i und der Dauer $m \cdot \Delta t$ mit den Ordinaten:

$$Q_j = \sum_{k=1}^{j} \psi_k \cdot i \cdot \Delta t \cdot F_{E,k} \, \delta(t-T, \Delta t) \quad j = 1, \ldots, m \qquad \text{(X.19)}$$

Es ist offensichtlich, daß nach einer Addition von n solchen Ganglinien Q_j konstant bleibt, man erhält somit für $m \geqslant n$ die S-Linie.

$$Q_{\max} = \sum_{k=1}^{n} \psi_k \cdot i \cdot \Delta t \cdot F_{E,k} \, \delta(t-T, \Delta t) \qquad \text{(X.20)}$$

ist gleichzeitig der maximal mögliche Abfluß für einen Regen der Intensität i. Dieser Ausdruck ist als die rationale Formel bekannt.

Ein großer Nachteil des Laufzeitverfahrens ist, daß die Speicherung, die zu einer Verzögerung des Abflusses führt, nicht berücksichtigt wird.

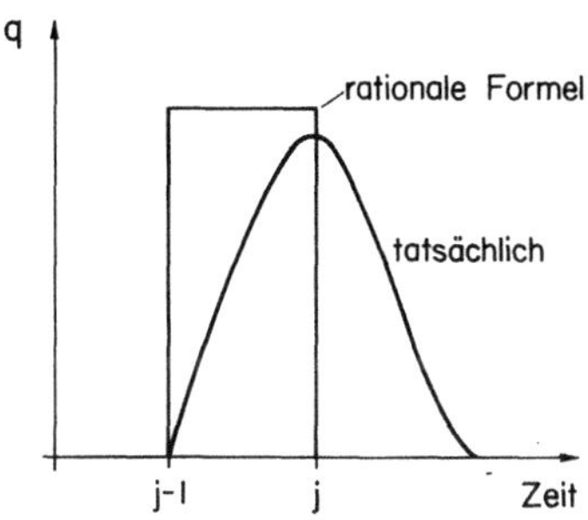

Abb. X.9. Abfluß aus einem Teileinzugsgebiet und seine Approximation nach dem Isochronenverfahren

Die Speicherung hat zur Folge, daß der Abfluß aus einem Teilgebiet nicht durch einen Balken, sondern durch eine schiefe Verteilungsfunktion angegeben wird (Abb. X.9). Eine Erweiterung dieser Methode, in der die Wirkung der Speicherung berücksichtigt wird, wurde von Larrieu [10] angegeben. Ein weiterer Nachteil ist die schwierige Bestimmung der Isochronen.

Die Laufzeit eines Wasserteilchens, das auf einen Punkt des Einzugsgebietes gefallen ist, setzt sich aus der Zeit zusammen, die es braucht, bis es den nächsten Ast des Drainagesystems erreicht hat, und der Zeit, die es braucht, um im Drainagesystem den Weg bis zum Tor des Einzugsgebietes zurückzulegen.

Die erste dieser Zeiten ist sehr schwer zu ermitteln. Dies umsomehr, als der größte Teil des Wassers „hypodermisch" abfließt. Im Schweizer Mittelland kann man nach Lichtenhahn [9] diese Zeit mit 5 bis 10 min. einsetzen. In kleinen Einzugsgebieten, in welchen die Isochronen in Zeitabständen Δt von Minuten bestimmt werden müssen, ist diese Zeit von Bedeutung. Ist hingegen das Gebiet so groß, daß die Isochronen mit einem Δt von Stunden ermittelt werden, fällt diese

Zeit nicht ins Gewicht. Dies gibt ein Kriterium für die Unterscheidung von großen und kleinen Einzugsgebieten. Die Laufzeit t_e im Drainagesystem wird aus der Beziehung

$$t_{ei} = \frac{L_i}{\bar{v}_i} \tag{X.21}$$

ermittelt.

Angaben über die Berechnung von $\bar{v}_i$ wurden im Kapitel VIII gemacht. Normalerweise wird

$$\bar{v}_i = k \cdot \left(\frac{L_i}{\Delta H_i}\right)^{1/2} \cdot R^{2/3} \tag{X.22}$$

gesetzt, L_i ist die Länge eines Gerinneabschnittes mit angenähert konstanter Neigung $L_i/\Delta H_i$ und konstantem k-Wert. Die totale Laufzeit ergibt sich aus der Addition der einzelnen Laufzeiten für die Strecken, die das Teilchen bis zum Tor des Einzugsgebietes zurücklegen muß. Zu beachten ist, daß k und R vom Füllgrad des Gerinnes abhängig sind.

Ein weiterer wichtiger Punkt ist die Bestimmung der Abflußkoeffizienten ψ_j. Die nachstehende Tabelle gibt einige Erfahrungswerte:

	ψ-Wert
Dächer, Straßen und Plätze mit Belag	0,95 – 0,80
Baugebiet (1/2 bebaut, 1/2 Grünfläche)	0,40 – 0,30
Kulturland durchlässig	0,15 – 0,05
Kulturland undurchlässig	0,25 – 0,15
Wald	0,10 – 0,05
steiles Gebiet	0,20

Um die Nachteile des Laufzeitverfahrens zu vermeiden, wurden in neuerer Zeit weitere Modelle dieser Art entwickelt. Das Modell von Nash [11] behandelt das Einzugsgebiet als eine Reihe von linearen Speichern. Dooge [12] hat diese Gedanken konsequent erweitert und betrachtet das Einzugsgebiet als eine Reihe von alternierenden linearen Speichern und linearen Kanälen. Über die Weiterentwicklung dieser Modelle und ihre Anwendung wird auf die Literatur verwiesen [13], [14], [15].

Neben den konzeptuellen Methoden wurden, seitdem schnelle Computer mit großer Speicherkapazität in Einsatz gelangten, Simulationsmodelle entwickelt, in welchen die Bilanz, wie sie im Schema Abb. I.2 dargestellt wurde, mehr oder weniger vollständig erfaßt wird. Das bekannteste dieser Modelle ist das Stanford-Watershed-Modell [16].

X.4 Schneeabfluß-Modelle

In Gebirgsgebieten kann es von Vorteil sein, auf ein Universalmodell zu verzichten, dafür aber die typischen Merkmale des Schneeabflusses möglichst gut zu erfassen. Der tägliche Schneeabflußzyklus wird ausgenützt, um eine einfache Relation zwischen der Schmelzwasserproduktion und dem resultierenden Abfluß abzuleiten [17]:

$$M_1 = A_t = A_1 \frac{K^\infty - 1}{K-1} \tag{X.23}$$

wobei

M_1 die Schneeschmelze (cm) am ersten Tag der Schmelzperiode
A_t der Totalabfluß (cm)
A_1 der Abfluß in 24 Std. seit dem Anstieg (cm)
K $\frac{A_n}{A_{n-1}}$ = der Rezessionskoeffizient

weil $K < 1$, ergibt sich

$$M_1 = A_t = A_1 \frac{1}{1-K} \tag{X.24}$$

und

$$A_1 = M_1 (1-K) \tag{X.25}$$

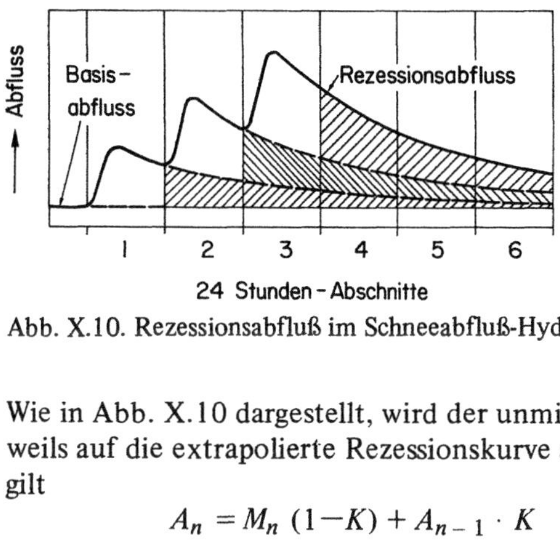

Abb. X.10. Rezessionsabfluß im Schneeabfluß-Hydrogramm [17]

Wie in Abb. X.10 dargestellt, wird der unmittelbare Schmelzwasserbeitrag jeweils auf die extrapolierte Rezessionskurve aufgesetzt. Für einen beliebigen Tag gilt

$$A_n = M_n (1-K) + A_{n-1} \cdot K \tag{X.26}$$

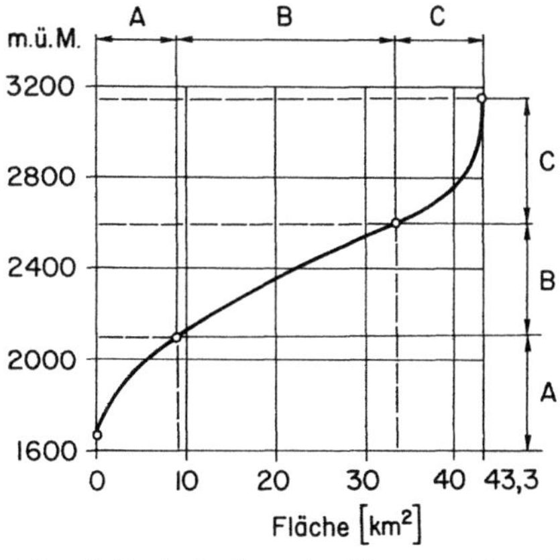

Abb. X.11. Aufteilung des Einzugsgebietes Dischma in drei Höhenzonen

In Einzugsgebieten mit einem großen Höhenbereich (etwa über 500 m) ist es empfehlenswert, die Schmelzwasserproduktion für die einzelnen Höhenzonen separat zu berechnen. Als Beispiel wird in der Abb. X.11 das alpine Einzugsgebiet Dischma bei Davos nach der hypsometrischen Kurve in drei Zonen aufgeteilt.

Die Schmelzwasserproduktion wird am einfachsten mit dem Grad-Tag-Faktor ermittelt. Eine detailliertere Berechnung kann natürlich auch eingesetzt werden. Wichtig ist, daß das jeweilige Flächenausmaß der Schneedecke berücksichtigt wird (Abb. X.12).

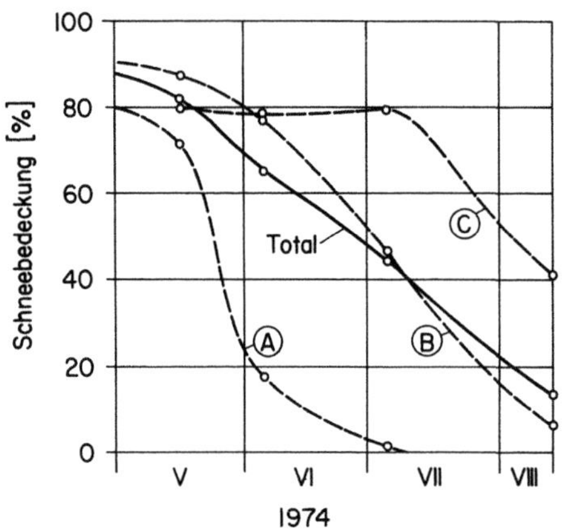

Abb. X.12. Abnahme der Schneebedeckung im ganzen Einzugsgebiet Dischma und in den drei Höhenzonen

Damit ergibt sich für das Schneeabfluß-Modell [17]

$$A_n = \frac{C}{F}(a_A \cdot T_{d,A} \cdot S_A \cdot F_{E,A} + a_B \cdot T_{d,B} \cdot S_B \cdot F_{E,B} + a_c \cdot T_{d,C} \cdot S_C \cdot F_{E,C})$$

$$(1-K_n) + A_{n-1} \cdot K_n \qquad \text{(X.27)}$$

wobei

A die tägliche Abflußhöhe (cm)
C der Abflußkoeffizient, Verhältnis Output/Input
F_E die Fläche des Einzugsgebietes (km^2)
a der Grad-Tag-Faktor ($cm \cdot {}^\circ C^{-1} \cdot d^{-1}$)
T_d die Anzahl der Grad-Tage ($^\circ C \cdot d$)
S die relative Schneebedeckung (1,0 für eine komplette Schneedecke)
Indices A, B, C bezeichnen die Höhenzonen
K der Rezessionskoeffizient
n bezeichnet die Reihenfolge der Tage

In Dischma (F_E = 43,3 km^2) erfolgt der Abfluß mit einer Verzögerung von durchschnittlich 6 Stunden gegenüber dem Tagesgang der Temperatur. Wenn es gleichzeitig regnet, wird die Schmelzwasserproduktion um die entsprechende Wassermenge erhöht.

Der Rezessionskoeffizient wird erfahrungsgemäß größer, je kleiner der Abfluß ist. In kleineren Einzugsgebieten ist er im allgemeinen kleiner. Für das Einzugsgebiet Dischma wurde mit der Methode von Langbein

$$K_n = 0{,}85\, Q_{n-1}^{-0{,}086}$$

ermittelt.
Ein Vergleich der berechneten und gemessenen Abflußmengen ist in Abb. X.13 dargestellt, wobei A (cm d^{-1}) auf Q (m^3 s^{-1}) umgerechnet wurde.

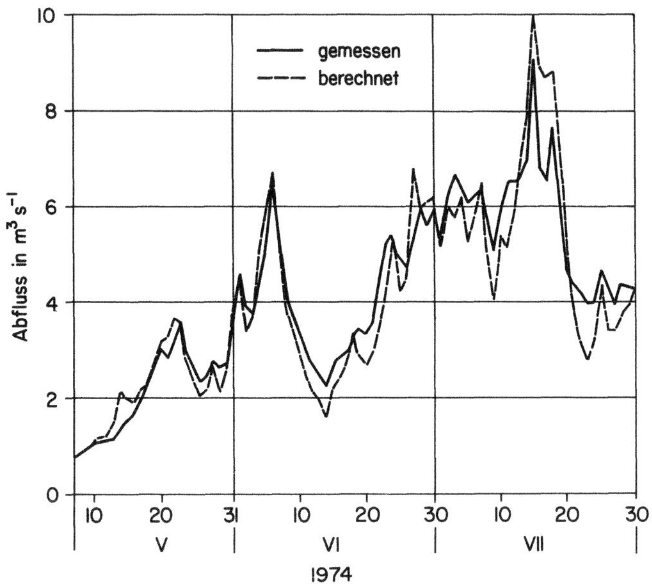

Abb. X.13. Vergleich der berechneten und gemessenen Abflüsse im alpinen Einzugsgebiet Dischma – Schneeschmelzesaison 1974

Im Gegensatz zu statistischen Modellen erfordert das beschriebene Verfahren gute Unterlagen, vor allem bezüglich der Schneebedeckung, Temperatur und des Rezessionskoeffizienten. Dafür ist es beim Einsatz in einem neuen Einzugsgebiet nicht auf die Optimierung der Parameter oder Kalibration angewiesen.

Literatur

1. Rosenblueth, A., Wiener, N., The Role of Models in Science. Philosophy of Science *XII*, No. 4, 316–321 (1945).
2. Dooge, J. C. I., The Hydrologic Cycle as a Closed System. Inter. Hydrology Symposium, Fort Collins, 58–68 (1967).
3. Sherman, L. K., Stream Flow from Rainfall by the Unit-graph-method. Eng. News.-Rec. *108*, 501–505 (1932).
4. Wilson, E. M., Engineering Hydrology. London: Macmillan. 1969.
5. Flood Studies Report, Vol. *I*, Nat. Env. Res. Council, London, 1975.

6. Remenieras, G., L'hydrologie de l'ingenieur. Paris: Eyrolles. 1960.
7. Chow, V. T., Runoff. In: Handbook of Applied Hydrology. New York: McGraw-Hill. 1964.
8. Snyder, F. F., Synthetic Unit-graphs. Trans. Amer. geophys. Un. *19*, 447–454 (1938).
9. Lichtenhahn, C., Flußbau, Erweiterter Vorlesungstext. ETH Zürich, 1977.
10. Larrieu, J., Evaluation des crues catastrophiques par la méthode des hydrogrammes synthetique. A.I.H.S. Assemblée générale de Toronto *III*, 160–173 (1957).
11. Nash, J. E., The Form of the Instantaneous Unit Hydrograph. Inter. Ass. Sci. Hydrology, Pb 45, *3*, 114–121 (1957).
12. Dooge, J. C. I., A General Theory of the Unit Hydrograph. J. geophys. Res. *64*, No. 1, 242–256 (1959).
13. Apollov, B. A., Kalinin, G. P., Komarov, G. P., Hydrological Forecasting. Transl. from Russian, Israel Progr. for Scient. Transl., Jerusalem, 1970.
14. W. M. O., Hydrological Forecasting, W. M. O. Tech. Note No. 92, 1969.
15. Gutknecht, D., Methoden der hydrologischen Kurzfristvorhersage. Wiener Mitteil., Wasser-Abwasser-Gewässer, Bd. 26, Wien, 1978.
16. Crawford, N. H., Digital Simulation in Hydrology, Stanford Watershed Model IV, Stanford Univ., Civil Eng. Dept., TR No. 39, 1966.
17. Martinec, J., Snowmelt Runoff Model for Streamflow Forecasts. Nordic Hydrology *6*, 145–154 (1975).

XI. Extremwerte des Abflusses (Hochwasservoraussage)

In vielen wasserwirtschaftlichen Aufgaben bilden die Extremwerte des Abflusses die Dimensionierungsgrundlage. Dabei sind sowohl die Momentanwerte als auch die Volumen von Bedeutung. Als Beispiel sind in Abb. XI.1 zwei Hochwasser der Maggia bei Bignasco dargestellt. Für die Dimensionierung z.B. eines Hochwasser-Rückhaltebeckens ist das erste dieser Hochwasser von größerer Bedeutung.

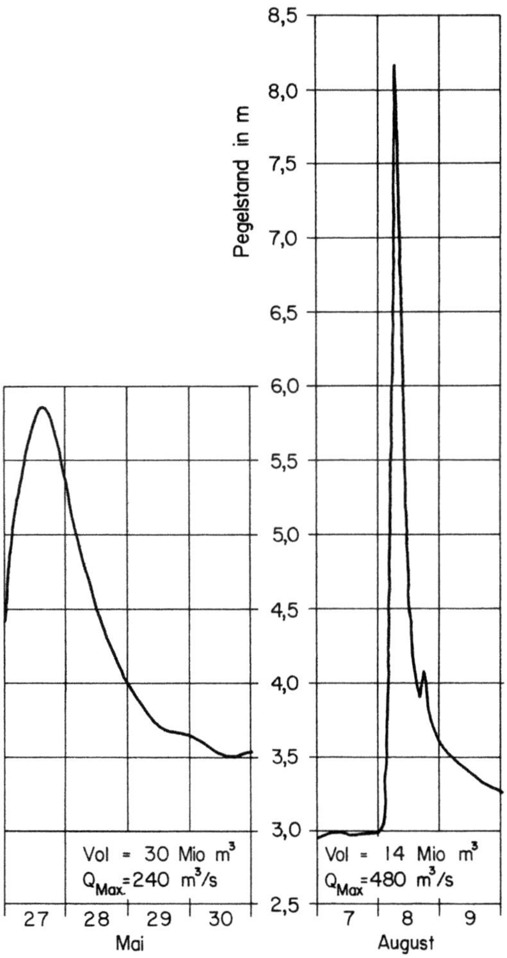

Abb. XI.1. Hochwasser der Maggia bei Bignasco (1951)

Eine wichtige Aufgabe der Hydrologie ist die Voraussage extremer Ereignisse. Unter *Voraussage* versteht man das Schätzen der Frequenz, mit der ein Ereignis bestimmter Größe auftreten kann.

Im Gegensatz zu den minimalen Werten des Abflusses, die auf eine mehr oder weniger lange niederschlagsfreie Periode folgen, ist die Ursache von Hochwasserabflüssen mannigfaltig:

- Extrem starke und lange Niederschlagsereignisse
- Schneeschmelze
- Eistrieb
- Katastrophen

Letztere können, wie im Fall von Dammbrüchen, zu Hochwasserabflüssen führen, die natürliche Hochwasserereignisse um ein Vielfaches übertreffen.

XI.1 Empirische Methoden zur Schätzung der Extremwerte von Hochwasserabflüssen

Diese Methoden beruhen auf der Auswertung von Messungen von Einzugsgebieten mit ähnlichem Charakter und haben deshalb beschränkte Gültigkeit. Kreps [1] hat eine Korrelation zwischen mittlerem Jahresabfluß MQ und Hochwasserabfluß HHQ gesucht. Er bekam daraus für die in Abb. XI.2 angegebenen Gebiete die Beziehung

$$HHQ = 90\sqrt[3]{\mathrm{MQ}^2} \tag{XI.1}$$

Hofbauer [2] hat die Methode der umhüllenden Kurve benutzt und erhielt eine Beziehung zwischen spezifischem Hochwasserabfluß q_H und Größe des Einzugsgebietes F_E

$$\log q_H\,(F_E) = \log q_H\,(1) - n \log F_E$$

oder

$$q_H\,(F_E) = q_H\,(1)\;F_E^{-n} \tag{XI.2}$$

Eine Anwendung der Methode von Hofbauer ist in der Abb. XI.3 angegeben [3].

Fuller [4] hat eine Beziehung zwischen spezifischem Hochwasserabfluß und Frequenz seines Auftretens angegeben

$$q_H\,(T) = q_1 \cdot (1 + 0{,}8 \log T) \tag{XI.3}$$

T Wiederkehrintervall (Jährigkeit) $= \dfrac{1}{\text{Frequenz}}$

q_1 spezifischer Hochwasserabfluß mit $T = 1$ Jahr

Diese Formel bezieht sich auf Tagesmittel. Fuller hat für die Abschätzung des Spitzenwertes die Beziehung

$$q_s = q_H \cdot \left(1 + \frac{2{,}66}{F_E^{\;0{,}3}}\right) \tag{XI.4}$$

angegeben.

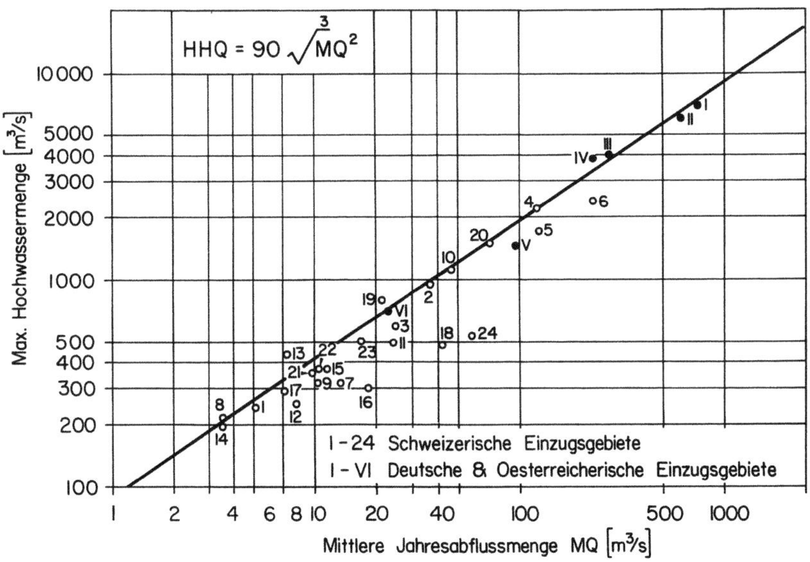

Abb. XI.2. Hochwasserformel von Kreps

XI.2 Die Frequenzanalyse von Hochwasserereignissen

Ein anderer Weg für Hochwasservorhersagen ist die Anwendung statistischer Methoden. Diese Methoden setzen voraus, daß die Hochwasser voneinander unabhängige Ereignisse sind und daß sie homogene Meßreihen bilden. Um statistisch einigermaßen zuverlässige Schätzungen durchführen zu können, müssen die Meßreihen genügend lang sein.

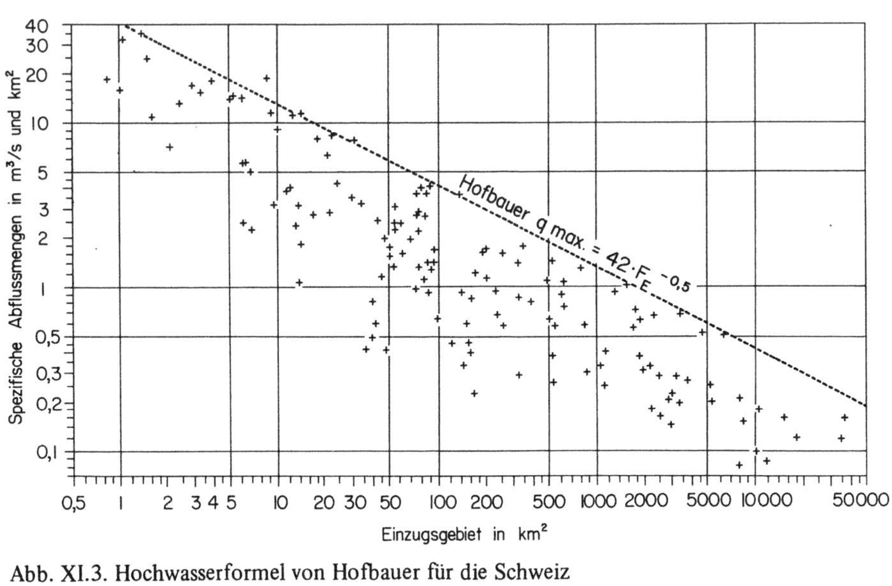

Abb. XI.3. Hochwasserformel von Hofbauer für die Schweiz

Die Homogenität der Meßreihe kann nach dem schon beschriebenen Verfahren überprüft werden. Die Unabhängigkeit der Ereignisse hängt von der Art ab, nach der die einzelnen Ereignisse aus den gemessenen Ganglinien gewählt werden. In dem Zusammenhang muß auf die Definition des Hochwassers eingegangen werden.

Eine klare Definition existiert nicht. Man kann als Hochwasser jeden Abfluß bezeichnen, der ein bestimmtes Vielfaches über dem mittleren Abfluß liegt, z.B. 3 bis 5 mal Q_m, oder das Hochwasser als seltenes Ereignis bezeichnen, das z.B. in $1 \div 5\%$ der Zeit pro Jahr auftritt.

Die Wasserstände eines Flusses bilden an sich keine unabhängigen Ereignisse. Der Abfluß eines bestimmten Tages ist vom Abfluß der vorangegangenen Tage beeinflußt und hat einen Einfluß auf den Abfluß der nachfolgenden Tage. Wählt man aber zur Bildung der Meßreihe die Jahresmaxima des Abflusses, so ist kaum zu erwarten, daß sie sich gegenseitig beeinflussen.

Diese Art der Auswahl der Einzelereignisse hat aber auch ihre Nachteile. Der maximale Abfluß eines Jahres kann ohne weiteres kleiner als der zweit- oder drittgrößte Abfluß eines anderen Jahres sein. Aus dem Grund wird oft vorgeschlagen, alle Hochwasser zu berücksichtigen, die zwischen dem größten und kleinsten Jahreshochwasser der Periode von n Jahren liegen und die n größten Hochwasser daraus zu wählen [5]. In diesem Fall ist das Auftreten von abhängigen Hochwasserereignissen nicht auszuschließen. Solche Ereignisse dürfen nicht in die Meßreihe aufgenommen werden. Im allgemeinen genügt die Betrachtung der Jahres-Hochwasser.

XI.2.1 Theoretische Verteilungsfunktionen

Die Methode der Frequenzanalyse beruht auf die Ermittlung der theoretischen Verteilungsfunktion, die die empirische Verteilung der gemessenen Hochwasserwerte am besten approximiert.

Es sei ξ eine kontinuierliche stochastische Variable und $p(\xi)$ die zu jedem Wert von ξ gehörende Wahrscheinlichkeit. Die Verteilungsfunktion einer kontinuierlichen Verteilung $p(\xi)$ mit $-\infty < \xi < +\infty$, wird durch die kumulative Wahrscheinlichkeit, d.h. die Wahrscheinlichkeit

$$F(x) = p(\xi \leqslant x) \tag{XI.5}$$

daß der Wert x erreicht oder unterschritten wird, gegeben. Es gilt $F(-\infty) = 0$ und $F(+\infty) = 1$.

Unter der Annahme, daß $F(x)$ differenzierbar ist, folgt

$$dF(x) = f(x)\,dx \tag{XI.6}$$

wobei

$$dF(x) = p(x < \xi \leqslant x + dx) \tag{XI.7}$$

die Wahrscheinlichkeit ist, daß ξ im Intervall $x, x + dx$ liegt. $f(x)$ wird Wahrscheinlichkeitsdichte genannt und ist selbst eine kontinuierliche Funktion von x (Abb. XI.4.a), aus (XI.6) folgt ferner (Abb. XI.4.b)

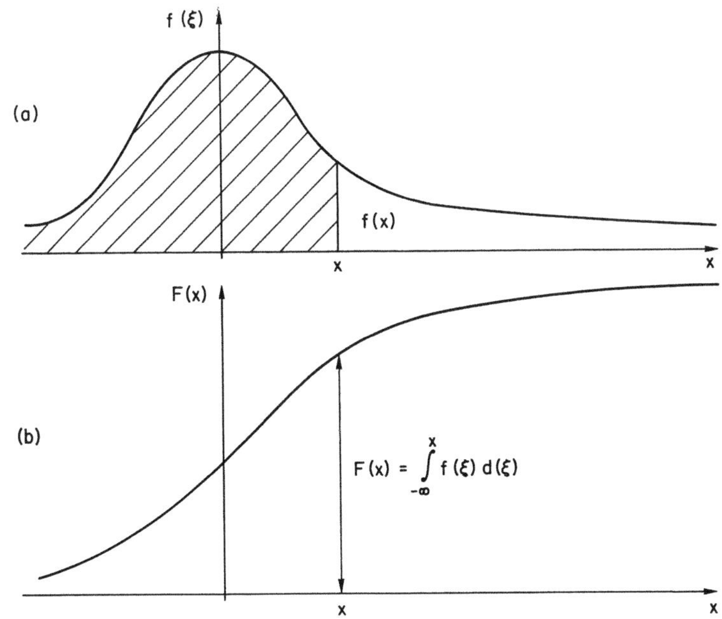

Abb. XI.4. Schematische Darstellung (a) der Wahrscheinlichkeitsdichte $f(x)$ und (b) der Verteilungsfunktion $F(x)$ einer stochastischen Variable

$$F(x) = \int_{-\infty}^{x} f(\xi)\, d\xi \tag{XI.8}$$

Der Erwartungs- oder Mittelwert μ einer stochastischen Variable ist

$$\mu = \int_{-\infty}^{+\infty} \xi f(\xi)\, d\xi \tag{XI.9}$$

und die höheren Zentralmomente

$$\mu_\nu = \int_{-\infty}^{+\infty} (\xi-\mu)^\nu \cdot f(\xi)\, d\xi \tag{XI.10}$$

Besonders wichtig für die weiteren Betrachtungen sind:
Das zweite Zentralmoment, die *Varianz*:

$$\mu_2 = \sigma^2 = \int_{-\infty}^{+\infty} (\xi-\mu)^2 \cdot f(\xi)\, d\xi \tag{XI.11}$$

$\sigma = \sqrt{\mu_2}$ wird Standard-Deviation genannt und ist ein Maß für die Dispersion der Verteilung um den Mittelwert.

Das dritte Zentralmoment, die *Schiefe*

$$\mu_3 = \int_{-\infty}^{+\infty} (\xi-\mu)^3 \cdot f(\xi) \cdot d\xi \tag{XI.12}$$

die ein Maß dafür ist, wie stark eine Verteilung sich von einer symmetrischen Verteilung unterscheidet. Mit Hilfe von μ, σ und μ_3 werden der Variationskoeffizient $C_v = \frac{\sigma}{\mu}$ und der Schiefekoeffizient $C_s = \frac{\mu_3}{\sigma^3}$ der Verteilung bestimmt.

Eine Verteilung kann mit Hilfe des Mittelwertes μ und der Standard-Deviation σ standardisiert werden. Die standardisierte Variable lautet

$$t = \frac{\xi-\mu}{\sigma} \tag{XI.13}$$

Wie man sich leicht vergewissern kann, ist der Mittelwert einer standardisierten Verteilung gleich Null und die Standart-Deviation gleich eins.

Nachfolgend werden einige Verteilungen angegeben, die bei Hochwasser-Frequenzanalysen angewandt werden:

Gauss'sche Normalverteilung:

Dichte

$$f(x) = \frac{1}{\sigma\sqrt{2\pi}} \exp\left(-\frac{1}{2}\left(\frac{x-\mu}{\sigma}\right)^2\right) \tag{XI.14}$$

Verteilungsfunktion

$$F(x) = \frac{1}{\sigma\sqrt{2\pi}} \int_{-\infty}^{x} \exp\left(-\frac{1}{2}\left(\frac{\xi-\mu}{\sigma}\right)^2\right) d\xi \tag{XI.15}$$

und in standardisierter Form:

$$f(t) = \frac{1}{\sqrt{2\pi}} \exp\left(-\frac{1}{2} t^2\right) \tag{XI.16}$$

$$F(t) = \frac{1}{\sqrt{2\pi}} \int_{-\infty}^{t} \exp\left(-\frac{1}{2} \tau^2\right) d\tau \tag{XI.17}$$

In der Form ist die Normalverteilung tabelliert [6].

Die Pearson III Verteilung:

Die Pearson III Verteilung ist nach unten begrenzt.

Dichte

$$f(x) = \frac{b^{a+1}}{\Gamma(a+1)} \cdot (x-d)^a \exp(-b(x-d)) \tag{XI.18}$$

mit $x > d$, $a > -1$, $b > 0$

d ist die untere Grenze der Verteilung, und

$$a = (1-d)\, b \text{ und } \frac{C_s}{2\,C_v} = \frac{1}{1-d} \tag{XI.19}$$

Verteilungsfunktion

$$F(x) = \frac{b^a}{\Gamma(a)} \int_d^x (\xi - d)^{a-1} \cdot \exp(-b(\xi - d))\, d\xi \qquad \text{(XI.20)}$$

$\Gamma(a)$ ist das Eulersche Gamma-Integral

$$\Gamma(a) = \int_d^\infty (\xi - d)^{\alpha - 1} \exp(-(\xi - d)) \cdot d\xi \qquad \text{(XI.21)}$$

Für $C_s = 0$ wird $d = -\infty$ und die Pearson III Verteilung strebt gegen die Gauss-Verteilung.

Wird die untere Grenze als Ursprung des Koordinatensystems genommen, dann wird

$$d = 0, \quad a = b, \quad C_s = 2\, C_v \qquad \text{(XI.22)}$$

und

$$f(x) = \frac{a^{a+1}}{\Gamma(a+1)}\, x^a \cdot \exp(-ax) \qquad \text{(XI.23)}$$

$$F(x) = \frac{a^a}{\Gamma(a)} \int_0^x \xi^{a-1} \cdot \exp(-a\xi) \cdot d\xi \qquad \text{(XI.24)}$$

Diese Verteilung ist die Gamma-Verteilung.

Die Gumbelverteilung

Dichte

$$f(x) = m \exp(-y - \exp(-y)) \qquad \text{(XI.25)}$$

mit

$$y = m(x - b), \quad -\infty < x < +\infty \qquad \text{(XI.26)}$$

Verteilungsfunktion

$$F(x) = \exp(-\exp(-y)) \qquad \text{(XI.27)}$$

Die Gumbel-Verteilung hat einen festen Schiefekoeffizienten von $C_s = +1{,}139$.

Bei der Beobachtung von Abflußereignissen stellt man fest, daß die Meßwerte nur positive Werte annehmen können und meistens eine positive Schiefe (Linksschiefe) aufweisen. Symmetrische Verteilungen, wie die Gauss-Verteilung, die sich von $-\infty$ bis $+\infty$ erstrecken, sind ungeeignet. Führt man aber als neue Variable $\eta = \ln \xi$ ein, so ist für $0 < \xi < +\infty$, $-\infty < \eta < +\infty$ und die Verteilung von η unter Umständen symmetrisch.

In der Hydrologie wird von dieser Umformung der Variablen oft Gebrauch gemacht. Man nennt in dem Fall die Verteilungen von ξ log-Normal, log-Pearson III oder log-Gumbel (Fréchet). In den angegebenen Verteilungen wird in dem Fall anstelle von x, $y = \ln x$ oder $y = \log x$ als Variable eingeführt. Zu beachten ist, daß die Parameter $\mu(x)$, $\sigma(x)$, $\sigma(x)$, $\mu_2(x)$, $\mu_3(x)$ usw. der Variablen x nicht durch Entlogarithmieren der Parameter $\mu(y)$, $\sigma(y)$, $\mu_2(y)$, $\mu_3(y)$ usw. der variablen $y = \ln x$ gewonnen werden können.

Als Beispiel wird hier das arithmetische Mittel von n y_i-Werten betrachtet,

$$\bar{y} = \frac{1}{n} \sum_{i=1}^{n} y_i = \frac{1}{n} \sum_{i=1}^{n} \ln x_i = \ln \sqrt[n]{\prod_{i=1} x_i} \tag{XI.28}$$

$$\prod_{i=1}^{n} = x_1 \cdot x_2 \cdot \ldots \cdot x_n$$

das offensichtlich dem natürlichen Logarithmus des geometrischen Mittels und nicht des arithmetischen Mittels der n x_i-Werte entspricht.

XI. 2.2 Durchführung der Frequenzanalyse mit Hilfe von Frequenzfaktoren

Ziel der Frequenzanalyse ist eine Beziehung zwischen der Größe des Abflusses und der Überschreitungswahrscheinlichkeit zu finden. Dazu werden die Hochwasser nach ihrer Größe geordnet, beginnend mit dem höchsten gemessenen Hochwasser. Daraus wird in der Regel mit der Formel von Weibull [7] das Wiederkehrintervall

$$T_{r,m} = \frac{n+1}{m} \tag{XI.29}$$

bestimmt, wobei n die Anzahl der Meßwerte und m die Ordnungszahl des Hochwassers ist, mit $m = 1$ für das höchste Hochwasser. Die Häufigkeit H_m, mit der ein Hochwasser des Ranges m erreicht oder überschritten wird, ist

$$H_m = \frac{1}{T_{r,m}} = \frac{m}{n+1} \tag{XI.30}$$

Die theoretischen Verteilungsfunktionen geben die Unterschreitungswahrscheinlichkeit

$$q_m = 1 - p_m = 1 - \frac{1}{T_r} \tag{XI.31}$$

an, so daß

$$T_r = \frac{1}{1-q_m} = \frac{1}{1-F(x)} \tag{XI.32}$$

ist.

Eine statistische Variable ξ kann wie folgt dargestellt werden

$$\xi = \mu(\xi) + \sigma \cdot K \tag{XI.33}$$

K ist ein *Frequenzfaktor.*

Da nicht die Grundgesamtheit der Variablen ξ sondern nur eine Stichprobe, bestehend aus einer begrenzten Anzahl gemessener Hochwasser, zur Verfügung steht, müssen als Schätzungen für die Parameter μ und σ der Mittelwert $\bar{x}$ und die Streuung s der Stichprobe in (XI.33) eingesetzt werden. Dadurch wird die Variable x

$$x = \bar{x} + sK \tag{XI.34}$$

oder

$$\frac{x}{\bar{x}} = 1 + C_v K \tag{XI.35}$$

definiert.

Tabelle XI.1. *Frequenzfaktor $K(T_r)$ in Funktion des Schiefekoeffizienten C_s nach Foster*

Schiefe-koeffi-zient	Wiederkehrintervall in Jahren							
	2	5	10	25	50	100	200	1000
	Wahrscheinlichkeit des Auftretens in %							
C_s	50	20	10	4	2	1	0,5	0,1
3,0	– 0,396	0,420	1,180	2,278	3,152	4,051	4,970	7,250
2,5	– 0,360	0,518	1,250	2,262	3,048	3,845	4,652	6,600
2,2	– 0,330	0,574	1,284	2,240	2,970	3,705	4,444	6,200
2,0	– 0,307	0,609	1,302	2,219	2,912	3,605	4,298	5,910
1,8	– 0,282	0,643	1,318	2,193	2,848	3,499	4,147	5,660
1,6	– 0,254	0,675	1,329	2,163	2,780	3,388	3,990	5,390
1,4	– 0,225	0,705	1,337	2,128	2,706	3,271	3,828	5,110
1,2	– 0,195	0,732	1,340	2,087	2,626	3,149	3,661	4,820
1,0	– 0,164	0,758	1,340	2,043	2,542	3,022	3,489	4,540
,9	– 0,148	0,769	1,339	2,018	2,498	2,957	3,401	4,395
,8	– 0,132	0,780	1,336	1,998	2,453	2,891	3,312	4,250
,7	– 0,116	0,790	1,333	1,967	2,407	2,824	3,223	4,105
,6	– 0,099	0,800	1,328	1,939	2,359	2,755	3,132	3,960
,5	– 0,083	0,808	1,323	1,910	2,311	2,686	3,041	3,815
,4	– 0,066	0,816	1,317	1,880	2,261	2,615	2,949	3,670
,3	– 0,050	0,824	1,309	1,849	2,211	2,544	2,856	3,525
,2	– 0,033	0,830	1,301	1,818	2,159	2,472	2,763	3,380
,1	– 0,017	0,836	1,292	1,785	2,107	2,400	2,670	3,235
0	0	0,842	1,282	1,751	2,054	2,326	2,576	3,090
–,1	0,017	0,836	1,270	1,716	2,000	2,252	2,482	2,950
–,2	0,033	0,850	1,258	1,680	1,945	2,178	2,388	2,810
–,3	0,050	0,853	1,245	1,643	1,890	2,104	2,294	2,675
–,4	0,066	0,855	1,231	1,606	1,834	2,029	2,201	2,540
–,5	0,083	0,856	1,216	1,567	1,777	1,955	2,108	2,400
–,6	0,099	0,857	1,200	1,528	1,720	1,880	2,016	2,275
–,7	0,116	0,857	1,183	1,488	1,663	1,806	1,926	2,150
–,8	0,132	0,856	1,166	1,448	1,606	1,733	1,837	2,035
–,9	0,148	0,854	1,147	1,407	1,549	1,660	1,749	1,910
–1,0	0,164	0,852	1,128	1,366	1,492	1,588	1,664	1,800
–1,2	0,195	0,844	1,086	1,282	1,379	1,449	1,501	1,625
–1,4	0,225	0,832	1,041	1,198	1,270	1,318	1,351	1,465
–1,6	0,254	0,817	0,994	1,116	1,166	1,197	1,216	1,280
–1,8	0,282	0,799	0,945	1,035	1,069	1,087	1,097	1,130
–2,0	0,307	0,777	0,895	0,959	0,980	0,990	0,995	1,000
–2,2	0,330	0,752	0,844	0,888	0,900	0,905	0,907	,910
–2,5	0,360	0,711	0,771	0,793	0,798	0,799	0,800	,802
–3,0	0,396	0,636	0,660	0,666	0,666	0,667	0,667	,668

Es handelt sich nun darum, eine Beziehung zwischen dem Frequenzfaktor K und dem Wiederkehrintervall T_r zu finden.

Für die Pearson III Verteilung hat Foster [8] diese Beziehung abgeleitet und tabelliert (Tab. XI.1). In dieser Tabelle erscheint C_s als Parameter. Für $C_s = 0$ erhält man die K-T_r-Beziehung für die Normalverteilung, für $C_s = 2\ C_v$ diejenige für die Gammaverteilung.

Ein Vergleich der Gl. (XI.13) und (XI.34) zeigt, daß der Frequenzfaktor $K(T_r)$ und die standardisierte Variable t einander entsprechen. Dieser Umstand kann für die Normalverteilung ausgenützt werden (vgl. XI.17).
Für die Gumbelverteilung gilt andererseits:

$$F(x) = \exp.\ [-\exp(-y)] = 1 - \frac{1}{T_r} \tag{XI.36}$$

daraus folgt

$$y = -\ln\left[-\ln\left(1 - \frac{1}{T_r}\right)\right],\quad y = m\,(x-a) \tag{XI.37}$$

ferner

$$x = \bar{x} + s\,(0{,}7797\,y - 0{,}45) \tag{XI.38}$$

und aus dem Vergleich mit Gl. (XI.34)

$$K = (0{,}7797\,y - 0{,}45) \tag{XI.39}$$

Für $x = \bar{x}$ wird $K = 0$, $y = \dfrac{0{,}45}{0{,}7797}$ und $T_r(\bar{x}) = 2{,}33$ Jahre.

Ist die K-T_r-Bezeihung ermittelt, so kann daraus mit Hilfe der Gl. (XI.34) für jedes x das dazugehörende Wiederkehrintervall T_r bestimmt werden, unter der Voraussetzung, daß die gewählte Verteilungsfunktion für die gemessenen Daten repräsentativ ist. Um dies zu gewährleisten wäre es notwendig, die Parameter der Verteilungsfunktion entweder mit der Momenten-Methode oder mit der Maximum-Likelihood-Methode zu schätzen und entsprechende Tests durchzuführen [9].

Das praktische Vorgehen einer Frequenzanalyse nach der Methode der Frequenzfaktoren ist in [10] angegeben.

In der Praxis wird sehr oft eine graphische Methode der Frequenzanalyse bevorzugt, die aber keine objektive Schätzung ihrer Güte zuläßt. Die K-T_r-Beziehung kann dazu benutzt werden entsprechendes Wahrscheinlichkeitspapier zu konstruieren, auf welchem die entsprechende theoretische Verteilungsfunktion als Gerade erscheint. Meistens existiert solches Papier für die Normalverteilung, die Log-Normalverteilung, die Gumbelverteilung und eventuell die Log-Gumbelverteilung. Man trägt nach Bestimmung des Wiederkehrintervalls die gemessenen Daten auf solchem Wahrscheinlichkeitspapier auf und stellt optisch fest, ob die Punkte auf einer Geraden liegen. Ist dies der Fall, so wird die meist von Auge eingezeichnete Gerade als die gesuchte Verteilungsfunktion genommen und aus ihr das Wiederkehrintervall für verschiedene x bestimmt.

Bei der Gumbelverteilung wird die gesuchte theoretische Verteilung durch die Gerade dargestellt, die durch den Punkt $\bar{x}$, $T_r = 2{,}33$ und irgend einen Punkt x, T_r mit $T_r \approx 100$ bis 200 J., der mit Hilfe der Gln. (XI.38) und (XI.37) bestimmt wird, geht. Sofern die Parameter der Verteilungen bekannt sind, können die Ge-

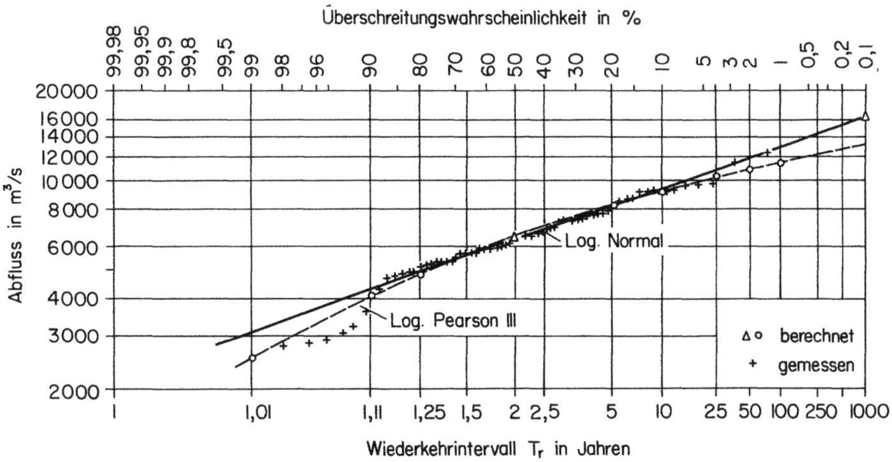

Abb. XI.5. Frequenzanalyse der Hochwasser des Rheins bei Lobith, log-Normal und log-Pearson III Verteilungen

raden durch Berechnung von zwei Punkten nach Gl. (XI.34) auch bei den anderen Verteilungen bestimmt werden.

Steht ein entsprechendes Funktionspapier nicht zur Verfügung, kann zur graphischen Darstellung irgend ein anderes Wahrscheinlichkeitspapier verwendet werden. Die Funktion erscheint in dem Fall nicht mehr als Gerade. Deshalb müssen mehrere Punkte für verschiedene T_r berechnet werden.(Abb.XI.5).

Einige Beispiele solcher Auswertungen sind in den Abb. XI.5 und XI.6 dargestellt.

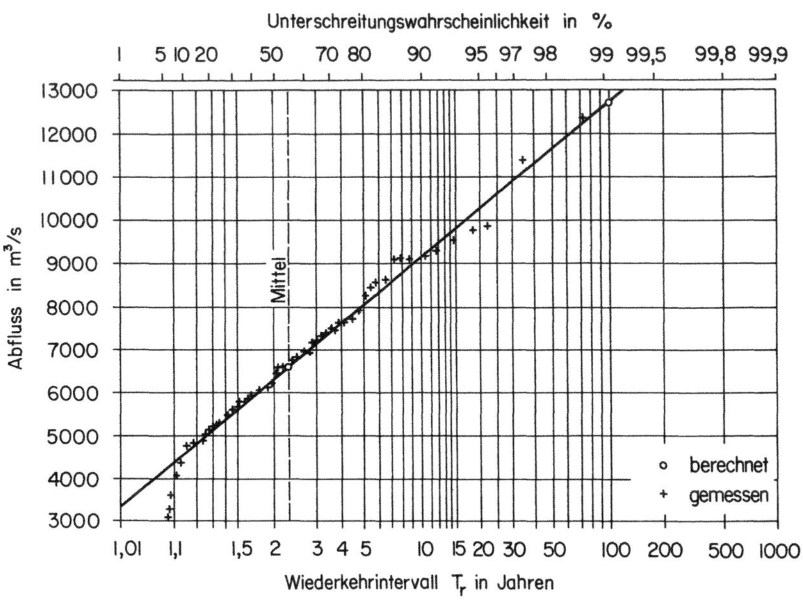

Abb. XI.6. Frequenzanalyse der Hochwasser des Rheins bei Lobith, Gumbel-Verteilung

Umfangreiche Frequenzanalysen von Hochwasserereignissen wurden in der Bundesrepublik [11] und in der Schweiz [3] durchgeführt. Aus diesen Untersuchungen geht hervor, daß die log-Normale, die log-Pearson III und die Pearson III Verteilungen sich am häufigsten als geeignet ergaben.

Die hier dargestellte Methode der Frequenzanalyse kann allgemein auf Extremwerte hydrologischer Größen, z.B. des Niederschlages, des Volumens des Hochwasserabflusses, des Niederwasserabflusses usw. angewandt werden.

XI. 2.3 Anwendung der Frequenzanalyse

Frequenzkurven geben die Wahrscheinlichkeit an, mit der ein Hochwasserereignis von einer bestimmten Größe in einem bestimmten Jahr auftreten, bzw. überschritten wird. Diese Wahrscheinlichkeit p ist invers zum Wiederkehrintervall T_r. Wenn z.B. in einer Periode von 100 Jahren 10 Hochwasser aufgetreten sind, die gleich groß oder größer als ein bestimmtes Hochwasser waren, dann ist die Wahrscheinlichkeit, daß ein Hochwasser von dieser Größe in einem bestimmten Jahr auftritt $\frac{10}{100} = 0{,}1$ und das Wiederkehrintervall 10 Jahre.

Die Wahrscheinlichkeit, daß ein Ereignis mit dem Wiederkehrintervall T_r l mal in einer n-jährigen Periode vorkommt, ist

$$p_{l,n} = \left(\frac{1}{T_r}\right)^l \cdot \left(1 - \frac{1}{T_r}\right)^{n-l} \cdot \binom{n}{l} \qquad \text{(XI.40)}$$

Die Wahrscheinlichkeit, daß dieses Ereignis einmal in einer Periode von m Jahren auftritt, ergibt sich daraus, wenn $l = 1$ gesetzt wird

$$p_{1,n} = \frac{1}{T_r}\left(1 - \frac{1}{T_r}\right)^{n-1} \cdot n \qquad \text{(XI.41)}$$

Die Wahrscheinlichkeit hingegen, daß das m-jährige Ereignis mindestens einmal in einer Periode von n Jahren auftritt, ist

$$\bar{p}_{n,m} = (p_m + q_m)^n - (1 - p_m)^n = 1 - \left(1 - \frac{1}{T_{r,m}}\right)^n, \quad q = 1 - p \qquad \text{(XI.42)}$$

Für $n = m$ gegen ∞, strebt $\left(1 - \frac{1}{T_{r,m}}\right)$ gegen e^{-1} und $p_{n,m}$ gegen 0,63, d.h. ein Ereignis mit einem sehr großen Wiederkehrintervall T_r wird in einer Periode der gleichen Länge T_r mit der Wahrscheinlichkeit von 0,63 auftreten oder überschritten.

Aus der Beziehung (XI.42) kann andererseits das Risiko berechnet werden, das man eingeht, wenn man als Bemessungshochwasser ein Hochwasser von einem bestimmten Wiederkehrintervall wählt und daraus

$$T_{r,m} = \frac{1}{1 - (1 - p_{n,m})^{1/n}} \qquad \text{(XI.43)}$$

bestimmt werden.

Mit Hilfe der Gln. (XI.42) und (XI.43) wurde das Diagramm (Abb. XI.7) [3] hergestellt, aus dem dieses Risiko ermittelt werden kann.

In Zusammenhang mit der Bestimmung des Bemessungshochwassers und des damit verbundenen Risikos ist auf die Arbeiten von P. Widmoser [12] und W. Buck [13] hinzuweisen.

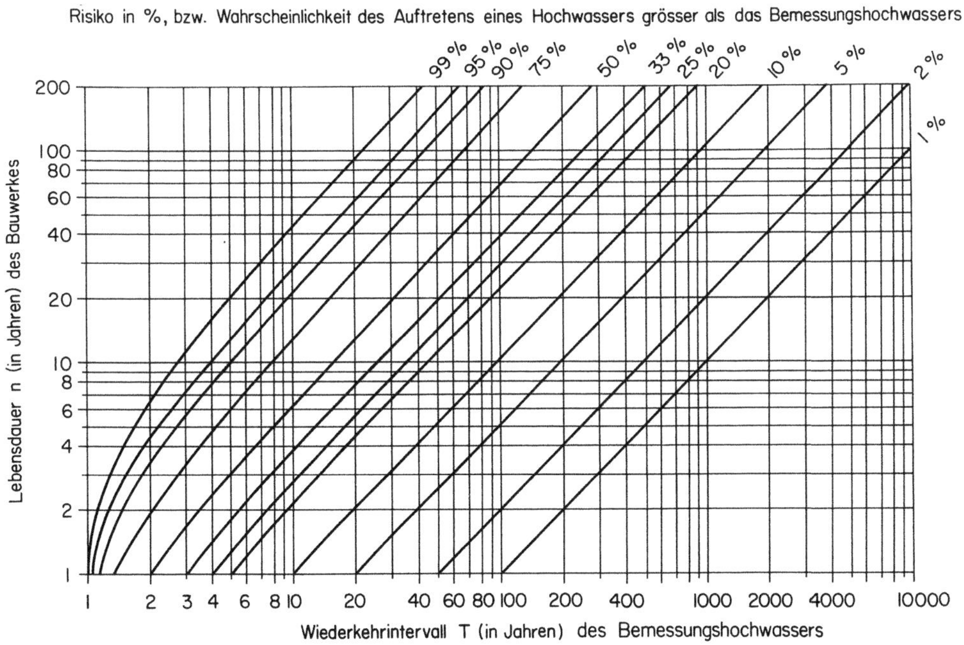

Abb. XI.7. Risikoabschätzung für Hochwasser

Tabelle XI.2. *Notwendige Anzahl Meßwerte, damit Ereignisse, die zu bestimmten Wiederkehrperioden T_r gehören, mit der Wahrscheinlichkeit p innerhalb eines Streubereichs S liegen* [14]

S	± 25%		± 10%		T_r
p	95%	80%	95%	80%	Jahre
	12		40	25	2,33
	18	8	90	38	10
n	31	12	105	75	25
	39	15	110	90	50
	48		115	100	100

Die Frequenzanalyse wird sehr oft zur Schätzung von Hochwasserereignissen sehr kleiner Wahrscheinlichkeit benutzt. Das bedingt eine Extrapolation, die immer gefährlich sein kann. Um die darin liegenden Gefahren falscher Schätzungen zu illustrieren, wird in der Tabelle XI.2 die Zuverlässigkeit solcher Schätzungen angegeben.

Literatur

1. Kreps, nicht veröffentlichtes Gutachten.
2. Hofbauer, R., Eine neue Formel für die Ermittlung der größten Hochwassermengen. Österreichische Wochenschrift für den öffentlichen Baudienst, Wien 38–40 (1961).
3. Die größten bis zum Jahre 1969 beobachteten Abflußmengen von schweizerischen Gewässern. Eidg. Amt für Straßen- und Flußbau, Bern, 1974.

4. Fuller, W. E., Flood Flows. Trans. A.S.C.E. *77,* 564–617 (1914).
5. Chow, V. T., Statistical and Probability Analysis of Hydrology Data, Part I, Frequency Analysis. In: Handbook of Applied Hydrology (V. T. Chow, ed.). New York: McGraw-Hill. 1964.
6. Sachs, L., Angewandte Statistik. Berlin – Heidelberg – New York: Springer. 1974.
7. Weibull, W., A Statistical Theory of the Strength of Materials. Ing. Vetenskaps Akad. Handl. (Stockholm) *151,* 15 (1939).
8. Foster, H. A., Theoretical Frequency Curves and Their Application to Engineering Problems. Trans A.S.C.E. *87,* 142–173 (1924).
9. Weingärtner, S., Berechnung der Hochwasserwahrscheinlichkeit. 6. Fortbildungslehrgang für Hydrologie, Bad Herrenalb, DVWW, 1974.
10. Empfehlung für die Berechnung der Hochwasserwahrscheinlichkeit, (Entwurf), Ausschuß „Berechnungshochwasser" des Kuratoriums für Kulturbauwesen und des DVWW. Wasserwirtschaft *64,* H.1, 20–23 (1974).
11. Koberg, D., Eggers, H., Buck, W., Die Berechnung der Hochwasserwahrscheinlichkeit für deutsche Flußgebiete. Theodor-Rehbock-Flußbaulaboratorium, Mitt. H. 163, 1975.
12. Widmoser, P., Bestimmung von Bemessungswerten aus Hochwasserbeobachtungen. Wasserwirtschaft *66,* 199–203 (1976).
13. Buck, W., Die Auswahl des Bemessungshochwassers als ein Entscheidungsproblem unter Risiko und Ungewißheit. Theodor-Rehbock-Flußbaulaboratorium, Mitt. H. 165, 1976.
14. Dalrymple, T., Flood Frequency Analyses. U.S.G.S. Water Supply Paper No. 1543-A, 1960.

XII. Langzeitanalyse von Abflußmessungen

XII.1 Ergänzung von Meßreihen

In einer großen Anzahl wasserwirtschaftlicher Aufgaben ist die zeitliche Verteilung des Abflusses und nicht der Verlauf von Einzelereignissen maßgebend. Um solche Untersuchungen durchführen zu können, müssen langjährige Messungen vorliegen. Liegen an einer Meßstation nur kurzfristige Meßreihen vor, so kann durch Korrelation mit langfristigen Meßreihen aus Einzugsgebieten mit ähnlichem hydrologischen Charakter eine Erweiterung der kurzen Meßreihe vorgenommen werden. Da der Abfluß meistens log-normal verteilt ist, empfiehlt es sich, die Korrelation zwischen den Logarithmen der Meßdaten vorzunehmen (Abb. XII.1).

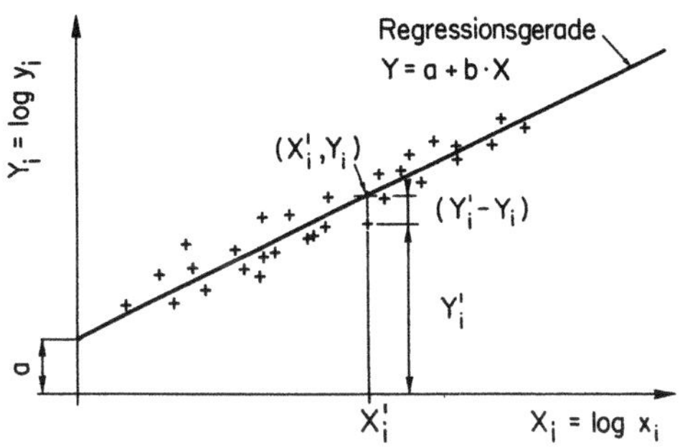

Abb. XII.1. Ergänzung von Meßreihen – Korrelation mit langjähriger Meßreihe

Korreliert werden korrespondierende Werte der zwei Meßreihen X_i' und Y_i'. Die Regressionsgerade wird nach der Methode der kleinsten Quadrate bestimmt. Die Koeffizienten dieser Geraden lassen sich in dem Fall mit den Beziehungen

$$b = \frac{\sum_{i=1}^{n} [X_i' - \bar{X}')(Y_i' - \bar{Y}')]}{\sum_{i=1}^{n} (X_i' - \bar{X}')^2} = \frac{\sum_{i=1}^{n} (X_i' Y_i' - \bar{Y}_i' \sum_{i=1} X_i')}{\sum_{i=1}^{n} (X_i')^2 - n \cdot (\bar{X}')^2} \qquad \text{(XII.1)}$$

$$a = \bar{Y}' - b\bar{X}' \qquad \text{(XII.2)}$$

bestimmen, wobei

$$\bar{X}' = \frac{1}{n} \sum_{i=1}^{n} X_i' \quad ; \quad \bar{Y}_i' = \frac{1}{n} \sum_{i=1}^{n} Y_i' \qquad \text{(XII.3)}$$

Das Maß der Streuung der Punkte um die Regressionsgerade $Y = a + bX$ wird durch den mittleren Fehler der Schätzung gegeben

$$S = \sqrt{\frac{\sum_{i=1}^{n} (Y_i' - Y_i)^2}{n-2}} \qquad \text{(XII.4)}$$

Der mittlere Fehler der Schätzung gibt keine Auskunft über die Stärke der Beziehung zwischen X_i' und Y_i'. Die Korrelation zwischen diesen Größen wird aus dem Vergleich des mittleren Fehlers der Schätzung mit der Standard-Deviation der Y_i'-Werte ersichtlich

$$r = \pm\sqrt{1 - \left(\frac{S}{s(Y')}\right)^2}\,, \quad s(Y') = \sqrt{\frac{\sum_{i=1}^{n} (Y_i' - \bar{Y}')^2}{n-1}} \qquad \text{(XII.5)}$$

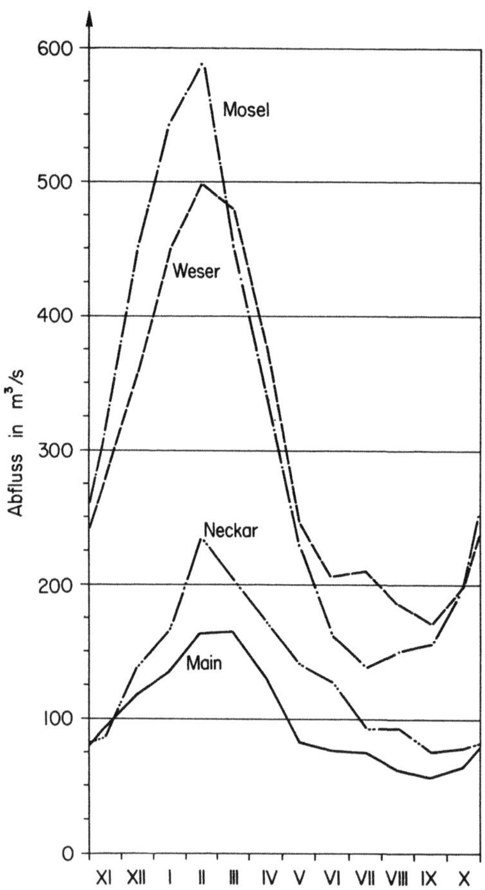

Abb. XII.2. Flüsse mit pluvialem Charakter, Neckar (Rockenau), Main (Schweinfurt), Mosel (Cochem), Weser (Intschede)

Der Korrelationskoeffizient r liegt zwischen 0 und ± 1. Das Pluszeichen wird genommen, wenn die Regressionslinie steigt und das Minuszeichen, wenn sie fällt. In Untersuchungen der vorliegenden Art ist eine Korrelation bei

$r > 0{,}9$ sehr gut, $0{,}9 > r > 0{,}8$ gut,
$0{,}8 > r > 0{,}7$ schlecht, $r \leqslant 0{,}5$ unbrauchbar.

Wenn die Korrelation zwischen den zwei Meßreihen gut oder sehr gut ist, kann man mit Hilfe der Regressionsgeraden die Werte aus dem Gebiet mit der langen, auf das Gebiet mit der kurzen Meßreihe übertragen.

XII.2 Zeitliche Verteilung des Abflusses. Die Abflußregime

Wie bei den Niederschlägen, stellt man auch beim Abfluß eine Periodizität fest, die auf den Jahreszyklus zurückzuführen ist. Sie kann durch Bildung der Ganglinie des langjährigen Mittels des Abflusses ermittelt werden. Für diese Art der Analyse ist es im allgemeinen nicht notwendig, Tagesabflußwerte zu betrachten. Wochen- oder Monatswerte sind meistens genügend (vgl. Abschn. II.).

Der Abflußcharakter eines Einzugsgebietes kann aufgrund der Form der Ganglinie der langjährigen Tages-, bzw. Wochen- oder Monatsmittel und der Herkunft der maximalen Wasserführung klassifiziert werden [1]. Bezüglich der Form der Ganglinie unterscheidet man

– *einfache Abflußregime* mit einem Maximum und einem Minimum im Jahr, was das Überwiegen einer Einflußgröße vermuten läßt (Niederschlag oder Temperatur);

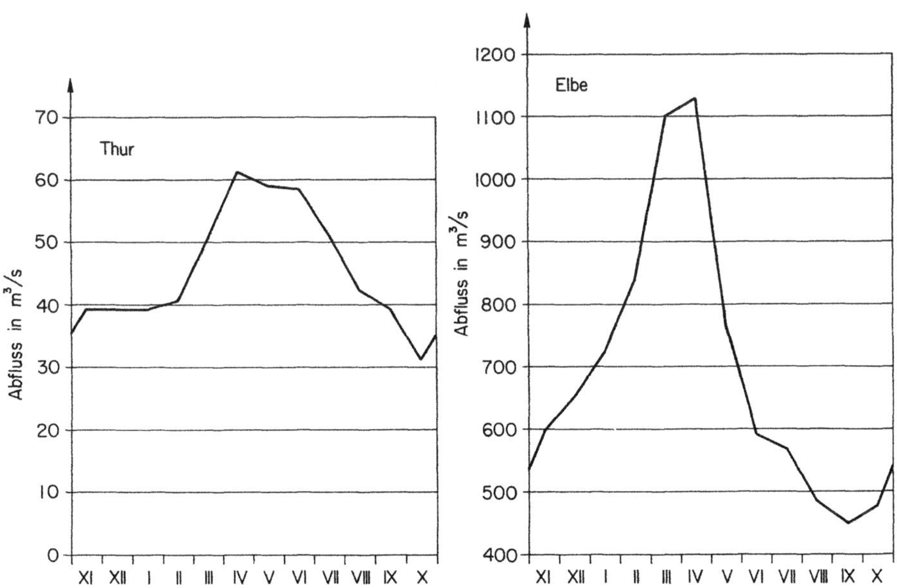

Abb. XII.3. Flüsse mit nivalem Charakter der Vorgebirge Thur (Andelfingen), Elbe (Neu Darchau)

– *gemischte Abflußregime* mit zwei Maxima und zwei Minima im Jahr, sowie

– *komplexe Abflußregime*, in welchen der Charakter verschiedener Abflußtypen überlagert wird.

Bezüglich der Herkunft der maximalen Wasserführung werden die Abflüsse wie folgt charakterisiert:

– Abflüsse mit pluvialem Charakter
– Abflüsse mit nivalem Charakter
– Abflüsse mit glazialem Charakter

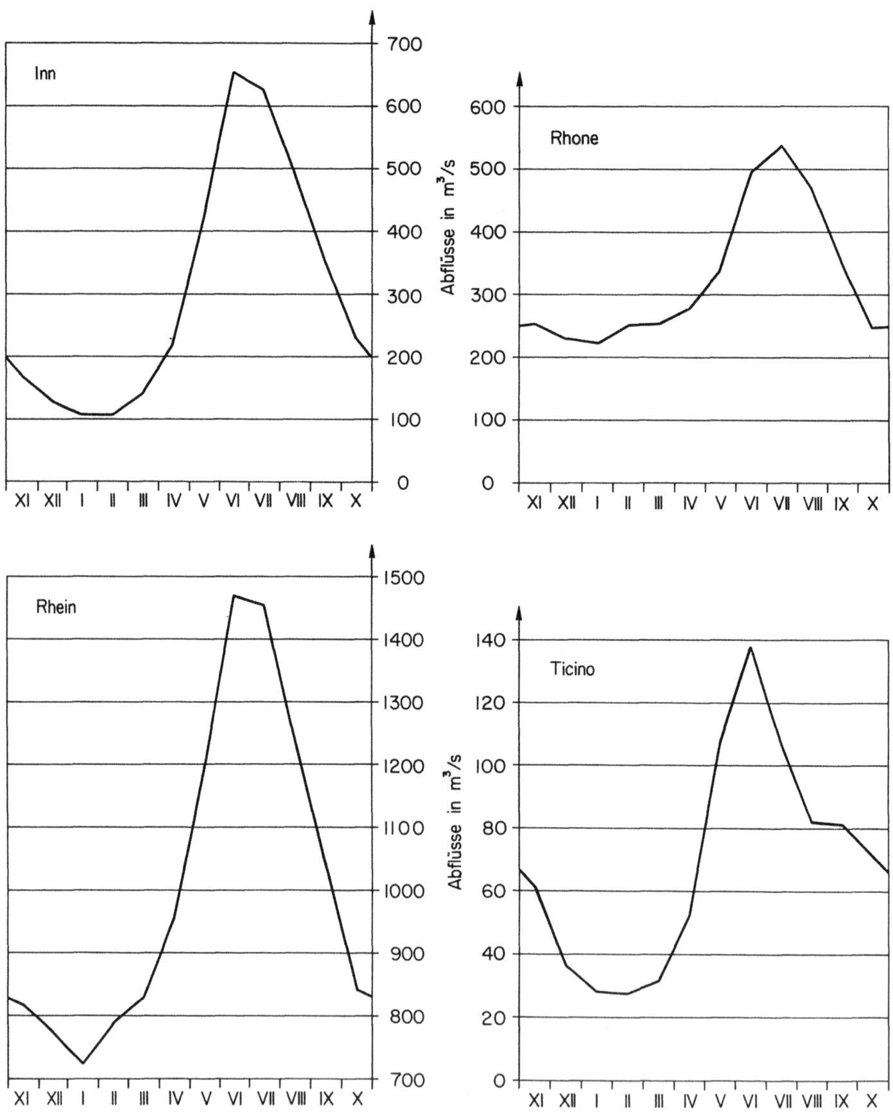

Abb. XII.4. Flüsse mit nivalem Charakter der Gebirge, Inn (Reisach), Rhein (Basel), Rhone (Chancy), Ticino (Bellinzona)

Der größte Teil der Flüsse der Schweiz und der BRD haben ein einfaches Abflußregime und lassen sich in folgende drei Kategorien einordnen:

– Flüsse mit pluvialem Charakter: Neckar, Main, Mosel, Weser (Abb. XII.2)

– Flüsse mit nivalem Charakter der Vorgebirge, Maximum im April (Schneeschmelze): Thur, Elbe (Abb. XII.3)

– Flüsse mit nivalem Charakter der Gebirge, Maximum im Juni – Juli (Schneeschmelze): Inn, Rhein, Rhone, Ticino (Abb. XII.4)

– Flüsse mit glazialem Charakter, Maximum im August. Starke Konzentration des Abflusses in den Sommermonaten, Massa (Abb. XII.5)

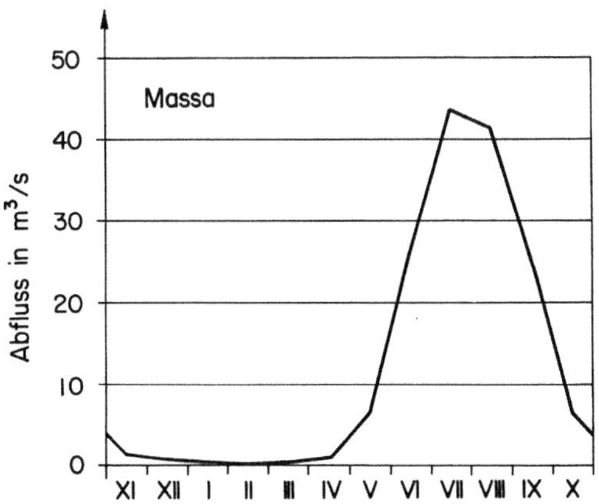

Abb. XII.5. Fluß mit glazialem Charakter, Massa (Blatten)

Als Beispiel eines Flusses mit gemischtem Abflußregime ist in Abb. XII.6 der Po angegeben, der einen pluvio-nivalen Charakter hat.

Das Regime eines Flusses kann mit zunehmendem Einzugsgebiet ändern (Rhein), Abb. XII.7.

Die Komplexität des Regimes ist aber nicht von der Größe des Einzugsgebietes, sondern von seinem Charakter und den klimatischen Bedingungen abhängig. Die meisten der großen Flüsse der Welt haben ein einfaches Regime (Abb. XII.8).

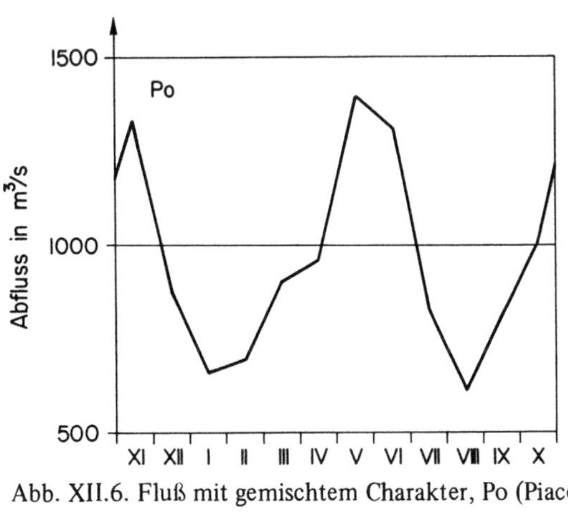

Abb. XII.6. Fluß mit gemischtem Charakter, Po (Piacenza)

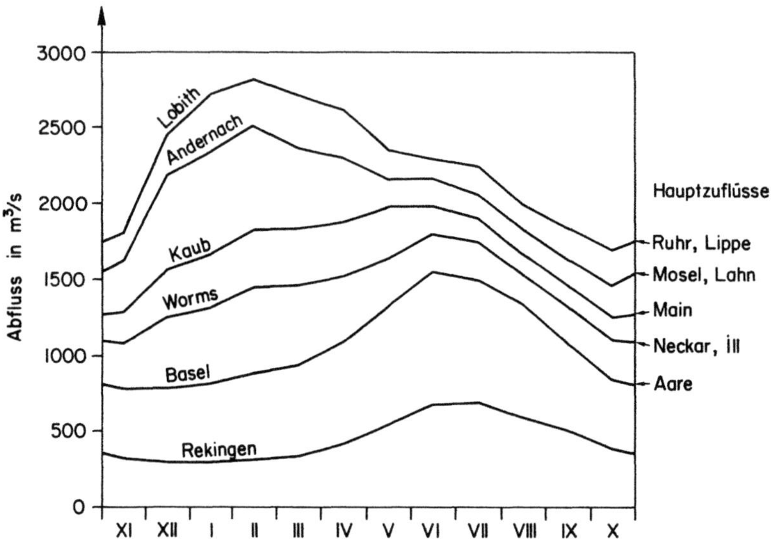

Abb. XII.7. Änderung des Abflußregimes des Rheins

XII.3 Auswertung langjähriger Messungen des Abflusses

Aus langjährigen Messungen können die Histogramme der Tages- , Monats- oder Jahresabflüsse, sowie die Dauerkurve bestimmt werden. Aus solchen Histogrammen wird der Jahresverlauf der Abflüsse mit einer bestimmten Wahrscheinlichkeit des Auftretens ermittelt. Solche Analysen des Abflusses sind für die Untersuchung des Wasserdargebotes wichtig.

Die Dauerkurve der langjährigen Mittel ist eine glatte Kurve, diejenige für ein ausgewähltes Jahr hat meistens einen unruhigen Verlauf. Beide Kurven sind monoton fallend (vgl. Abb. II.6).

Eine weitere wichtige Größe, die aus der Ganglinie des Abflusses bestimmt werden kann, ist die Summenlinie (Abb. XII.9).

$$V(t) = \int_0^t Q(\tau) \cdot d\tau \quad \text{, bzw.} \quad V(t) = \sum_{i=1}^{n} Q_i \cdot \Delta t,\ i = 1, \ldots, n \qquad \text{(XII.6)}$$

Die Tangentenneigung der Summenlinie ist offensichtlich gleich dem Momentanwert des Abflusses

$$\frac{dV}{dt} = \frac{d}{dt} \int_0^t Q(\tau) \cdot d\tau = Q(t) \qquad \text{(XII.7)}$$

Der mittlere Abfluß seinerseits ist gleich

$$Q_m = \frac{V_{\text{tot}}}{T} \qquad \text{(XII.8)}$$

und entspricht der Neigung der Geraden, die den Ursprung des Koordinatensystems mit dem Endpunkt der Summenlinie verbindet.

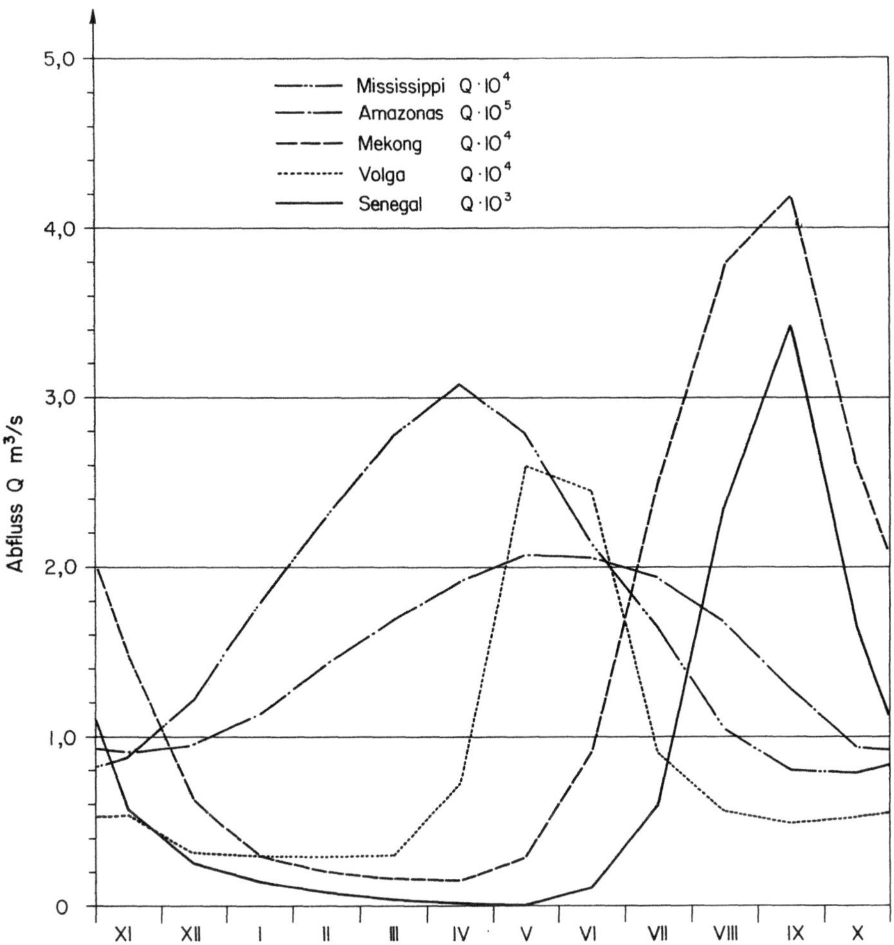

Abb. XII.8. Abflußregime einiger großer Flüsse der Welt

Man kann nun die Punkte der Summenlinie suchen, an welchen die Tangenten parallel zu dieser Geraden sind. Damit lassen sich die Zeitpunkte feststellen, an welchen der Abfluß gleich dem mittleren Abfluß Q_m ist. Dazwischen gibt es Bereiche, in welchen die Tangentenneigung der Summenkurve größer oder kleiner als diejenige der obigen Geraden wird. Da es sich bei der Summenlinie um eine stetige Kurve handelt, liegen die Extremwerte der Tangentenneigung an den Stellen, an welchen die Summenlinie einen Wendepunkt hat (Abb. XII.10).

XII.4 Künstliche Seen und ihre Dimensionierung

Das Wasserdargebot ist eine zufällige Größe, die bestenfalls bei Betrachtung langjähriger Mittel eine saisonale Regelmäßigkeit aufweist. Der Wasserverbraucher andererseits ist meistens an einem möglichst konstanten Wasserangebot interes-

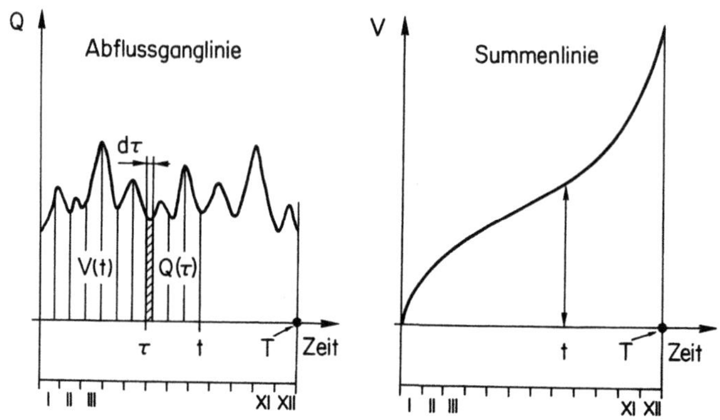

Abb. XII.9. Bestimmung der Summenlinie des Abflusses

siert. Er möchte z.B. die Jahreswasserfracht $\int_{\text{Jahr}} Qdt$ gleichmäßig über das ganze Jahr verbrauchen, oder

$$Q_m = \frac{\int_{\text{Jahr}} Q \cdot dt}{\text{Jahr}} \tag{XII.9}$$

haben. Die Summenlinie des Verbrauchers wird in dem Fall durch die Gerade dargestellt, die den Nullpunkt mit dem Endpunkt der Summenlinie des Abflusses verbindet, also die Neigung Q_m hat (Abb. XII.11).

Nach Einzeichnen der Tangenten an der Summenlinie des Abflusses, die parallel zur Geraden mit der Neigung Q_m laufen, kann man leicht die Zeitabschnitte bestimmen, in welchen das Wasserangebot kleiner oder größer als der Wasserverbrauch ist. Das zum Ausgleich notwendige Speichervolumen wird, gestützt auf die Überlegungen des Abschnittes XII.3, aus dieser Darstellung als der Abstand abgelesen, der zwischen zwei extremen Tangenten parallel zur Linie mit der Neigung Q_m entsteht. Dabei erkennt man leicht, daß für Flüsse mit einfachem

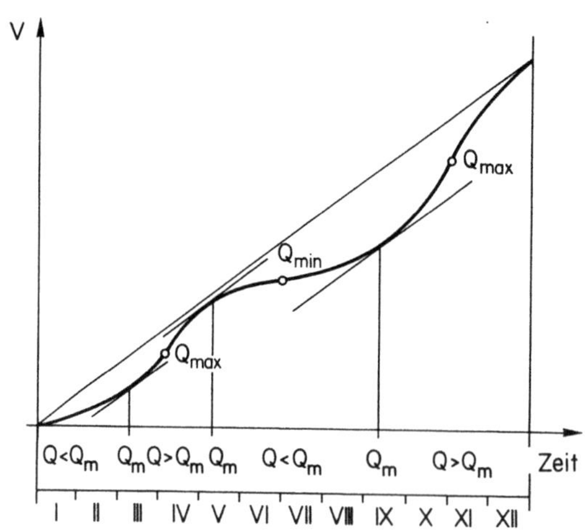

Abb. XII.10. Analyse der Summenlinie des Abflusses

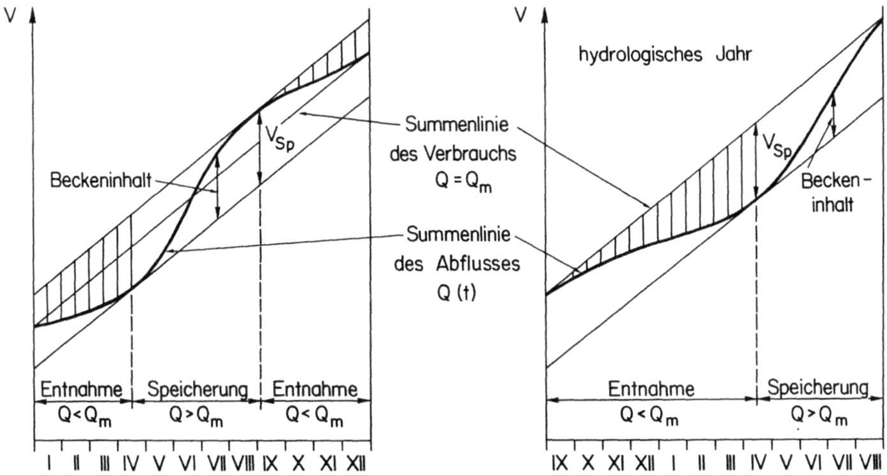

Abb. XII.11. Dimensionierung eines Speichersees

Regime die Darstellung wesentlich vereinfacht, wenn man den Ursprung des Zeitmaßstabes so wählt, daß die Periode der Entnahme zusammengefaßt werden kann. Dies ist eine der Möglichkeiten, die vom kalendarischen Jahresanfang abweichende Ordnung der Monate, das „*hydrologische Jahr*", zu bestimmen.

XII.5 Einfluß der Seen auf den Abfluß. Die Seeretention

Betrachtet man den Hydrographen eines Flusses vor und nach einem See, so stellt man im allgemeinen eine Reduktion der Spitzenabflüsse, eine Erhöhung der Abflußminima und eine Abflachung der Form des Hydrographen fest.

Die Seen wirken somit auf den Abflußverlauf ausgleichend. Diese Wirkung der Seen ist auf ihre Speicherfähigkeit zurückzuführen. Man nennt diese Speicherfähigkeit das *Retentionsvermögen* und ihre Wirkung die *Retention.* Ein Beispiel der Wirkung der Seeretention liefert der Rhein vor und nach dem Bodensee (Abb. XII.12).

Der Einfluß der Seeretention auf den Hydrographen des Abflusses kann rechnerisch abgeschätzt werden, obschon es sich dabei um ein instationäres Phänomen handelt. Man betrachte die allgemeine Bewegungs- und Kontinuitätsgleichung, die im vorliegenden Fall am zweckmäßigsten in folgender Form geschrieben werden

$$\rho \, \frac{d\bar{v}}{dt} = \underline{K} + \underline{P} + \underline{Z}$$

$$\rho \int_{\text{Rand}} dQ = \frac{dm}{dt} = \rho \cdot \frac{dV}{dt} \qquad \text{(XII.10)}$$

In einem See ist die Strömungsgeschwindigkeit $\bar{v}$ angenähert gleich Null, so daß $\frac{d\bar{v}}{dt} = 0$ gesetzt werden darf. Ebenso wird $Z = 0$, weil die Zähigkeitskraft Z von der Strömungsgeschwindigkeit abhängig ist. In einem See ist die Oberfläche praktisch horizontal und damit in Strömungsrichtung die Druckkraft $\underline{P} = 0$ und die

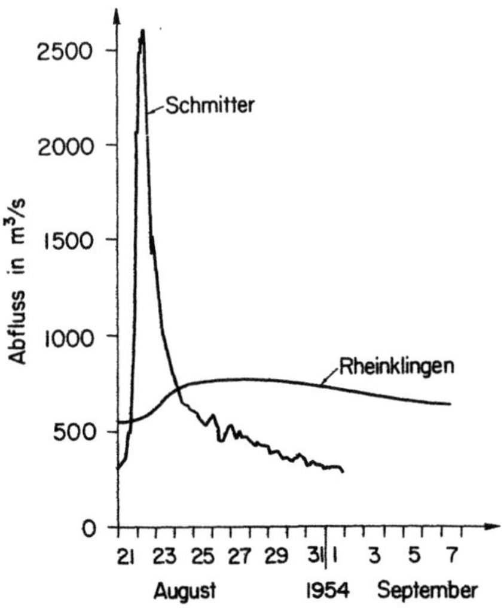

Abb. XII.12. Einfluß des Bodensees auf die Wasserführung des Rheins

Gravitationskraft $\underline{K} = 0$. Die Bewegungsgleichung verliert somit ihren Sinn. Demnach kann die Strömung durch einen See mit Hilfe der Kontinuitätsgleichung allein behandelt werden. In der obigen Form sagt diese Gleichung aus, daß die Differenz zwischen dem momentanen Zu- und Ausfluß eines Sees gleich der zeitlichen Änderung des Seeinhaltes ist.

$$\underset{\text{Zufluß}}{\int_{\text{Rand}}} d\underline{Q} + \underset{\text{Abfluß}}{\int_{\text{Rand}}} d\underline{Q} = \frac{dV}{dt} \qquad \text{(XII.11)}$$

Bezeichnet man den Zufluß $\int_{R,Z} d\underline{Q}$ mit I und den Ausfluß $\int_{R,A} d\underline{Q}$ mit A und die Volumenänderung dV, die gleich der Speicherung, bzw. der Retention ist, mit dS, so bekommt man die als Retentionsgleichung bekannte Beziehung

$$\mathrm{I} - A = \frac{dS}{dt} \qquad \text{(XII.12)}$$

oder nach Separation der Variablen

$$(\mathrm{I} - A)\, dt = dS \qquad \text{(XII.13)}$$

Um diese Gleichung zu lösen, müssen die Funktionen $A = A(h)$ und $S = S(h)$, sowie die Rand- und Anfangsbedingungen bekannt sein (Abb. XII.13).

Als Anfangswert muß die Lage des Seespiegels zur Zeit $t = 0$ gegeben werden. Als Randbedingung wird der Hydrograph des Zuflusses, d.h., die Funktion $\mathrm{I} = \mathrm{I}(t)$, angegeben. Die Beziehung $A = A(h)$ ist die Abflußmengenkurve am Ausflußquerschnitt. Sie muß entweder empirisch durch Messungen bestimmt, oder im Fall eines künstlichen Regulierwerkes (Überfall, Schützen, usw.), rechnerisch ermittelt werden. Aus der Retentionsgröße $S = S(h)$ kann dS berechnet werden. $dS = S'(h)\, dh$, und da $S'(h) = F$ ist, bekommt man $dS = F\, dh$ und $\mathrm{I} - A = F \dfrac{dh}{dt}$, so daß die Beziehungen $S = S(h)$ oder $F = F(h)$ benötigt werden, die den See charakterisieren.

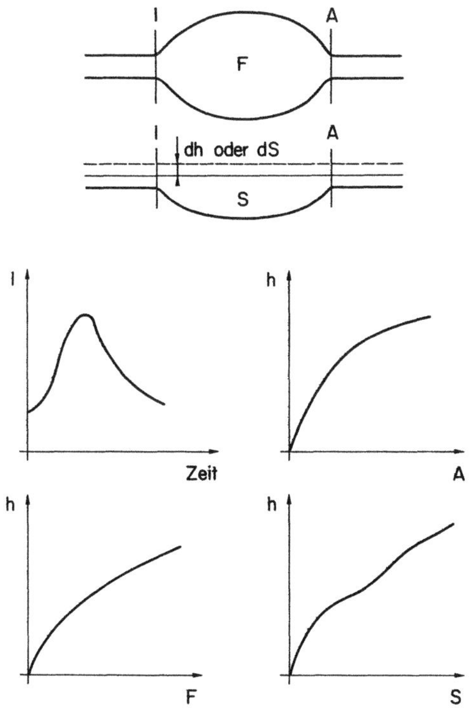

Abb. XII.13. Rand- und Anfangsbedingungen zur Lösung der Retentionsgleichung

Zur Lösung der Retentionsgleichung werden Differenzen eingeführt, womit nach der Mittelwertmethode die Gleichung für ein festes Zeitintervall Δt folgende Form annimmt:

$$\left(\frac{I_t + I_{t+\Delta t}}{2} - \frac{A_t + A_{t+\Delta t}}{2}\right)\Delta t = S_{t+\Delta t} - S_t = \frac{F_t + F_{t+\Delta t}}{2}\left(h_{t+\Delta t} - h_t\right) \quad \text{(XII.14)}$$

Dazu kommt noch die Beziehung

$$A_{t+\Delta t} = A\,(h_{t+\Delta t}) \quad \text{(XII.15)}$$

In diesen Gleichungen sind die Werte zur Zeit t bekannt. Die Werte zur Zeit $t + \Delta t$ werden gesucht. Aus der Randbedingung $I = I(t)$ kann der Wert $I_{t+\Delta t}$ abgelesen werden. Zur numerischen Lösung dieser Gleichungen wird ein iteratives Verfahren angewandt, das sich gut für Computerberechnungen eignet.

In einem ersten Schritt wird $\frac{A_t + A_{t+\Delta t}}{2} = A_t$ und $\frac{F_t + F_{t+\Delta t}}{2} = F_t$ gesetzt und die Retentionsgleichung nach der nun einzigen Unbekannten $h_{t+\Delta t}$ aufgelöst.

$$h_{t+\Delta t} = \left(\frac{I_t + I_{t+\Delta t}}{2} - A_t\right)\frac{\Delta t}{F_t} + h_t \quad \text{(XII.16)}$$

Aus der Ausflußmengenkurve $A = A(h)$ wird $A_{t+\Delta t}$ und aus der $F = F(h)$-Kurve $F_{t+\Delta t} = F\ (h_{t+\Delta t})$ bestimmt, in die Retentionsgleichung eingesetzt und $h_{t+\Delta t}$ neu gerechnet.

$$h_{t+\Delta t} = h_t + \frac{I_t + I_{t+\Delta t} - A_t - A_{t+\Delta t}}{F_t + F_{t+\Delta t}} \cdot \Delta t \tag{XII.17}$$

Die Rechnung wird wiederholt, bis $h_{t+\Delta t}$ von zwei aufeinanderfolgenden Iterationsschritten die gewünschte Genauigkeit erreicht hat. Das Resultat einer solchen Rechnung ist schematisch in Abb. XII.14 dargestellt.

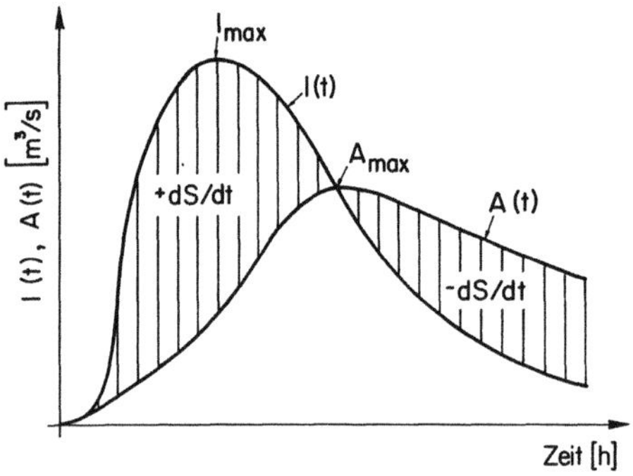

Abb. XII.14. Theoretischer Verlauf der Abfluß-Ganglinie

Aus der Retentionsgleichung in differentieller Form geht hervor, daß das Maximum des Ausflusses an der Stelle auftreten muß, an der sich die zwei Hydrographen schneiden, denn an der Stelle ist $F \dfrac{dh}{dt} = 0$ und da F nicht Null sein kann, ist $\dfrac{dh}{dt} = 0$, also h und damit auch A maximal. Zu dem Zeitpunkt erreicht auch die Retention S ihr Maximum. In der Tat entsteht eine Phasenverschiebung, die sich sowohl auf den Beginn des Anstieges des Ausflußhydrographen als auch auf den Zeitpunkt des Ausfluß-Maximums auswirkt (Abb. XII.12). Die obige Berechnungsmethode erlaubt es nicht, solche Phasenverschiebungen zu erfassen.

Literatur

1. Parde, M., Fleuves et rivières. Paris: Collection Armand Colin. 1947.
2. Das Rheingebiet, Hydrologische Monographie. Inter. Kom. für die Hydrologie des Rheingebietes.
3. Hydrographisches Jahrbuch der Schweiz, herausgegeben vom Eidg. Amt für Wasserwirtschaft, Bern. 1976.
4. Van der Leeden, F., Water Resources of the World. Port Washington, N.Y.: Water Information Center Publ. 1975.

Anhang

Benutzte Einheiten und physikalische Konstanten

SI-Basiseinheiten

Größe	*Formelzeichen*	*Name*	*Abkürzung*
Länge	l, x, y, z	Meter	m
Masse	m	Kilogramm	kg
Zeit	t	Sekunde	s
Temperatur	T	Kelvin	°K
Stoffmenge		Mol	mol

Abgeleitete Einheiten

Größe	*Formelzeichen*	*Name*	*Abkürzung*
Fläche	F	Quadratmeter	m^2
		Hektare	$ha = 10^4 m^2$
		Quadratkilometer	$km^2 = 10^6 m^2$
Volumen	V	Kubikmeter	m^3
		Liter	$l = 10^{-3} m^3$
		Kubikkilometer	$km^3 = 10^9 m^3$
Zeit	t	Stunde	h = 3600 s
		Tag	d = 86 400 s
		Jahr	Ja = 365 d
Dichte	ρ	–	$kg\ m^{-3}$
			$gr\ cm^3 = 10^3 kg/m^3$
Geschwindigkeit	u, v, w		$m\ s^{-1}$
			$km\ h^{-1} = 0{,}278\ m\ s^{-1}$
Beschleunigung	a	–	$m\ s^{-2}$
Kraft	–	Newton	$N = kg\ m\ s^{-2}$
Druck	p	Pascal	$Pa = N\ m^{-2}$
		Bar	$bar = 10^5 N\ m^{-2}$
		Millibar	$mb = 10^2 N\ m^{-2}$
		Millimeter Quecksilber	mmHg = 1,333 mb
Arbeit, Energie, Wärmeenergie		Joule	$J = N \cdot m$
Spezifischer Energiestrom	Q	–	$J\ m^2\ s^{-1}$
			$J\ cm^2\ d^{-1} = 8{,}64 \cdot J\ m^2 s^{-1}$

Größe	*Formelzeichen*	*Name*	*Abkürzung*
Leistung	–	Watt	$W = J\ s^{-1}$
Viskosität	μ	–	$Pa \cdot s$
(dynamische)		Poise	$10^{-1} \cdot Pa \cdot s$
Viskosität	ν	–	$m^2 \cdot s^{-1}$
(kinematische)		Stokes	$cm^2\ s^{-1} = 10^{-4} \cdot m^2 s^{-1}$
Volumenstrom, Abfluß, Durchfluß	Q	–	$m^3\ s^{-1}$ $l\ s^{-1} = 10^{-3} m^3\ s^{-1}$ $m^3 d^{-1} = 8{,}64 \cdot 10^{-4} \cdot m^3\ s^{-1}$
Längenbezogener Volumenstrom, spez. Abfluß	q	–	$m^2\ s^{-1}$
Flächenbezogener Volumenstrom, Fluß	q	–	$m\ s^{-1}$
Längenbezogener Massenstrom, spez. Massenstrom	q_m	–	$kg\ m^{-1}\ s^{-1}$

Physikalische Konstanten

Bezeichnung	*Formelzeichen*	*Wert*
Erdbeschleunigung	g	$9{,}81\ m\ s^{-2}$
Stefan-Boltzmann-Konstante		$5{,}67 \cdot 10^{-8}\ W \cdot m^{-2}\ {}^{\circ}K^{-4}$ $49 \cdot 10^{-8}\ J\ cm^{-2} d^{-1}\ {}^{\circ}K^{-4}$
Molare Gas-Konstante	R_0	$8{,}314\ J\ mol^{-1}\ {}^{\circ}K^{-1}$
Gas-Konstante für Luft bei 20° C und 1,013 bar	R_g	$287{,}3\ J\ kg^{-1}\ {}^{\circ}K^{-1}$
Psychrometer-Konstante (Druck gemessen in bar)	γ	$0{,}662\ {}^{\circ}K^{-1}$

Verschiedene Eigenschaften des Wassers beim Normaldruck von 1,01325 bar

T Temperatur, e_s Sättigungsdampfdruck, ρ Dichte, c_p spezifische Wärme, l_f Schmelzwärme, r Verdampfungswärme, μ dynamische Viskosität, σ Oberflächenspannung

T	e_s	ρ	c_p	l_f	r	$\mu \cdot 10^3$	σ
°C	mb	kg m^{-3}	J kg^{-1} °C^{-1}	kg^{-1}	kJ kg^{-1}	kg m^{-1} s^{-1}	N m^{-1}
0	6,11	999,84	4217,4	333,7	2501,6	1,792	0,07560
5	8,72	999,964	4201,9		2489,7	1,520	0,07490
10	12,28	999,700	4191,9		2477,9	1,307	0,07424
15	17,05	999,100	4185,5		2466,1	1,138	0,07349
20	23,38	998,204	4181,6		2454,3	1,002	0,07278
25	31,69	997,045	4179,3		2442,5	0,890	0,07197
30	42,45	995,648	4178,2		2430,7	0,797	0,07123
35	56,27	994,032	4177,9		2418,8	0,719	0,07036
40	73,82	992,215	4178,3		2406,9	0,653	0,06961
50	123,46	988,033	4180,4		2382,9	0,547	0,06793
60	199,36	983,193	4184,1		2358,6	0,466	0,06619
80	473,79	971,788	4196,1		2308,8	0,355	0,06257
100	1013,25	958,357	4215,7		2256,9	0,282	0,05878

Dampf bei 100° C $e_s = 1013{,}25$ bar $c_p = 1940{,}0$ J · kg^{-1} °C^{-1} $\rho = 0{,}5977$ kg m^{-3}

Sachverzeichnis

GPSR Compliance

The European Union's (EU) General Product Safety Regulation (GPSR) is a set of rules that requires consumer products to be safe and our obligations to ensure this.

If you have any concerns about our products, you can contact us on ProductSafety@springernature.com

In case Publisher is established outside the EU, the EU authorized representative is:

Springer Nature Customer Service Center GmbH
Europaplatz 3
69115 Heidelberg, Germany

Batch number: 10584556

Printed by Printforce, the Netherlands